国家骨干高职院校建设系列教材
高等职业技术教育项目化教学系列教材

电力系统
二次回路运行与维护

DIANLI XITONG ERCI HUILU YUNXING YU WEIHU

吴轶群 黄国平 主编

·广州·

内容提要

本书以目前电力系统中所采用的主流二次设备为例,介绍了电力系统二次回路的构成、原理、实际接线与动作过程。全书共分六个学习情景:二次回路调试基础;直流系统的运行调试与维护;电气监测与自动装置回路运行调试;开关设备控制回路运行调试;同期系统的运行调试;电气二次回路识图与设计。

本书内容结合实际、实践性很强,对现场工作具有较强的指导性。本书可作为高等职业技术学院电力系统继电保护及相关专业的教材,也可以作为从事继电保护工作及二次回路设计、安装、运行的工程技术人员和技术工人的参考用书。

图书在版编目(CIP)数据

电力系统二次回路运行与维护/吴轶群,黄国平主编.—广州:华南理工大学出版社,2014.4(2024.12重印)

ISBN 978-7-5623-4150-5

Ⅰ.①电… Ⅱ.①吴…②黄… Ⅲ.①二次系统-电力系统运行 ②二次系统-维护 Ⅳ.①TM645.2

中国版本图书馆 CIP 数据核字(2014)第 020433 号

电力系统二次回路运行与维护

吴轶群　黄国平　主编

出 版 人:房俊东
出版发行:华南理工大学出版社
　　　　(广州五山华南理工大学17号楼,邮编510640)
　　　　http://hg.cb.scut.edu.cn　E-mail:scutc13@scut.edu.cn
　　　　营销部电话:020-87113487　87111048(传真)
责任编辑:何小敏
印 刷 者:广州小明数码印刷有限公司
开　　本:787mm×1092mm　1/16　印张:13　字数:325千
版　　次:2014年4月第1版　2024年12月第10次印刷
定　　价:39.00元

版权所有　盗版必究　印装差错　负责调换

前　言

电力系统二次回路是电力系统的重要组成部分，它是对电力系统一次设备进行监测、控制、保护和调节的系统，直接影响到电力系统的安全、可靠、经济运行。电力系统的二次回路不仅内容相当广泛，而且近年来随着计算机技术、通信技术、自动控制技术、电子技术在电力系统二次回路的运用，在技术方面也发生了重大的变革。目前，以微机为核心，将控制、测量、保护、信号、远动、管理融为一体的功能统一、信息共享的计算机监控及综合自动化系统已广泛应用于电力系统，彻底改变了常规二次回路功能独立、设备繁多、接线及调试复杂的局面。但是，由于它的迅速发展，这也对我们电力行业职工的技术和管理水平提出了更高的要求，以致广大的电力系统运行维护人员在技术上难以很快适应掌握。

目前，在针对电力系统职工和电力专业学生的培训教材中，关于二次回路的内容大多以传统二次回路为讲解示例，但在微机技术已经普遍应用的今天，这种模式在很大程度上已经脱离了电力生产的实际情况，造成了理论与实践的脱节。鉴于此，为了使学生能尽快完成理论与实践的结合，毕业后迅速投入到相应的岗位工作中，并具备一定的岗位技能，我们按照国家骨干院校对教学改革的要求联合企业专家共同编写了本教材。

教材内容的选取满足国家职业资格标准对相关岗位应具备的二次回路知识和技能的要求，以目前我校变电站综合实训场二次设备（也是目前我国电力系统主流二次设备）为载体由浅入深进行，侧重二次回路中的动作逻辑及故障分析，内容力求浅显易懂又不失专业性，同时也满足了教学过程中"教、学、做"一体化的要求。本教材由广东水利电力职业技术学院吴轶群统稿，全书共分六个学习情境，每个学习情境过程又分为2～4个项目。其中，学习情境三、学习情境四的项目三由佛山供电局技能专家、高级工程师黄国平编写；学习情境六由中冶南方工程技术有限公司电力室教授级高工张莉编写；学习情境五由广东水利电力职业技术学院王敏编写；学习情境一、学习情境二、学习情境四的项目一、项目二由广东水利电力职业技术学院吴轶群编写。另外，本书在编写过程中得到了许多同行宝贵的意见和建议，在此表示衷心的感谢！

本书可作为高职高专电力类专业教材，也可作为在现场从事继电保护、自动化、变电运行及检修人员的工具书和参考书。

由于编者水平有限，书中难免存在不妥和错误之处，恳请读者批评指正。

编　者
2013 年 11 月

目 录

学习情景一　二次回路调试基础 ·· 1
　项目一　二次回路基础知识 ·· 1
　　任务一　二次设备与二次回路基本概念 ·································· 1
　　任务二　二次设备及二次回路的表达方式 ······························· 2
　项目二　互感器及其二次回路 ·· 4
　　任务一　电流互感器及其二次回路 ······································· 4
　　任务二　电压互感器及其二次回路 ······································· 10
　项目三　电压互感器二次电压并列与切换装置 ····························· 18
　　任务一　电压互感器二次电压并列装置 ································· 18
　　任务二　电压互感器二次电压切换装置 ································· 21
学习情景二　直流系统的运行调试与维护 ·································· 23
　项目一　操作电源概述 ·· 23
　　任务一　操作电源的作用及要求 ··· 23
　　任务二　直流负荷的分类 ·· 24
　　任务三　直流操作电源系统的类型 ······································· 24
　项目二　蓄电池直流电源系统 ·· 26
　　任务一　蓄电池的基本概念及特性 ······································· 26
　　任务二　蓄电池高频开关充电装置 ······································· 31
　　任务三　高频开关直流电源系统 ··· 34
　项目三　直流系统原理接线 ··· 38
　　任务一　常见直流系统的接线方式 ······································· 38
　　任务二　典型直流系统原理接线 ··· 40
　项目四　直流系统的运行维护 ·· 40
　　任务一　直流系统接地的危害及处理 ··································· 40
　　任务二　直流系统的运行维护 ·· 42
　　任务三　直流电源系统验收作业表单 ··································· 44

学习情景三　电气监测与自动装置回路运行调试 ·············· 62

项目一　电气监测回路 ·············· 62
任务一　电气测量回路 ·············· 62
任务二　信号回路 ·············· 68
任务三　交流绝缘监察装置 ·············· 72

项目二　备用电源自动投入装置 ·············· 75
任务一　备用电源自动投入装置概述 ·············· 75
任务二　备用电源自动投入装置的一次接线方案 ·············· 78
任务三　备用电源自动投入装置原理 ·············· 80
任务四　备自投装置的调试 ·············· 92

学习情景四　开关设备控制回路运行调试 ·············· 99

项目一　断路器控制回路 ·············· 99
任务一　断路器控制回路概述 ·············· 99
任务二　断路器控制回路设备 ·············· 101
任务三　断路器控制回路原理 ·············· 104
任务四　断路器操作机构控制回路原理 ·············· 112
任务五　完整的断路器控制回路 ·············· 117

项目二　隔离开关的控制与闭锁回路 ·············· 119
任务一　隔离开关控制回路 ·············· 119
任务二　隔离开关的闭锁电路 ·············· 122

项目三　控制回路故障分析 ·············· 129
任务一　控制回路故障常见原因分析 ·············· 129
任务二　控制回路故障处理案例 ·············· 130

项目四　控制回路作业表单 ·············· 132

学习情景五　同期系统的运行调试 ·············· 144

项目一　同期系统概述 ·············· 144
任务一　同期系统概念 ·············· 144
任务二　同期点及同期方式设置 ·············· 145
任务三　自动准同期装置作用及类型 ·············· 145

项目二　典型同期装置介绍 ·············· 146
任务一　RCS-9659 数字式准同期装置 ·············· 146

  任务二 同期屏组成及原理 …………………………………………………… 148

  任务三 同期装置定值设置 ……………………………………………………… 152

 项目三 同期装置调试方案实例 ……………………………………………………… 154

学习情景六 电气二次回路识图与设计 …………………………………………… 160

 项目一 二次设备的选择 ……………………………………………………………… 160

  任务一 二次回路保护设备的选择 ………………………………………………… 160

  任务二 控制和信号回路设备的选择 ……………………………………………… 161

  任务三 二次回路导线的选择 …………………………………………………… 161

 项目二 二次接线图识图与设计 ……………………………………………………… 166

  任务一 二次回路图基本知识 …………………………………………………… 166

  任务二 二次回路的编号 ……………………………………………………………… 170

  任务三 二次回路图的绘制原则 ………………………………………………… 173

  任务四 阅读二次接线图的方法 ………………………………………………… 182

附录一 电气常用图形符号 ………………………………………………………………… 184

附录二 二次回路常用电气新旧文字符号对照表 ……………………………………… 191

附录三 常用小母线文字符号及其回路标号 …………………………………………… 195

参考文献 ……………………………………………………………………………………………… 197

学习情景一　二次回路调试基础

教学目标

认识一、二次设备的不同；熟悉二次回路的组成与发展；掌握二次设备的基本表达方式及简单原理；掌握电流互感器运行特点及其二次回路特性；掌握电压互感器运行特点及其二次回路特性；掌握电压互感器二次回路重动、并列与切换装置的意义及原理。

项目一　二次回路基础知识

任务一　二次设备与二次回路基本概念

随着我国国民经济的飞速发展，国家电网的总装机容量逐年增加，电压等级也在不断地提高，电网的主网架由交流220kV的输电网上升到交流500kV的超高压输电网。国家电网的这种发展趋势，使得对发电厂和变电所电气设备的监控复杂化，由最初的一对一强电控制，发展到一对多弱电选线控制，再到今天的计算机在线实时控制。控制系统只是二次回路基本内容之一，二次回路本身具有设备种类多、原理复杂、涉及面广等特点，是发电厂和变电所安全、优质、经济、环保运行的前提保障。因此，熟悉和掌握二次回路基础知识特别重要。

一、概念

电力系统设备由一次设备和二次设备组成。

一次设备是直接生产、输送和分配电能的设备，如发电机、变压器、断路器、隔离开关、电力电缆、母线、输电线、电抗器、避雷器、熔断器、电流互感器、电压互感器等。

一次设备及其相互间的连接电路称为一次接线或主接线。

二次设备是对一次设备起监视、控制、保护、调节、测量等作用的设备，如控制与信号器具、继电保护及安全自动装置、电气测量仪表、操作电源等。

二次设备及其相互间的连接电路称为二次接线或二次回路。

二、二次回路的组成

1. 控制回路

通过对控制开关设备进行远方或就地的合、跳闸操作，实现电气设备的投入和退出，以满足改变主系统运行方式及处理故障的要求。

2. 信号回路

准确及时反映一次设备的运行工作状态，为运行人员提供操作、调节和处理故障的可靠依据。

3. 测量回路

指示和记录一次设备的运行参数,作为运行人员掌握主系统运行情况、故障处理及经济核算的依据。

4. 调节回路

实时在线调节一次设备的运行状态,以满足运行要求,保证主设备和电力系统的安全、经济、稳定运行。

5. 继电保护和自动装置回路

在一次系统发生异常或故障时,继电保护发出信号或快速切除故障设备,异常或故障消失后自动装置投入设备系统恢复运行,保证主设备的完好和系统的安全。

6. 操作电源系统

给二次回路提供工作电源,如断路器的跳、合闸电源及其他设备的事故电源等。

由上可知,二次回路虽非主体,但它在保证电力生产的安全、向用户提供合格的电能等方面起着极其重要的作用。

三、二次回路的发展

二次回路内容广泛,近几十年发生了较大变化,具体表现有:

① 控制由最初的单一强电控制发展到今天的强电、弱电、计算机等多种控制方式并存,其中的控制开关由原来的多触点万能开关,逐步被结构简单的控制开关或切换开关代替。

② 保护装置由最初的电磁型继电器保护系统,发展到现在的微机保护系统。

③ 随着计算机技术、通信技术、自动控制技术、电子技术等的发展与应用,以计算机为核心,将控制、测量、信号、保护、远动、管理等融为一体的功能统一、信息共享的计算机监控及综合自动化系统已广泛应用于发电厂和变电所。

④ 技术的发展彻底地改变了常规二次回路功能独立、设备庞杂、接线及安装调试复杂的局面。

思考题

1. 何为发电厂和变电站的二次设备和二次回路?
2. 二次回路包含哪几方面的内容?

任务二 二次设备及二次回路的表达方式

一、二次设备符号

① 二次回路中的电气设备,一般用反映该设备特征或含义的图形表示,称为图形符号,图形符号是按无电压、无外力作用的正常状态表示的。另外,绝大多数图形符号的旋转取向是任意的,但对一些作用重要的设备则有特殊的规定。

② 二次回路中,除了用图形符号表示电气设备外,还在图形符号旁标注相应文字符号,表示电气设备名称、种类、功能、状态及特征等。

二、二次回路图

用图形符号和文字符号表示的二次回路有三种形式:原理接线图、展开式接线图和安装接线图。

对于二次设备符号及二次回路图，在后面的学习情境六中将会有详细的叙述。

三、继电器的基础知识

继电器是二次回路的基本组成元件，它是一种能够自动动作的电器，当控制它的输入量达到一定数值时动作，并且有电路控制的功能。

继电器具有继电特性，即输入量连续变化，而输出量总是跃变的特性。

1. 继电器的原理

继电器的典型结构如图1-1所示，继电器与外部电路相连的部件有：线圈、接点。当继电器无外力和无外加电气量时，其常开接点断开，常闭接点闭合。当继电器通以足够大的电气量时，继电器动作，可动衔铁带动相应的接点状态发生改变。

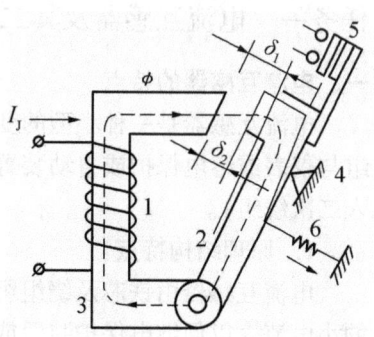

图1-1 电磁型继电器的原理结构
1—线圈；2—可动衔铁；3—电磁铁；4—止挡；5—接点；6—反作用弹簧

2. 继电器的符号

（1）图形符号

图1-2为继电器在二次回路图中常见的图形表达方法。

（2）文字符号

常见继电器：电流继电器（KA）、电压继电器（KV）、时间继电器（KT）、信号继电器（KS）、中间继电器（KM）。

关于继电器的详细内容将在继电保护课程中进行具体介绍，有关其他二次设备的基础知识也将在后面的学习情境中陆续详细讲解。

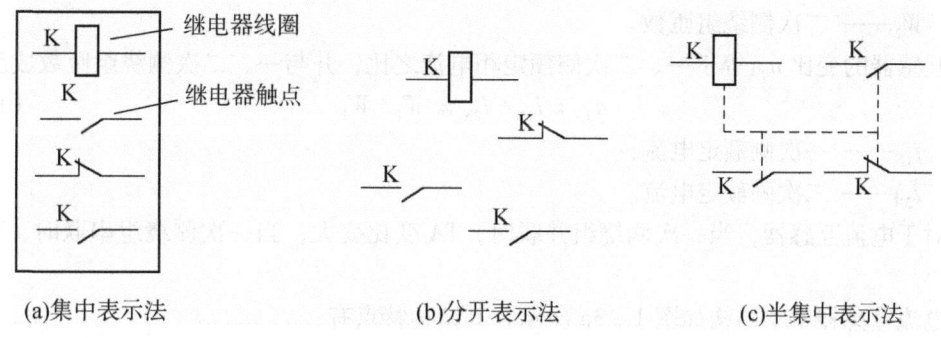

(a) 集中表示法　　(b) 分开表示法　　(c) 半集中表示法

图1-2 继电器图形符号的表达方法

思考题

1. 二次回路图有哪几类？
2. 继电器的基本工作原理是什么？
3. 什么是继电器的常开、常闭接点？

项目二 互感器及其二次回路

互感器是按比例变换电压或电流的设备。互感器的功能是将高电压或大电流按比例变换成标准低电压（100V）或标准小电流（5A 或 1A，均指额定值），以便实现测量仪表、保护设备及自动控制设备的标准化、小型化。互感器还可用来隔开高电压系统，以保证人身和设备的安全。互感器可分为电压互感器（TV）和电流互感器（TA）。

任务一 电流互感器及其二次回路

一、电流互感器的特点

电流互感器是一种小型的变流器，其一次绕组串接于电力系统的一次回路中，二次绕组与仪表或继电保护或自动装置的电流线圈相串联（即负载为多个元件时，负载串联后接入二次绕组）。

1．原理结构特点

电流互感器由铁芯及绕组组成，其作用是将高压设备中的额定大电流变换成 5A 或 1A 的小电流，以便继电保护装置或仪表用于测量电流。电流互感器的一、二次绕组磁势有以下平衡关系：

$$I_1 W_1 - I_2 W_2 = 0 \tag{1-1}$$

$$I_2 = \frac{W_1}{W_2} I_1 \tag{1-2}$$

式中 I_1——一次侧电流；

I_2——二次侧电流；

W_1——一次侧绕组匝数；

W_2——二次侧绕组匝数。

电流互感器的变比 n_{TA} 等于一、二次侧额定相电流之比，并与一、二次侧绕组匝数成反比。

$$n_{TA} = I_{1N} / I_{2N} = W_2 / W_1 \tag{1-3}$$

式中 I_{1N}——一次侧额定电流；

I_{2N}——二次侧额定电流。

对于电流互感器，当一次侧绕组并联时，TA 变比变大；当一次侧绕组串联时，TA 变比变小。

电流互感器基本结构如图 1-3a 所示，其结构特点有：

① 一次绕组匝数少，导线粗，串入一次电路。

② 二次绕组匝数多，导线细，与仪表、线圈串联。

2．运行特点

（1）极性标注

电流互感器一、二次绕组标有同一符号的端子称为同名端或同极性端，极性端采用减极性标注法。电流互感器一、二次绕组的极性取决于绕组的绕向，而一、二次绕组电流的相位取决于绕组的绕向和对绕组始末端的标注方法。电流互感器在交流回路中使用，电流的方向随时间改变。电流互感器的极性指的是某一时刻一次侧极性与二次侧某一端极性相

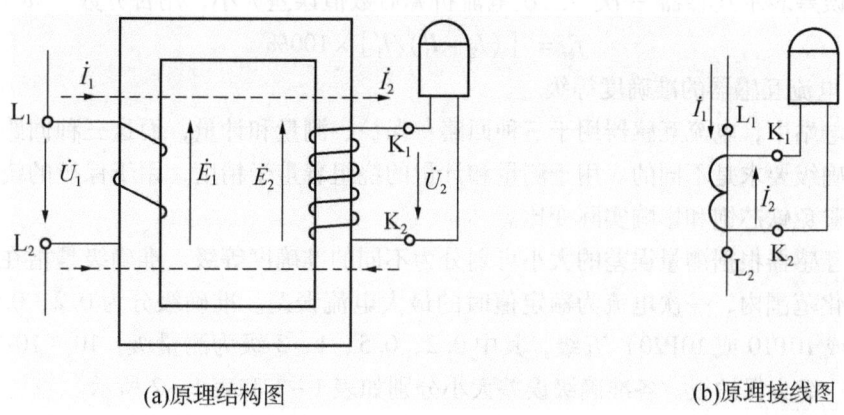

(a)原理结构图　　　　　　　　　(b)原理接线图

图1-3　电流互感器原理图

同,即同时为正,或同时为负,用符号"＊"或"·"表示(也可理解为一次电流与二次电流的方向关系)。按照规定,电流互感器一次线圈首端标为 L_1,尾端标为 L_2;二次线圈的首端标为 K_1,尾端标为 K_2。在接线中,L_1 和 K_1 称为同极性端,L_2 和 K_2 也为同极性端。其三种标注方法如图1-4所示。

电流互感器同极性端的判别与耦合线圈的极性判别相同。较简单的方法是用1.5V干电池接一次线圈,用一高内阻、大量程的直流电压表接二次线圈。当开关闭合时,如果发现电压表指针正向偏转,可判定1和2是同极性端;如果发现电压表指针反向偏转,可判定1和2不是同极性端。

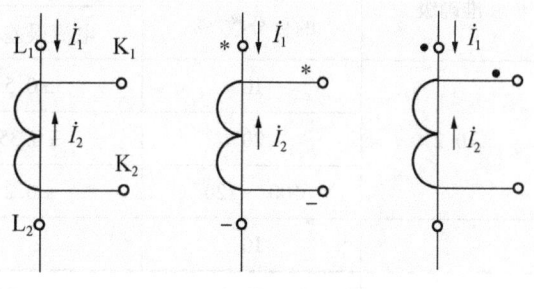

图1-4　电流互感器极性标注方法

(2) 电流互感器正常运行时接近于短路状态

串联于二次绕组上的负载,是测量仪表、继电保护或自动装置的电流线圈,其导线较粗,负载阻抗较小,故二次绕组的端电压较低,相当于短路状态。

(3) 电流互感器二次侧不允许开路

电流互感器正常运行时,二次负载阻抗很小,近于短路运行状态,一、二次绕组建立的磁动势处于平衡状态,铁芯中的总磁通量比较小,故二次绕组端电压很小。一旦二次回路开路,二次电流等于零,其去磁作用消失,励磁电流骤增为一次电流,使磁路中磁通量突然增大,在二次线圈产生很高的电势,其峰值可达几千伏,威胁人身安全,造成仪表、保护装置、互感器二次绝缘损坏。另一方面,一次绕组磁化力使铁芯磁通密度增大,可能造成铁芯强烈过热而损坏。所以,运行中的电流互感器不允许二次回路开路。

3. 电流互感器的误差、准确度等级和10%误差曲线

(1) 电流互感器的误差

电流互感器在实际运行中存在着电流数值误差和相角误差。

相角误差表示互感器一次、二次电流相角误差大小,用角度"°"表示。

数值误差表示互感器一次、二次电流折算后数值误差大小，用百分数"%"表示。

$$f_{er} = [(I_2 - I'_1)/I'_1] \times 100\% \tag{1-4}$$

(2) 电流互感器的准确度等级

在变电站中，电流互感器用于三种回路：保护、测量和计量，而这三种回路对电流互感器的准确级要求是不同的。用于测量和计量的绕组着重于精度，用于保护的绕组着重于容量，以避免铁芯饱和影响实际变比。

电流互感器根据测量误差的大小可划分为不同的准确度等级。准确级是指在规定的二次负荷变化范围内，一次电流为额定值时的最大电流误差。准确级分为 0.2、0.5、1、3、10（10P 或 10P10 或 10P20）五级，其中 0.2、0.5、1、3 级为测量级；10（10P 或 10P10 或 10P20）级为保护级。各准确级误差大小分别如表 1-1 和表 1-2 所示。

0.2 级和 0.2S 级均是针对测量用电流互感器，其最大的区别是在小负荷时，0.2S 级比 0.2 级有更高的测量精度，主要是用于负荷变动范围比较大而有些时候几乎空载的场合。在实际负荷电流小于额定电流的 30% 时，0.2S 级的综合误差明显小于 0.2 级电流互感器。

表 1-1 用于测量的电流互感器准确级误差表

准确级	一次电流为额定的百分数/%	误差限值		二次负荷变化范围
		电流误差/%	相位差/(′)	
0.2	10	±0.5	±20	(0.25~1) S_{2n}
	20	±0.35	±15	
	100~120	±0.2	±10	
0.5	10	±1	±60	
	20	±0.75	±45	
	100~120	±0.5	±30	
1	10	±2	±120	
	20	±1.5	±90	
	100~120	±1	±60	
3	50~120	±3	不规定	(0.5~1) S_{2n}

保护用电流互感器按用途分为稳态保护用（P 代表保护）和暂态保护用（TP）两类。

稳态保护用电流互感器的准确级常用的有 5P 和 10P。由于短路过程中 I_1 和 I_2 的关系复杂，故保护级的准确级是以额定准确限值一次电流下的误差标称的。所谓额定准确限值一次电流即一次电流为额定一次电流的倍数。

5P20 的含义为：该保护 TA 一次流过的电流在其额定电流的 20 倍以下时，此 TA 的误差应小于 ±5%。

表1-2 用于保护的电流互感器准确级误差表

准确级	电流误差/%	相位差/(′)	复合误差/%
	在额定一次电流下		在额定准确限值一次电流下
5P	±1	±60	5
10P	±3	—	10

注：复合误差，即额定一次电流与额定二次电流乘以变比后，所得数值的差值在一个信号周期内的方均根值。（当互感器一次侧电流很大、二次侧电流未能按线性变化时，会造成互感器复合误差。）

暂态保护用电流互感器的准确级分为TPX、TPY、TPZ。

① TPX：电流互感器环形铁芯中不带气隙，在额定电流和负载下，其电流误差不大于±5%，相位差不大于±30′，在短路全过程中，在电流互感器额定准确级范围内，其瞬间最大电流误差不超过额定二次对称短路电流峰值的5%，电流过零时相位差不大于3°。

② TPY：电流互感器环形铁芯中带小气隙，气隙长度约为磁路平均长度的0.05%，由于气隙使铁芯不易饱和，有利于直流分量的快速衰减。在额定电流和负载下，其电流误差不大于±1%，相位差为1°，在短路全过程中，在电流互感器额定准确级范围内，其瞬间最大电流误差不超过额定二次对称短路电流峰值的7.5%，电流过零时相位差不大于4.5°。

③ TPZ：电流互感器环形铁芯中带较大气隙，气隙长度约为磁路平均长度的0.1%，由于气隙使铁芯不易饱和，特别适合快速重合闸。间隙大，剩磁可以忽略，铁芯磁化曲线线性度好，二次回路时间常数小，对交流分量的传变性能好，但是传变直流分量能力差。

500kV线路保护用的互感器一般选用TPY级暂态型互感器。

（3）电流互感器的10%误差曲线

制造厂家把TA的数值误差为10%、角度误差为7°时，允许的一次电流倍数m和相应的允许二次负荷Z_L绘制成的曲线称为电流互感器的10%误差曲线（图1-5）。电流互感器的10%误差曲线是用来选择TA和校验TA误差的。

二、电流互感器二次回路

1. 电流互感器二次回路的基本要求

① 电流互感器的接线方式，应能满足测量仪表、远动装置、继电保护和自动装置检测回路的具体要求。

② 电流互感器二次回路应有一个可靠的接地点，但不允许有多个接地点，否则会使继电保护拒动或仪表测量不准确。

③ 应有防止二次回路开路的措施。

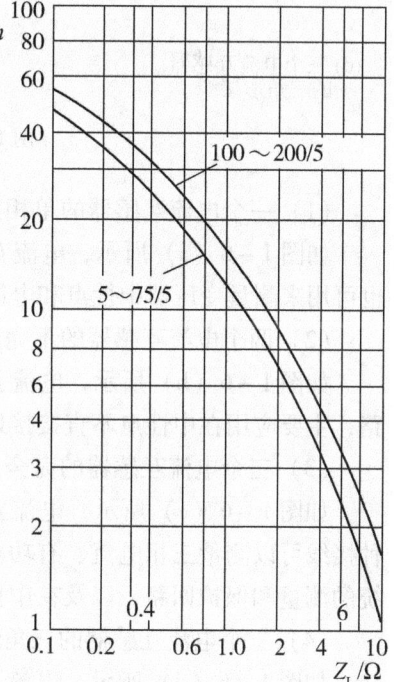

图1-5 电流互感器的10%误差曲线

④ 为保证电流互感器能在要求的准确级下运行,其二次负载不应大于运行负载。
⑤ 应保证电流互感器极性的正确连接。

2. 电流互感器接线方式

电流互感器有多种接线方式,以适应二次回路及二次设备对不同电流的具体要求。常用的电流互感器的接线方式如图 1-6 所示。

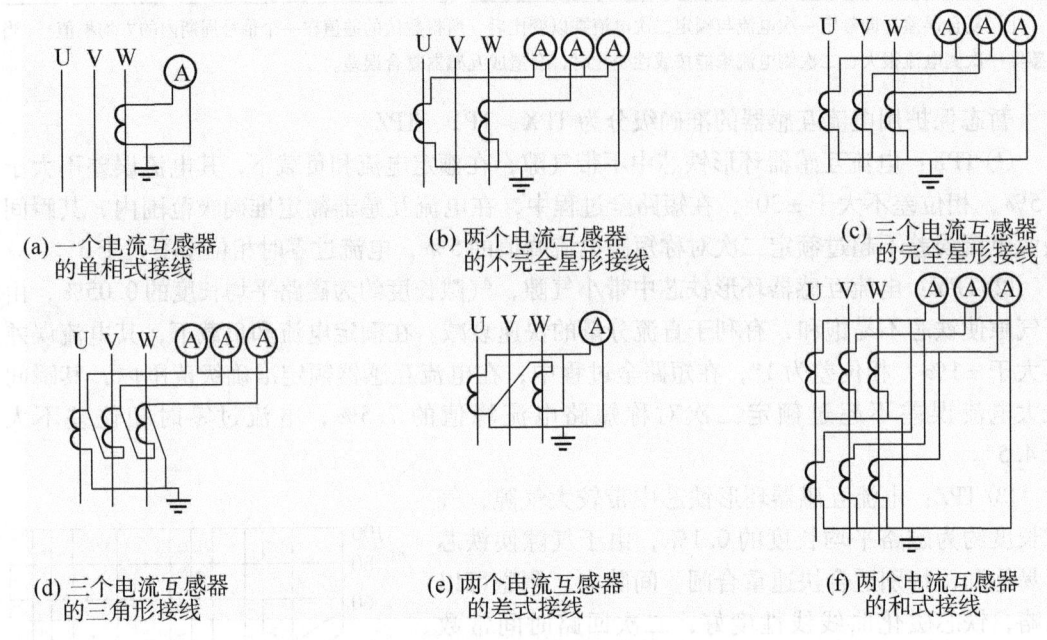

(a) 一个电流互感器的单相式接线
(b) 两个电流互感器的不完全星形接线
(c) 三个电流互感器的完全星形接线
(d) 三个电流互感器的三角形接线
(e) 两个电流互感器的差式接线
(f) 两个电流互感器的和式接线

图 1-6 电流互感器常用接线方式

(1) 一个电流互感器的单相式接线

如图 1-6 (a) 所示,电流互感器可接在任一相上,测量三相对称负载的一相电流,也可用来测量变压器中性点和电缆线路的零序电流。

(2) 两个电流互感器的不完全星形接线

如图 1-6 (b) 所示,电流互感器可接在 U、W 相上,这种接线很少应用于测量回路,主要应用在中性点不直接接地系统的保护回路。

(3) 三个电流互感器的完全星形接线

如图 1-6 (c) 所示,电流互感器可接在 U、V、W 相上,二次绕组按星形接线。这种接线可以测量三相电流、有功功率、无功功率、电能等,主要应用在中性点直接接地系统的测量和保护回路,以及在中性点不直接接地系统的发电机和变压器保护回路。

(4) 三个电流互感器的三角形接线

如图 1-6 (d) 所示,电流互感器可接在 U、V、W 相上,二次绕组按三角形接线。这种接线很少应用于测量回路,主要应用于保护回路。以往,这种接线用于采用 Y、d11 接线的变压器的差动保护,使变压器星形侧二次电流超前一次电流 30°,从而和变压器三角形侧(电流互感器接成完全星形)二次电流相位相同。目前,主变微机差动保护本身可以实现因主变组别造成的相位角差的校正,主变星形侧和三角形侧电流互感器均采用完全星形接线。

(5) 两个电流互感器的差式接线

如图1-6 (e) 所示,电流互感器可接在U、W相上,二次绕组按差式接线,即流入负载的电流为两相电流之差。这种接线很少应用于测量回路,主要应用在中性点不直接接地系统的保护回路。

(6) 两个电流互感器的和式接线

如图1-6 (f) 所示,两个电流互感器分别接在U、V、W相上,二次绕组按和式接线,即流入负载的电流为两电流之和。这种接线主要用于一台半断路器接线、角形接线、桥形接线的测量和保护回路。

3. 电流互感器二次回路接地保护

为防止电流互感器一、二次绕组间绝缘损坏,高电压侵入二次回路,危及人身安全和设备安全,必须在电流互感器二次侧设置可靠的接地点:一般在配电装置处经端子接地,如果有几组电流互感器与保护装置相连时,一般在保护屏上经端子接地。在常规的110kV变电站中,只有主变高、低压侧用于差动保护的电流互感器二次侧是在主保护屏一点接地,其余均是在电流互感器现场接地。

4. 电流互感器二次回路开路的防范

电流互感器二次回路开路的防范措施具体有:

① 电流互感器二次回路不允许装设熔断器等短路保护设备。

② 电流互感器二次回路一般不进行切换。当必须切换时,应有可靠的防止开路措施。

③ 继电保护与测量仪表一般不合用电流互感器。当必须合用时,测量仪表要经过中间变流器接入。

④ 对已安装好而不使用的电流互感器,必须将其二次绕组的端子短接并接地。

⑤ 电流互感器二次回路的端子应采用试验端子。

⑥ 应保证电流互感器二次回路的连接导线有足够的机械强度。

5. 电流互感器二次负载要求

为保证电流互感器能在要求的准确级下运行,实际二次负载不得超过其允许值,否则其准确级下降,不能满足精度要求。若不能满足要求,则采用下列措施:

① 增加连接导线的截面积。

② 将同一电流互感器的两个二次绕组串联起来使用。

③ 将电流互感器的不完全星形接线改为完全星形接线,差式接线改为不完全星形接线。

④ 选用二次允许负载较大的电流互感器。

⑤ 采用二次额定电流小的电流互感器或消耗功率小的继电器等。

需要指出,当电流互感器两个相同的二次绕组串联接线时,其二次回路内的电流不变,但由于感应电动势E增大一倍,因而其允许负载阻抗数值也增加一倍。所以,如果因继电保护装置或仪表的需要而扩大电流互感器的容量时,可采用二次绕组串联接线。电流互感器二次绕组串联后,其变比不变,但容量增加一倍,准确度亦不变。

当电流互感器二次绕组并联接线时,由于每个电流互感器的变比未变,因而二次回路内的电流将增加一倍。为了使二次回路内流过的电流仍为原来的电流,则一次电流应较原来的额定电流降低 1/2 使用。所以，在运行中如果电流互感器的变比过大而实际负荷电流较小时，为了较准确地测量电流，可将其两个二次绕组并联接线。电流互感器二次绕组并联接线后，其一次额定电流为原来的额定电流的 1/2，变比为原变比的 1/2。应当注意的是，二次绕组并联后变比改变，因此相应的测量仪表的倍率也应及时更正，以免造成差错。

思考题

1. 电流互感器的作用是什么？它在一次电路中如何连接？
2. 为什么电流互感器的二次回路在运行中不允许开路？如何防范其二次侧开路？
3. 试画出电流互感器常用的接线图。
4. 保护和测量用电流互感器的准确度等级要求有何不同？
5. 电流互感器一次绕组串并联对变比有何影响？为什么？若将两个二次绕组串并联，对什么有影响？

任务二 电压互感器及其二次回路

一、电压互感器的特点

电压互感器是一种小型的变压器，其一次绕组并接于电力系统的一次回路中，二次绕组与仪表或继电保护或自动装置的电压线圈相并联（即负载为多个元件时，负载并联后接入二次绕组）。

1. 原理结构特点

电压互感器的任务是将很高的电压准确地变换至二次保护及二次仪表的允许电压，使继电器和仪表既能在低电压情况下工作，又能准确地反映电力系统中高压设备的运行情况。电压互感器分为电磁式和电容式两种。前者是 35kV 及以下等级的，类似于小型变压器；后者是在 110kV 及以上中性点直接接地系统中的，常用电容器串联组成的电容分压式电压互感器接于高压相线与地之间，在临近地的一个电容器端子上并接一只电压互感器 TV，引出 100V 标准电压，如图 1-7 所示。

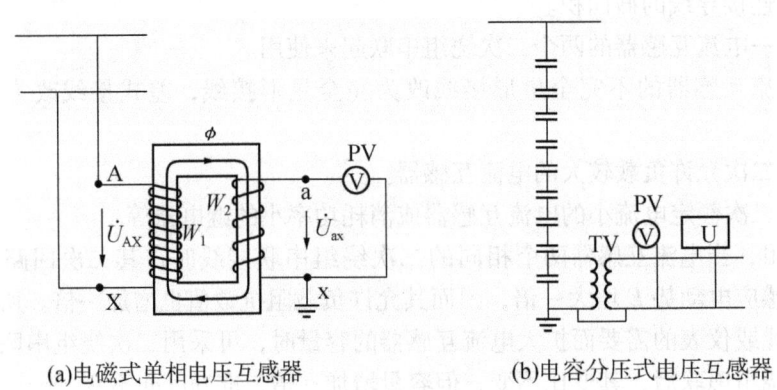

(a)电磁式单相电压互感器　　(b)电容分压式电压互感器

图 1-7　电压互感器原理结构图

电压互感器的变比 n_{TV} 等于一、二次侧额定相电压之比，并与一、二次侧绕组匝数成正比。

$$n_{TV} = U_{1N}/U_{2N} = W_1/W_2 \qquad (1-5)$$

式中　W_1——一次侧绕组匝数；
　　　W_2——二次侧绕组匝数；
　　　U_{1N}——一次侧额定电压；
　　　U_{2N}——二次侧额定电压。

当一次绕组电压等于额定值时，二次额定线电压为100V，额定相电压为 $100/\sqrt{3}$ V。对三相五柱式电压互感器，辅助二次绕组额定相电压，用于35kV及以下中性点不直接接地系统，为100/3V；用于110kV及以上中性点直接接地系统，为100V。即35kV及以下中性点不直接接地系统，电压互感器变比 $n_{TV} = U_{1N}/100/\sqrt{3}/100/3$；110kV及以上中性点直接接地系统，电压互感器变比 $n_{TV} = U_{1N}/100/\sqrt{3}/100$。

电压互感器结构特点为：一次绕组匝数多，并入一次电路；二次绕组匝数少，与仪表、线圈并联。

2. 运行特点

（1）极性标注

如图1-8所示，电压互感器与电流互感器一样，采用减极性标注法，标注方法与电流互感器相类似。一、二次侧电压相位关系如图1-7所示。

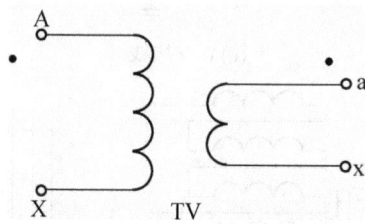

图1-8　电压互感器极性标注方法

（2）电压互感器正常运行时接近于开路状态

并联于二次绕组上的负载，是测量仪表或继电保护或自动装置的电压线圈，其负载阻抗较大，相当于空载开路状态。

（3）电压互感器二次侧不允许短路

电压互感器二次侧约有100V电压，其所通过的电流，由二次侧回路阻抗的大小来决定。TV本身的阻抗很小，二次侧短路时，二次侧通过的电流增大，造成二次侧保险熔断，影响仪表指示及引起保护误动，如保险熔断器选择不当，极易损坏TV。

所以，运行中的电压互感器不允许二次回路短路，且必须在二次侧装设短路保护设备。

二、电压互感器二次回路

1. 电压互感器二次回路的基本要求

① 电压互感器的接线方式应满足测量仪表、远动装置、继电保护和自动装置的具体

要求。

② 应有一个可靠的安全接地点。

③ 应设置短路保护。

④ 应有防止从二次回路向一次回路反馈电压的措施。

⑤ 对于双母线上的电压互感器,应有可靠的二次切换回路。

2. 电压互感器接线方式

电压互感器的接线方式根据二次负载的需要而定。电压互感器常用接线方式如图 1-9 所示。

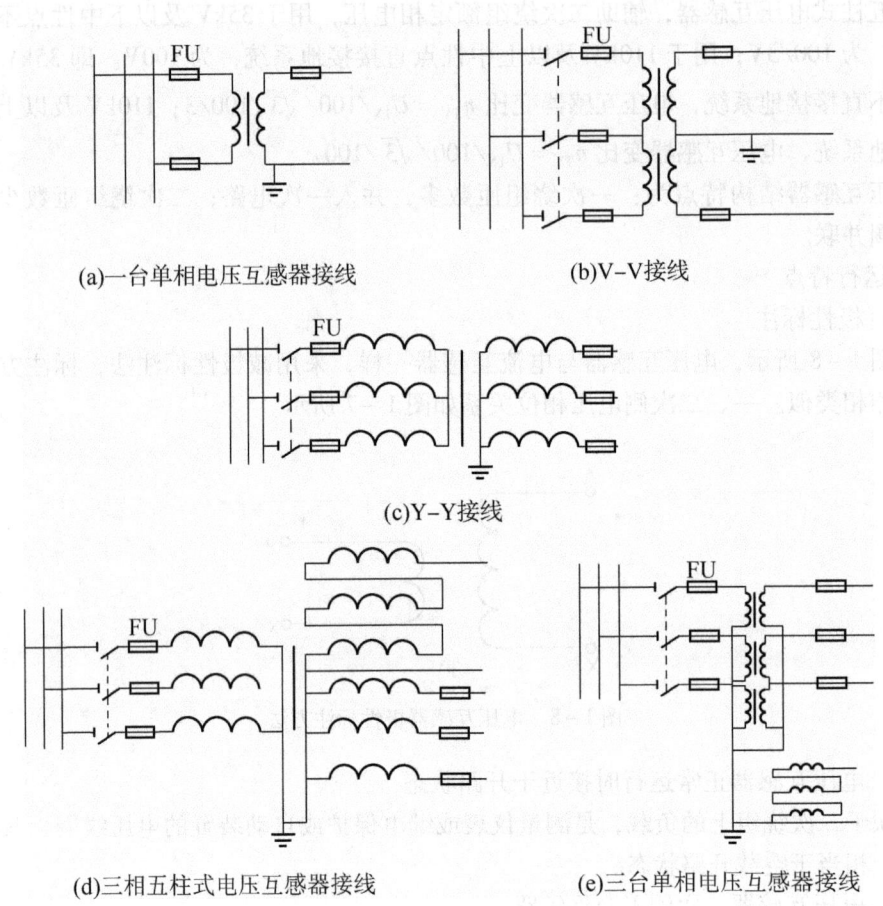

图 1-9 电压互感器的接线方式

(1) 单相电压互感器接线方式

如图 1-9 (a) 所示,一台单相电压互感器接于线电压上,其一次侧不能接地,二次侧一端接地,以防一、二次绕组击穿时危及设备和人身安全,但二次绕组接地极不装熔断器。此接线可测量 35kV 及以下中性点不直接接地系统的线电压。

(2) 两个单相电压互感器构成的 V-V 接线方式

如图 1-9 (b) 所示,两个单相电压互感器构成 V-V 接线方式,V-V 接线方式为不完全三角形接线,其一次绕组不能接地,二次绕组接地。V-V 接线的特点是:只用两支单相电压互感器就可以获得三个对称的相电压和相对中性点的线电压，但是无法得到相对地的电压。V-V 接线以前较广泛地被应用于各种电测仪表，而目前新建的 110kV 变电站已经不再使用这种接线方式了。

(3) 三相三柱式电压互感器构成的星形接线方式

如图 1-9 (c) 所示，三相三柱式电压互感器构成的星形接线方式，一次绕组中性点不允许接地，可测线电压和相电压，但不能测供绝缘监察的相对地电压，一般用于中性点不直接接地系统中。

(4) 三相五柱式电压互感器构成的星形接线方式

如图 1-9 (d) 所示，三相五柱式电压互感器构成的星形接线方式，其一、二次绕组中性点及开口三角形绕组一端接地，基本二次绕组可测线电压、相电压及绝缘监察的相对地电压，开口三角辅助二次绕组可用来单相接地保护。这种接线方式广泛用于 6~10kV 中性点不直接接地系统中，各相辅助二次绕组的额定电压为 100/3V。

(5) 三个单相电压互感器构成的星形接线方式

如图 1-9 (e) 所示，三个单相电压互感器构成的星形接线方式，其一、二次绕组中性点及开口三角形绕组一端接地，其用途与三相五柱式电压互感器构成的星形接线方式相同。若用于 110kV 及以上中性点直接接地系统，各相辅助二次绕组的额定电压为 100V。

应当注意，电压互感器一次绕组和二次绕组的接地点是分开的。电压互感器的一次绕组在开关场接地，二次绕组在控制室一点接地（一般是在电压切换装置上汇集成一点，然后接地）。保护电压和计量电压的相线在进入电压切换装置之前，还必须经过开关电器（空气开关或熔断器），而地线则不经过开关电器。

3. 电压互感器的二次侧接地方式

电压互感器二次侧设置接地的目的是，防止一次绕组与二次绕组间的绝缘损坏后，一次侧高电压串入二次侧，危及人身和设备安全（须设置安全接地点）。

接地方式的种类包含 V 相接地和中性点接地（也称零相接地）。

(1) 电压互感器的二次侧 V 相接地

35kV 及以下的电压互感器多采用 V 相接地方式。

V 相接地的电压互感器二次电路如图 1-10 所示。接地点设在电压互感器 V 相，并设在熔断器 FU_2 后，以保证在电压互感器二次侧中性线上发生接地故障时，FU_2 对 V 相绕组起保护作用。但是接地点设在 FU_2 之后也有缺点，当熔断器 FU_2 熔断后，电压互感器二次绕组将失去安全接地点。为防止在这种情况下有高电压侵入二次侧，须在二次侧中性点与地之间装设一个击穿保险器 F。击穿保险器实际上是一个放电间隙，当二次侧中性点对地电压超过一定数值后，间隙被击穿，变为一个新的安全接地点。电压值恢复正常后，击穿保险器自动复归，处于开路状态。正常运行时，中性点对地电压等于零（或很小），击穿保险器处于开路状态，对电压互感器二次回路的工作无任何影响，是一个后备的安全接地点。

(2) 电压互感器的二次侧中性点相接地

110kV 及以上电压级的电压互感器多采用中性点接地方式。如图 1-11 所示，星形接线的中性点与地直接相连，中性点电位为零。

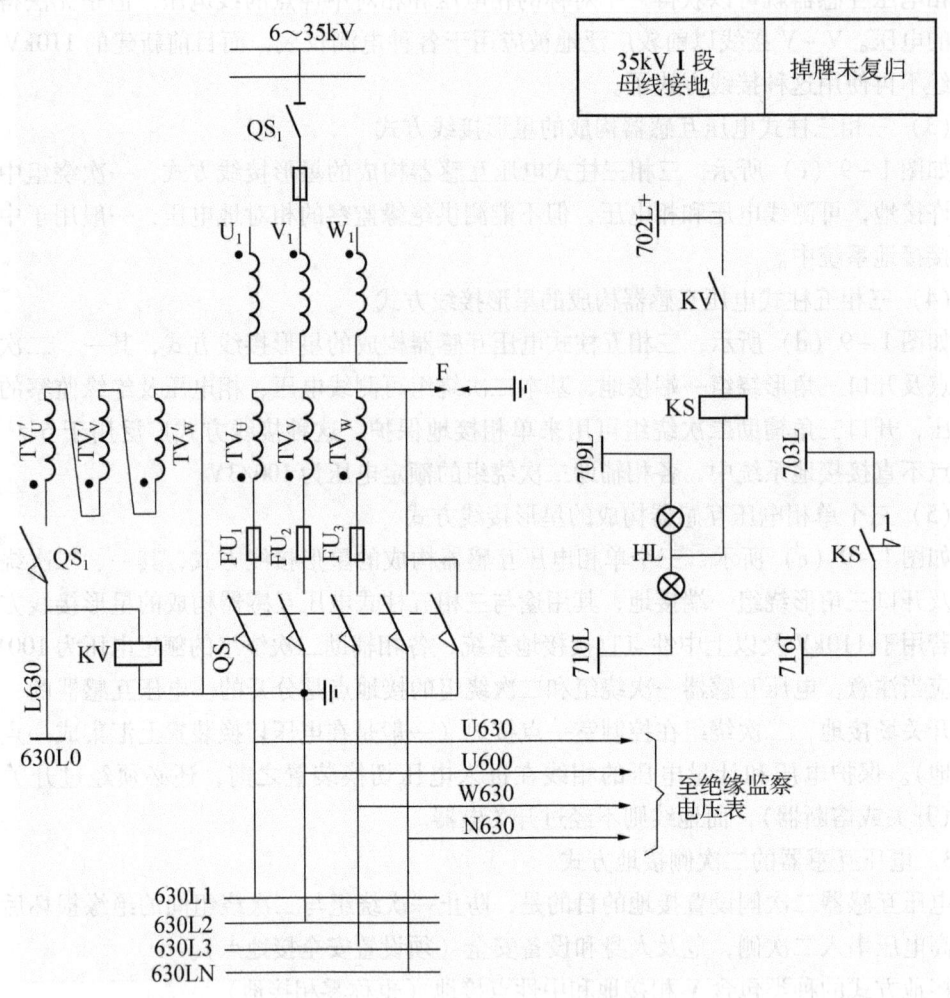

图 1-10　V 相接地的电压互感器二次电路图

4. 电压互感器二次回路的短路保护

电压互感器正常运行时，近似于空载状态，若二次回路短路，会出现危险的过电流，将损坏二次设备和危及人身安全。所以，必须在电压互感器二次侧装设熔断器或低压断路器，作为二次侧的短路保护。

(1) 装设熔断器

一般用于 35kV 及以下电网，当电压回路故障不会引起继电保护（如距离保护）和自动装置误动的情况。在 35kV 及以下中性点不直接接地系统中，一般不装设距离保护，不用担心在电压互感器二次回路末端短路时，因熔断器熔断较慢而造成距离保护误动作。如图 1-10 中所示的 $FU_1 \sim FU_3$。

(2) 装设低压断路器

一般用于 110kV 及以上电网，当电压回路故障可能会造成继电保护（如距离保护）和自动装置不正确动作的情况，以便在切除故障的同时，闭锁有关的继电保护和自动装置。在远离电压互感器二次回路上发生短路故障时，由于二次回路负载阻抗较大、短路电流较小，熔断器不能快速熔断，但在短路点附近电压比较低或等于零时，可能引起距离保护误动作。所以，在110kV及以上电压互感器的二次绕组各相引出线处，装设快速低压断路器，作为短路保护。如图 1-11 所示的 $QA_1 \sim QA_3$。

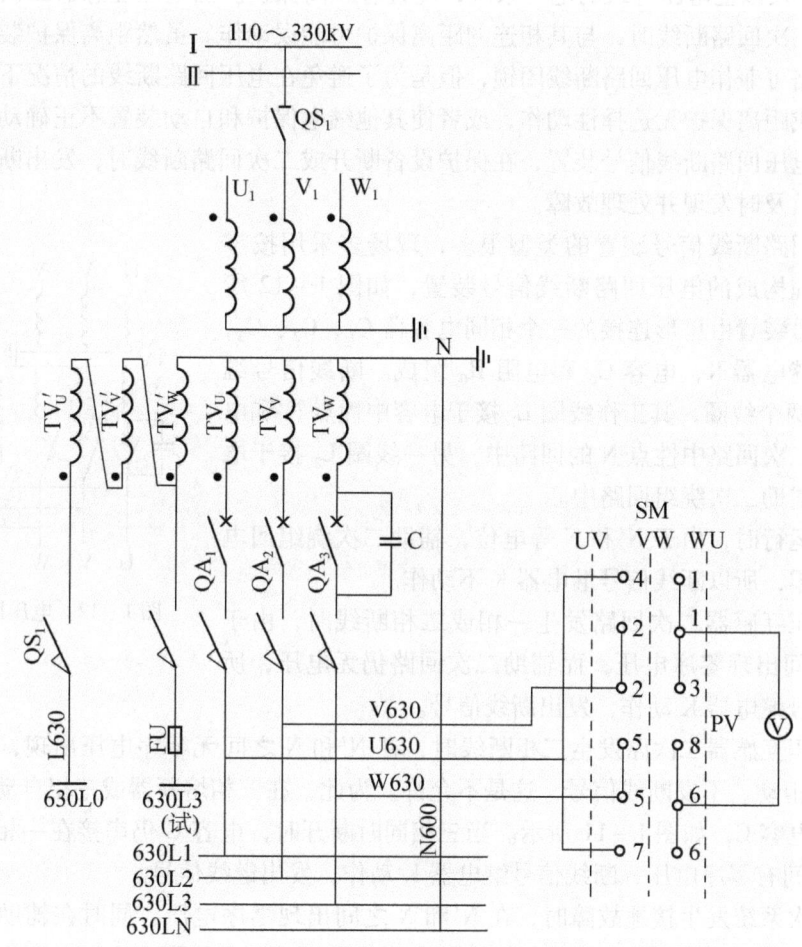

图 1-11　中性点接地的电压互感器二次电路图

应当注意：电压互感器中性线和辅助二次绕组回路中，均不装设保护设备。因为在正常运行时，在中性线和辅助二次绕组回路中没有电压，或只有很小的不平衡电压，同时，此回路也难以实现对熔断器和低压断路器的监视。

另外，由电压互感器二次回路引到继电保护屏的分支电压回路上，为保证继电保护工作的可靠性，分支回路不装设保护设备；而引到测量分支回路则可装设保护设备，并保证此熔断器应与主回路的熔断器在动作时间上相配合，保证测量回路发生短路故障时，首先熔断分支回路熔断器。

5. 电压互感器二次回路的断线信号装置

110kV 及以上电压等级的电力系统，配置有距离保护。当电压互感器二次短路保护设备断开或二次回路断线时，与其相连的距离保护可能误动作。虽然距离保护装置本身的振荡闭锁回路可兼作电压回路断线闭锁，但是为了避免在电压回路断线的情况下，又发生外部故障造成距离保护无选择性动作，或者使其他继电保护和自动装置不正确动作，一般还需要装设电压回路断线信号装置，在保护设备断开或二次回路断线时，发出断线信号，以便运行人员及时发现并处理故障。

电压回路断线信号装置的类型很多，现场多采用按零序电压原理构成的电压回路断线信号装置，如图 1-12 所示。该信号装置由星形连接的三个相同电容器 C_1、C_2、C_3，断线信号继电器 K，电容 C_0 和电阻 R_0 组成。断线信号继电器 K 有两个线圈，其工作线圈 L_1 接于电容中性点 N' 和电压互感器二次回路中性点 N 的回路中，另一线圈 L_2 接于电压互感器辅助二次绕组回路中。

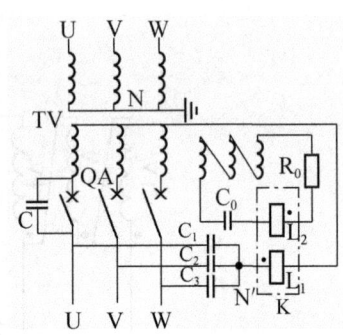

图 1-12 电压回路断线

正常运行时，由于 N' 和 N 等电位，辅助二次绕组回电压也等于零，所以断线信号继电器 K 不动作。

当电压互感器二次回路发生一相或二相断线时，由于 N' 和 N 之间出现零序电压，而辅助二次回路仍无电压，所以断线信号继电器 K 动作，发出断线信号。

当电压互感器二次路发生三相断线时，在 N' 和 N 之间无零序电压出现，断线信号继电器 K 将拒动，不发断线信号，这是不允许。为此，在三相熔断器或三相自动开关的任一相上并联电容 C，如图 1-11 所示。当三相同时断开时，电容 C 仍串接在一相电路中，使 N' 和 N 之间有零序电压，断线信号继电器 K 动作，发出继线信号。

当一次系统发生接地故障时，在 N' 和 N 之间出现零序电压，同时在辅助二次绕组回路中也出现零序电压 $3U_0$，此时，断线信号继电器 K 的 2 个线圈 L_1、L_2，产生的零序安匝数大小相等、方向相反，合成磁通等于零，K 不动作。

6. 电压小母线设置

母线上的电压互感器是同一线线上的所有电气元件（发电机、变压器、线路等）的公用设备。为了减少联系电缆，设置了电压小母线。对于 V 相接地的电压互感器设为：630L1、630L2、630L3、630LN 和 630L0，如图 1-10 所示；对于中性点接地的电压互感器设为：630L1、630L2、630L3、600LN、630L0 和 630L3（试），如图 1-11 所示。图 1-10 和图 1-11 中只标示出了 I 组母线，回路标号为"630"；对于 II 组，回路标号为"640"。

电压互感器二次引出端最终引到电压小母线上，而这组母线上的各电气元件的测量仪表、远动装置、继电保护及自动装置等，所需的二次电压均从小母线取得。根据具体情况，电压小母线可布置在配电装置内或保护和控制屏顶部。

7. 反馈电压及防范

在电压互感器使用或检修时，既需要断开电压互感器一次侧隔离开关，同时又要切断电压互感器二次回路。否则，有可能二次侧向一次侧反送电（即反馈电压），在一次侧引起高电压，造成人身或设备事故。例如，双母线的电压互感器，一组电压互感器工作，另一电压互感器停用或检修，可能造成检修的电压互感器反充电；在检修的电压互感器二次回路加电压进行试验等工作，会产生反馈电压。因此，在电压互感器二次回路中，必须采取技术措施防止反馈电压的产生。

对于 V 相接地的电压互感器，除接地的 V 相外，其他各相引出端都由该电压互感器隔离开关 QS_1 辅助动合触点控制，如图 1-10 所示。从图中可看出，当电压互感器停电检修时，断开一次侧隔离开关 QS_1 的同时，二次回路也自动断开。中性线采用了两对辅助触点 QS_1 并联，是为了避免隔离开关辅助角点接触不良，造成中性线断开（因为中性线上的触点接触不良难以被发现）。

对于中性点接地的电压互感器，除接地的中性线外，其他各相引出端都串接了该电压互感器隔离开关 QS_1 辅助动合触点，如图 1-11 所示。

三、电压互感器的故障分析及运行操作

1. 电压互感器高压侧熔丝熔断原因分析

① 互感器内部线圈发生匝间、层间或相间短路及一相接地故障。

② 电压互感器一、二次回路故障，可能造成电压互感器过流。

③ 中性点接地系统中发生一相接地时，其他两相电压升高 $\sqrt{3}$ 倍，或者由于间歇性电弧接地，产生数倍的过电压，使互感器铁芯饱和，电流增加，造成熔丝熔断。

④ 系统发生铁磁谐振。在中性点不接地系统中，由于发生单相接地或用户电压互感器数量的增加，使母线或线路的电容与电压互感器的电感构成振荡回路，引起谐振，造成过压、过流。

2. 电压互感器二次侧熔丝熔断原因分析

① 人为原因引起的各种二次回路短路。

② 保护及自动装置元件损坏，引起电压二次回路短路。

③ 二次回路导线受潮、腐蚀及损伤而发生一相接地及二相接地短路故障。

④ 电压互感器内部存在着金属性短路时也会造成电压互感器二次回路短路。

二次熔丝熔断时，运行人员应及时更换二次熔丝。若再次熔断，则不应再更换，应查明原因后再处理。此时禁止进行两台 TV 二次侧的并列操作，防止将故障引入另一台 TV。

3. 电压互感器操作注意事项

① 电压互感器送电时必须先合一次侧后合二次侧，停电时先停二次侧后停一次侧，防止运行中的电压互感器由二次向不带电的电压互感器反充电，危及设备安全，并造成运行中电压互感器二次熔断器熔断，低压开关跳开，引起保护装置及自动装置失压。

② 两段母线 TV 二次并列时，一次必须先并列（防止反充电）。

③ 在倒换 TV 前必须先将 TV 并列运行（防止二次设备在 TV 倒换过程中失压）。

④ 双母线各有一组电压互感器，在母线元件倒闸操作时，保护装置用的交流电压应与元件所在母线相一致。

⑤ 二次电压回路使用中间继电器，由隔离开关辅助触点联动实现自动切换方式时：

a. 当两组电压切换继电器同时动作供给电压时，应发出信号，此时不允许操作母联断路器。（双母线运行的保护都有"切换继电器同时动作"这一信号）

b. 当电压自动切换回路发生不正常现象时，应报告调度，将涉及范围的保护停用，或切换到另一组母线电压回路上，然后才能进行处理。

c. 运行中的隔离开关不允许进行辅助触点维修工作。

思考题

1. 电压互感器的作用是什么？它在一次电路中如何连接？
2. 为什么电压互感器的二次回路在运行中不允许短路？如何采取保护措施防范其二次侧短路？
3. 试画出电压互感器常用的接线方式，并说明其能测量的电压分别有哪些？
4. 电压互感器二次回路的断线信号装置有何作用？其工作原理是什么？
5. 什么是电压互感器的反馈电压？如何防范？
6. 电压互感器的接地方式有哪几种？各有何特点？

项目三　电压互感器二次电压并列与切换装置

任务一　电压互感器二次电压并列装置

一、重动的概念

电压互感器的二次电压在进入二次设备之前，必须经过重动装置。

所谓重动，就是使用一定的控制电路，使电压互感器二次绕组的电压状态（有/无）和电压互感器的运行状态（投入/退出）保持对应关系，避免在电压互感器退出运行时，二次绕组向一次绕组反馈电压，造成人身或设备事故。

二、并列的概念

在变电站一次主接线为桥形接线、单母分段等含有分段断路器的接线方式下，两段母线的电压互感器二次电压还应经过并列装置，以使某间隔的二次设备在本段母线电压互感器退出运行，而分段断路器投入的情况下，从另一段母线的电压互感器二次绕组获得电压。

目前，大多数厂家都将重动和并列两种功能整合为一台装置。如许继电气的 ZYQ - 824、南瑞继保的 RCS - 9663D 等，习惯上称为电压并列装置。

三、电压互感器二次电压并列装置

下面以图 1 - 13 所示主接线及许继公司 ZYQ - 824 电压并列装置为例，对电压互感器电压并列装置原理进行讲解，电压互感器二次电压重动/并列原理接线如图 1 - 14 所示。

图 1 - 13 所示的主接线中，两段母线各配置一组电压互感器，其与母线之间的开关电器分

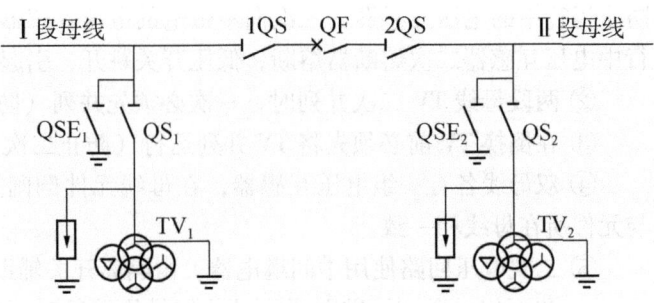

图 1 - 13　单母线分段接线电压互感器配置图

别为隔离开关 QS_1、QS_2。QF 为分段断路器，1QS、2QS 为分段隔离开关。在图 1-13 中，这些符号代表的是高压配电装置，而在图 1-14 中，它们代表的是各自的辅助接点。

图 1-14 是 ZYQ-824 的启动回路原理图。图中，7D37 接正电源，7D48 接负电源，各辅助节点的状态（开/闭）决定了回路的状态（通/断），实质上起到了开关电器的作用。从图 1-14 中可以看出，Ⅰ母电压重动的条件是 QS_1 常开接点闭合，即Ⅰ母电压互感器处于运行状态；复归条件是 QS_1 常闭接点闭合，即Ⅰ母电压互感器退出运行。Ⅱ母电压重动回路与Ⅰ母电压类似。

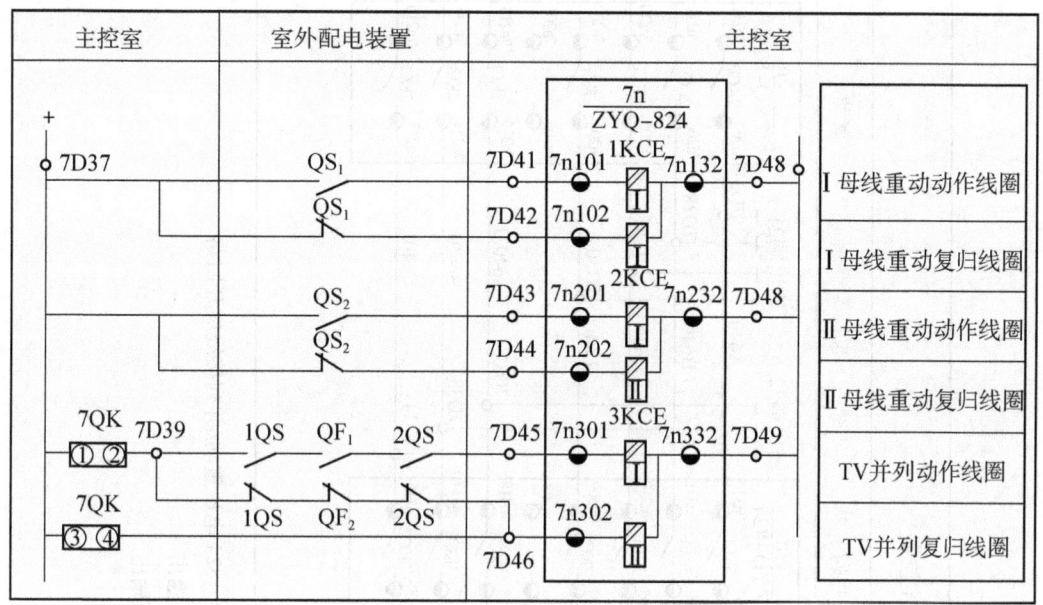

图 1-14 ZYQ-824 的重动/并列启动回路原理图

而Ⅰ母与Ⅱ母电压的并列回路是由分段开关 QF、1QS 和 2QS 的状态决定的，回路动作原理与重动回路也是相似的，不同的是，在回路中增加了切换开关 7QK。7QK 的 1-2 接点导通，表示允许操作，即 1-2 接点导通后，由分段开关状态变化造成的并列回路的自动启动或复归都是允许的，1-2 接点断开后，此部分功能被闭锁；7QK 的 3-4 接点导通，表示并列复归，即不论分段开关的状态如何，手动强制取消电压并列。

在两段母线都投入运行的情况下，1KCE、2KCE、3KCE 存在三种组合形式，如表 1-3 所示。

表 1-3 电压重动/并列回路元件状态对应表

继电器线圈状态	含 义
1KCE 带电、2KCE 带电、3KCE 失电	两段母线分列运行，TV_1、TV_2 均投入运行
3KCE 带电、1KCE 带电、2KCE 失电	两段母线分列运行，TV_1 投入运行，TV_2 退出运行
3KCE 带电、2KCE 带电、1KCE 失电	两段母线分列运行，TV_2 投入运行，TV_1 退出运行

图 1-15 所示的是 ZYQ-824 的重动/并列回路。

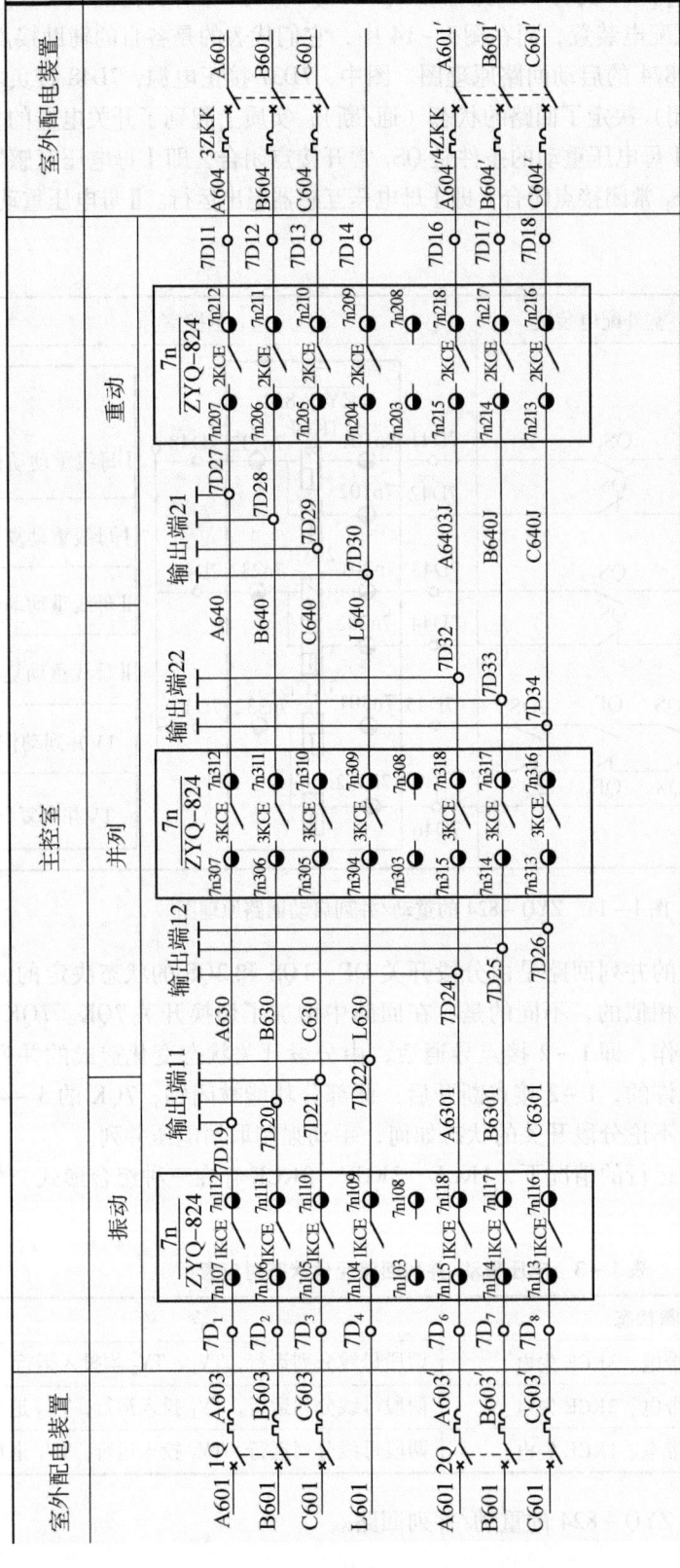

图 1-15 ZYQ-824 电压重动/并列接线展开回路
输出端 11—Ⅰ段保护（测量）电压输出；输出端 12—Ⅰ段计量电压输出
输出端 21—Ⅱ段保护（测量）电压输出；输出端 22—Ⅱ段计量电压输出

实际上，电压在进入二次设备之前必须经过重动，但未必经过并列。并列主要是如图 1-13 所示，在两段母线并列运行，而两台电压互感器 TV$_1$、TV$_2$ 中一台运行，另一台退出时，为保证所有二次设备能够从运行中的电压互感器取得电压而起作用的。

思考题

1. 重动和并列的意义分别是什么？
2. 对照图 1-15，说明电压互感器二次回路电压如何引入二次设备？

任务二　电压互感器二次电压切换装置

一、二次电压切换的概念

电压互感器二次电压的切换主要应用于双母线，保证双母线上连接的电气主设备，以及其相应的二次设备电压回路随主接线一起切换，即一次设备连接在哪条母线，其相应二次设备也由同一母线电压互感器供电，否则可能出现二次回路与一次回路不对应的情况。所以，电压互感器应具有二次电压切换回路。

二、电压互感器二次电压切换装置

下面以图 1-16 和图 1-17 中所示主接线及南瑞继保公司生产的 RCS-941A 的电压切换回路为例，说明电压切换的基本原理。

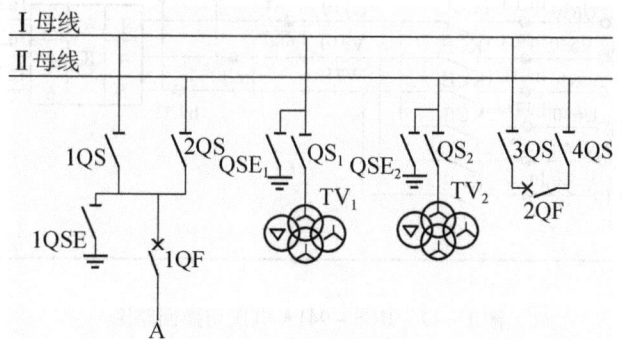

图 1-16　双母线接线的电压互感器配置图

图 1-16 是典型的双母线接线形式，电气设备（可能是线路或变压器）通过断路器 1QF、隔离开关 1QS 或者 2QS，连接到Ⅰ母线或Ⅱ母线上。Ⅰ母线上接有电压互感器 TV$_1$，Ⅱ母线上接有电压互感器 TV$_2$。在母线联络断路器 2QF 和隔离开关 3QS、4QS 闭合的情况下，显然，通过在 1QS 和 2QS 之间切换，可以使电气设备分别接至Ⅰ母线或Ⅱ母线。即要求电气设备接至Ⅰ母线时，其二次设备从 TV$_1$ 取得电压；接至Ⅱ母线时，其二次设备从 TV$_2$ 取得电压。

电压重动和并列的情况与前所述相同，参照图 1-15。图 1-17 所示为电压切换回路的启动及接线展开回路。假设电气设备通过 1QF、1QS 连接到Ⅰ母线时，继电器 1KCE 动作，将输出端 11 的电压接入二次设备。当需要将电气设备改接到Ⅱ母线时，应先将 2QS 合上，此时 2KCE 被启动，接点闭合，将输出端 21 的电压接入二次设备。随后断开 1QS，

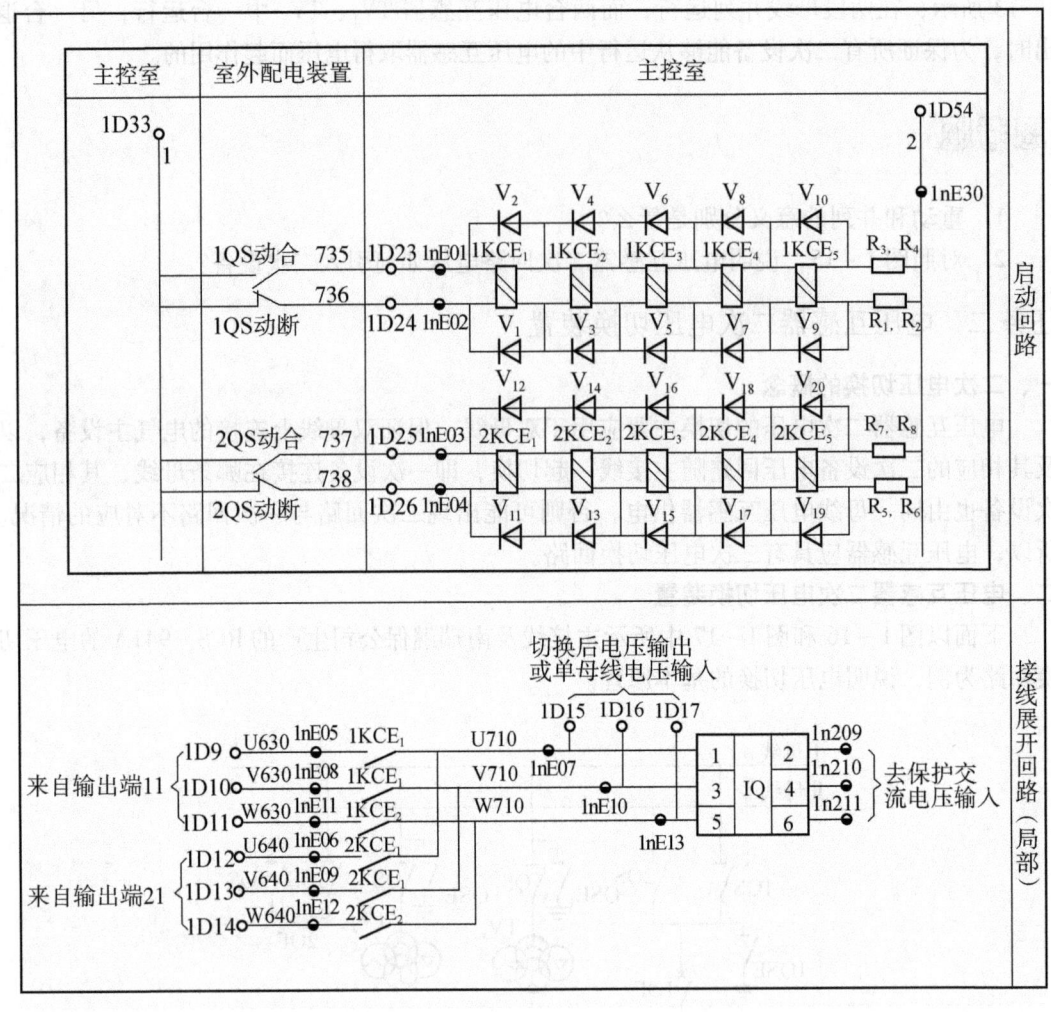

图 1-17 RCS-941A 电压切换回路图

使 1KCE 复归。在操作过程中，会出现一个 1QS、2QS 同时闭合的短暂时间段，此时会报"切换继电器同时动作"信号。

需要指出，电压切换操作必须在母线联络断路器 2QF 和隔离开关 3QS、4QS 闭合的情况下，即Ⅰ母线和Ⅱ母线已经处于并列运行状态，TV_1 和 TV_2 的二次电压已经并列的情况下。否则，在电压切换操作中可能出现强行将两条母线的二次电压并列的情况，这是绝对不允许的。

思考题

1. 二次电压切换主要运用在什么情况下？
2. 对照图 1-17，说明电压互感器二次电压切换回路的工作原理。

学习情景二　直流系统的运行调试与维护

教学目标

理解操作电源的作用和基本要求；了解直流负荷的分类和蓄电池直流电源系统的分类及特点；理解蓄电池的基本概念及特性；掌握蓄电池组运行方式特点和蓄电池运行的相关专用名词术语；掌握蓄电池高频开关充电装置的原理和结构特点；掌握高频开关直流电源系统的组成及原理；了解直流系统接地的危害及处理方式，熟悉常见直流系统的接线方式；了解直流屏的运行和维护标准，并能对各模块的常见故障进行判断处理；能按照规程对直流系统进行简单倒闸操作和验收作业。

项目一　操作电源概述

任务一　操作电源的作用及要求

发电厂及变电所中各种电气设备的操作、控制、保护、信号及自动装置，都需要有可靠的供电电源，由于这种电源特别重要，所以一般都专门设置，通常又称其为操作电源。操作电源分交流电源和直流电源，大中型发电厂及变电所主要采用直流操作电源。

一、操作电源（交流或直流）的具体作用

① 在发电厂和变电所正常运行时，对断路器的控制回路、信号设备、自动装置等设备供电。

② 在一次电路故障时，给继电保护、信号设备、断路器的控制回路供电，以保证它们能可靠地动作。

③ 在交流厂用电电源中断时，给事故照明、直流油泵及交流不停电电源等负荷供电，以保证事故保安负荷的工作。

二、对操作电源的基本要求

① 保证供电的可靠性，最好装设独立的直流操作电源，以免交流系统故障而影响操作电源的正常供电。

② 具备足够的容量，满足全厂（所）事故停电时，直流电源负荷、最大冲击负荷及 1h 事故照明等用电需要，且能保证直流母线电压在规定的额定值。

③ 具有良好的供电质量，正常运行时，操作电源母线电压波动范围小于 5% 额定值；事故时操作电源母线电压不低于 90% 额定值；失去浮充电源后，在最大负载下的直流电压不低于 80% 额定值，波纹系数小于 5%。

④ 满足经济和实用的要求，使操作电源使用寿命长、维护工作量小、投资省、占地面积小、噪声干扰小等。

任务二　直流负荷的分类

直流操作电源必须根据直流负荷的情况和要求，进行合理配置和设计。

直流负荷按其用电特性可分为下列三类：

1. 经常性负荷

指在正常运行时需不断供电的负荷，包括经常带电的继电器、信号灯、直流照明、自动装置、远动装置等，以及经常由逆变电源供电的电子计算机、巡回检测装置等。

2. 事故性负荷

指当发电厂和变电所失去交流电源后，应由直流系统供电的负荷，包括事故照明及以直流系统作为备用电源的，正常由厂用交流电源供电的事故保安负荷。

3. 冲击性负荷

指短时所承受的冲击电流，如断路器的合闸电流等。

任务三　直流操作电源系统的类型

一、直流操作电源系统的类型

1. 电源变换式直流电源系统

电源变换式直流电源系统如图 2-1 所示，正常运行时由 220V 交流电源经可控整流装置 U_1 变为 48V 直流电源，供全厂 48V 操作用电，并对蓄电池组 GB 进行浮充电；同时可经逆变装置 U_2 将直流电源变为交流电源，再经整流装置 U_3 变为 220V 直流电源的多功能新型独立电源，作为供电直流电源。当交流系统故障时，由蓄电池组 GB 直接向 48V 的直流负荷供电，同时经 U_2 逆变和 U_3 整流后，向 220V 的直流负荷持续供电。这种电源在中、小型变电所中得到一定应用。

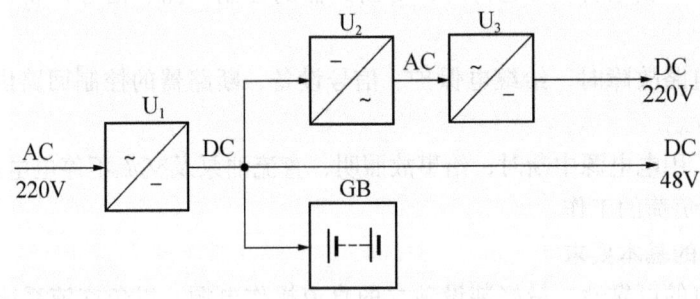

图 2-1　电源变换式直流电源系统框图

2. 整流式直流电源系统

（1）硅整流电容储能直流系统

硅整流电容储能直流系统由硅整流设备和电容器组组成。

在正常运行时：厂用交流电源经硅整流设备变为直流电源，作为全厂的操作电源并向电容器充电。

在事故情况下：将电容器储存的电能向重要负荷（继电保护、自动装置和断路器跳闸回路）放（供）电，以确保继电保护及断路器可靠动作。

为保证电源可靠，一般有两个独立的电源。电源Ⅰ（三相整流，容量大）供电给合闸、操作、保护、信号；电源Ⅱ（单相整流，容量小）供电给操作、保护、信号。

这是一种简易的直流操作电源，可靠性差，一般只是在规模小、不重要的电站使用。

（2）复式整流直流系统

如图2-2，当电力系统正常运行时，由厂用电整流后"电压源"供给。

当系统发生短路事故使端电压下降或厂用电失去时，利用短路电流增大的原理使装置中的"电流源"整流后启动跳闸回路，使断路器可靠地跳闸。

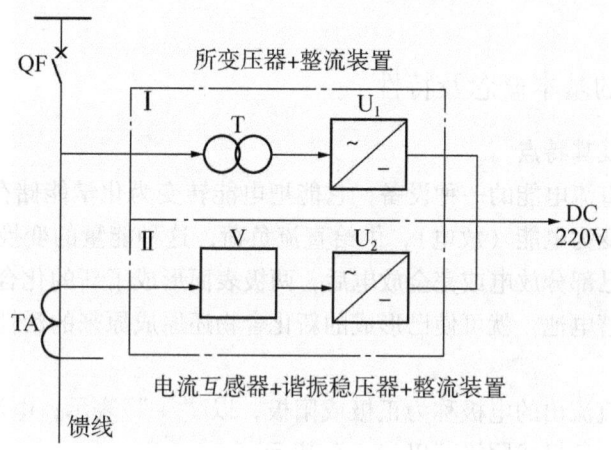

图2-2 复式整流直流系统框图

这也是一种简易的直流操作电源，一般只是在规模小、不很重要的电站使用。

3．蓄电池直流电源系统

由多节蓄电池组成一定电压的蓄电池组，作为与电力系统运行状态无关的独立可靠的直流操作电源，即使发电厂或变电所交流系统全部停电，仍能在一段时间内可靠地给部分重要设备供电，具有很高的供电可靠性，是最稳定、最可靠的直流电源。

该直流电源系统，由蓄电池组和充电装置构成。正常运行时，由充电装置为控制负荷供电，同时给蓄电池组充电，使其处于满容量荷电状态；当电站发生事故时，由蓄电池组继续向直流控制和动力负荷供电。

这是一种在各种正常和事故情况下都能保证可靠供电的电源系统，被广泛应用于各种类型的发电厂和变电站中。

以上电容储能式和复式整流式直流操作电源系统，在二十世纪六七十年代有较多的应用，80年代以后，由于小型镉镍碱性蓄电池和阀控式铅酸蓄电池的应用，这种操作电源在发电厂和变电站中已不再采用。而蓄电池组直流操作电源系统，其应用历史悠久，且极为广泛。

二、直流操作电源系统的工作电压

常用的电压等级：220V，110V，48V；

强电直流电压：220V，110V；

弱电直流电压：48V。

思考题

1. 操作电源的作用是什么？对其有哪些基本要求？
2. 直流负荷有哪几类？
3. 直流操作电源系统的类型有哪几类？各有何特点？

项目二　蓄电池直流电源系统

任务一　蓄电池的基本概念及特性

一、蓄电池的类型及其特点

蓄电池是储存直流电能的一种设备，它能把电能转变为化学能储存起来（充电），使用时再把化学能转变为电能（放电），供给直流负荷，这种能量的变换过程是可逆的，也就是说，当蓄电池已部分放电或完全放电后，两极表面形成了新的化合物，这时如果用适当的反向电流通入蓄电池，就可使已形成的新化合物还原成原来的活性物质，供下次放电使用。

在放电时，电流流出的电极称为正极或阳极，以"＋"表示；电流经过外电路之后，返回电池的电极称为负极或阴极，以"－"表示。

根据电极或电解液所用物质的不同，蓄电池一般分为铅酸电池和碱性电池两种。

目前电力系统常用蓄电池的种类：

1. 镉镍碱性蓄电池

组成：正极板（氧化镍）、负极板（镉－铁）、电解液（氰化钾）。

外壳：封闭型。

特点：污染小，无腐蚀，维护量小，结构紧凑，占地面积小，布置方便，使用寿命长，可直接放在主控制室，不必专门设蓄电池室。

2. 固定型防酸隔爆铅酸蓄电池

组成：管式正极板、涂膏式负极板、微孔隔离板、透明塑料电槽。

电池盖：防酸隔爆帽。

电池内部：装有温度密度计。

特点：产生的酸雾经防酸隔爆帽过滤后，酸雾不易析出电池外部，可减少酸雾对电池室及设备的腐蚀，同时也能防止电池内部因产生气体而引起压力增大，发生爆炸。

3. 阀控式密封铅酸蓄电池

组成：正极（铅酸合金）、负极（钙铝合金），如图2－3所示。

电池内部：电液被吸附在极板和隔离物中，充电产生的气体不向外逸出，全部在电液内部合成为水。

特点：全封闭结构，体积小，防震，抗压，便于运输，无须专门的蓄电池室。一般情况下，不需维护（无须补水、加酸），自放电小，内阻小，输出功率高，具有自动开启、关闭的安全阀（当蓄电池严重过充，产生过量的气体使蓄电池内部压力超过正常值时，气体将通过自动开启的安全阀排出，安全阀上装有滤酸装置，可防止酸雾排出。当压力恢复到正常值后，安全阀自动关闭，同时防止外部空气进入蓄电池内部）。

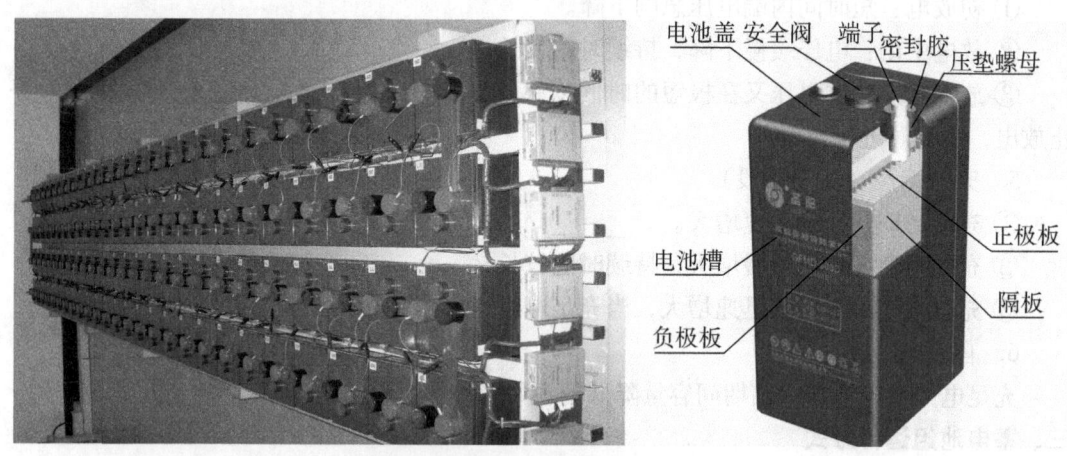

图2-3 阀控式密封铅酸蓄电池结构图

蓄电池近年来不断完善，发展很快，品种也在不断增加。在20世纪70年代以前，发电厂和变电站中应用的都是开启式铅酸蓄电池，使用的容量逐渐增加，单组额定容量达到了1400～1600Ah。70年代以后，开始应用半封闭的固定防酸式铅酸蓄电池，并逐步得到普遍采用。到80年代中期以后，镉镍碱性蓄电池以其放电倍率高、耐过充和过放的优点，开始在变电站中得到应用，但由于价格较高，一般使用的都是额定容量在100Ah以内的，限制了其应用的范围。90年代发展起来的阀控式铅酸蓄电池，以其全密封、少维护、不污染环境、可靠性较高、安装方便等一系列的优点，在20世纪90年代中期以后得到普遍的采用。其中，阀控式密封铅酸蓄电池在电力系统、通信等部门被广泛采用。

二、蓄电池的电气特性

1. 电动势、开路电压、工作电压

电动势：输出能量大小的量度，充电时升高，放电时下降。

开路电压：开路状态时的端电压。

工作电压：接通负荷后电池的端电压。

2. 蓄电池的容量

蓄电池的容量是蓄电池蓄电能力的重要标志，是指充足电的蓄电池放电到规定终止电压时所放出的总电量。

$$C = I_f t \tag{2-1}$$

式中　C——蓄电池容量，Ah；
　　　I_f——恒定放电电流，A；
　　　t——放电时间，h。

蓄电池容量符号 C_{10}，表示蓄电池 10h（10 小时充电或放电率）额定容量，单位为 Ah。

3. 电池内阻

全电阻等于欧姆电阻与极化电阻之和，在充放电过程中随时间不断变化。

4. 放电特性（三个阶段）

① 初放电：短时间内端电压急剧下降。

② 放电中期：电压缓慢下降，持续时间较长。

③ 放电末期：端电压又在极短的时间内迅速降低，当达到放电终止电压时，立即停止放电，并及时进行充电。

5. 充电特性（三个阶段）

① 充电初期：电压迅速增大。

② 充电中期：电压缓慢增大，持续时间较长。

③ 充电末期：电压又迅速增大，当充足电时，电压稳定在 2.7V 左右。

6. 自放电特性

充足电的蓄电池在存储期间容量降低的现象，称为自放电。

三、蓄电池组运行方式

蓄电池的运行方式有充放电方式与浮充电方式两种。目前发电厂和变电站的蓄电池组，普遍采用浮充电方式。

1. 充放电运行方式

所谓蓄电池组的充放电运行方式，就是对蓄电池组进行周期性的充电和放电，当蓄电池组充足电以后，就与充电装置断开，由蓄电池组单独向经常性的直流负荷供电，并在厂用电事故停电时，向事故照明和直流电动机等负荷供电。为了保证在任何时刻都不致失去直流电源，通常，当蓄电池放电到60%～70%额定容量时，即开始进行充电，周而复始。

按充放电方式运行的蓄电池组，必须周期性地、频繁地进行充电。在经常性负荷下，一般每隔24h 就需充电一次，充至额定容量。充电末期，每个蓄电池的电压可达2.7～2.75V，蓄电池组的总电压（直流系统母线电压）可能会超过用电设备的允许值，母线电压起伏很大。为了保持母线电压，常需要增设端电池。

2. 浮充电运行方式

所谓蓄电池组的浮充电方式，就是充电器经常与蓄电池组并列运行，充电器除供给经常性直流负荷外，还以较小的电流——浮充电电流向蓄电池组充电，以补偿蓄电池的自放电损耗，使蓄电池经常处于完全充足的状态。当出现短时大负荷（例如断路器合闸、许多断路器同时跳闸、直流电动机、直流事故照明等）时，则主要由蓄电池组供电，而硅整流充电器，由于其自身的限流特性，一般只能提供略大于其额定输出的电流值。在浮充电器的交流电源消失时，便停止工作，所有直流负荷完全由蓄电池组供电。

采用浮充电法运行，既可减小运行维护工作量，又提高了直流系统的工作可靠性。由于所有蓄电池都处于满充电状态，它们的输出容量不会降低，寿命也延长了。所以，浮充电方式在发电厂和变电所得到了广泛应用。

浮充电电流的大小，取决于蓄电池的自放电率，浮充电的结果，应刚好补偿蓄电池的自放电。如果浮充电的电流过小，则蓄电池的自放电就可能长期得不到足够的补偿，将导致极板硫化（极板有效物质失效）。相反，如果浮充电电流过大，蓄电池就会长期过充电，引起极板有效物质脱落，缩短电池的使用寿命，同时还多消耗了电能。

浮充电电流值，依蓄电池类型和型号而不同，一般为（0.1～0.2）C_N/100（A），其中 C_N 为该型号蓄电池的额定容量（单位为 Ah）。旧蓄电池的浮充电电流要比新蓄电池大 2～3 倍。

为了便于掌握蓄电池的浮充电状态，通常以测量单个蓄电池的端电压来判断。如对于铅酸蓄电池，若其单个的电压为 2.15～2.2V，则为正常浮充电状态；若其单个的电压在 2.25V 及以上，则为过充电；若其单个的电压在 2.1V 以下，则为放电状态。因此，为了保证蓄电池经常处于完好状态，实际中的浮充电，常采用恒压充电的方式。标准蓄电池的浮充电电压规定如下：

① 每只铅酸蓄电池（电解液密度为 1.215g/cm³），其浮充电电压一般取 2.15～2.17V。

② 每只中倍率镉镍蓄电池，其浮充电电压一般取 1.42～1.45V。

③ 每只高倍率镉镍蓄电池，其浮充电电压一般取 1.35～1.39V。

按浮充电方式运行的蓄电池组，每 2～3 个月应进行一次均衡充电，以保持极板有效物质的活性。

3．有关蓄电池运行的其他专用名词术语

（1）蓄电池组容量试验

新安装的蓄电池组，按规定的恒流充电，将蓄电池组充满容量后，再按规定的恒流放电，直到其中任一个蓄电池放至终止电压为止。

（2）放电电流符号

I_{10} 表示 10h（10 小时充电或放电率）放电电流，单位为 A。

（3）初充电和补充充电

初充电指新的蓄电池在交付使用前，为完全达到荷电状态所进行的第一次充电。初充电的工作程序应参照制造厂家的说明书进行。补充充电是指蓄电池在存放中，由于自放电，使蓄电池容量逐渐减少，为了弥补运行中因浮充电流调整不当造成的欠充，补偿蓄电池组自放电和爬电、漏电所造成的容量亏损，应按厂家说明书规定，定期（一般为 1～3 个月）进行补充充电，充电装置将自动或手动进行一次恒流限压充电—恒压充电—浮充电的过程。

（4）恒流充电

在充电电压范围内，充电电流维持在恒定值的充电，称为恒流充电。开始充电阶段充电电流小，充电后期充电电流大。这种充电方式，充电时间长，效率低，较少采用。

（5）均衡充电

为补偿蓄电池在使用过程中产生的电压不均匀现象，使其恢复到规定范围内而进行的充电即为均衡充电。均衡充电是对蓄电池的一种特殊充电方式。在蓄电池长期使用期间，可能由于充电装置调整不合理、表盘电压表读数偏高等原因，造成蓄电池组欠充电，也可能由于各个蓄电池的自放电率不同和电解液密度有差别，使它们的内阻和端电压不一致，这些都将影响蓄电池的效率和寿命。为此，必须进行均衡充电（也称过充电），使全部蓄电池恢复到完全充电状态，以消除电池之间的差别，达到全组电池的均衡。

均衡充电，通常也采用恒压充电，就是用较正常浮充电电压更高的电压进行充电，充电的持续时间与采用的均衡充电电压有关。对标准蓄电池，均衡充电电压的一般范围是：

① 每个铅酸蓄电池，一般取 2.25～2.35V，最高不超过 2.4V。

② 每个中倍率镉镍蓄电池，一般取 1.52～1.55V。

③ 每个高倍率镉镍蓄电池，一般取 1.47～1.50V。

均衡充电一次的持续时间，既与均充电压大小有关，也与蓄电池的类型有关。例如按浮充电方式运行的铅酸蓄电池，一般每季进行一次均衡充电。当每只蓄电池均衡充电电压为 2.26V 时，充电时间约为 48h；当均衡充电电压为 2.3V/只时，充电时间约为 24h；当均衡充电电压为 2.4V/只时，充电时间为 8～10h。

以浮充电方式运行的蓄电池组，每一次均衡充电前，应将浮充电器停役 10min，让蓄电池充分地放电，然后再自动地加上均衡充电电压。

(6) 恒流放电

恒流放电是指蓄电池在放电过程中，放电电流值始终保持不变，直到放至规定的终止电压为止。

(7) 恒流限压充电

先以恒流充电方式进行充电，当蓄电池组端电压上升到限压值时，充电装置自动转为恒压充电。采用 I_{10} 电流进行恒流充电，当蓄电池组端电压上升到 (2.30～2.35) V × N（蓄电池的个数）限压值时，手动或自动转为恒压充电。例如，200Ah 额定电压 2V 的蓄电池 108 个，10 小时放电率的恒流充电电流 I_{10} 为 20A，限压值为 2.35 × 108 = 253.8（V）（一般取 254V）。

(8) 恒压充电

在 (2.30～2.35) V × N 的恒压充电下，随着蓄电池组的端电压上升，充电电流逐渐减小，当充电电流减小至 0.1 I_{10} 时，充电装置的监控器倒计时开始启动，当整定的倒计时结束后，充电装置将自动地转为浮充电运行，浮充电压宜控制为 (2.23～2.28) V × N。例如，200Ah 额定电压 2V 的蓄电池 108 个，I_{10} 为 20A，0.1 I_{10} 为 2A，浮充电压值为 2.25 × 108 = 243（V）。倒计时一般设为 3 小时（当充电电流减小至 0.1I_{10} 时，经 3 小时后自动转浮充）。

四、蓄电池个数

蓄电池个数的选择，按正常浮充运行时保证直流母线电压为直流系统额定电压的 105% 计算。

阀控蓄电池额定电压的选择通常有单体 2V 和 12V 两种。

① 2V 蓄电池的优点是电池设计寿命长并且可靠性高，损坏 1～2 节可将其短接，不会对系统电压有大的影响，缺点是造价较高，维护量大，占地面积大。

② 12V 蓄电池的优点是每组仅 18 块（220V 系统），维护、更换都比较方便，造价比相同容量的 2V 电池低，结构紧凑，占地面积小，缺点是损坏 1～2 节对系统电压影响较大，不能短接，一般需更换。

思考题

1. 蓄电池的类型有哪几种？各有何特点？
2. 蓄电池的运行方式有哪些？各有何特点？
3. 蓄电池为什么要进行均衡充电？如何进行？

任务二 蓄电池高频开关充电装置

为了使蓄电池能作为直流电源正常向外供电，还必须有充电装置。国内电力工程常用的有高频开关充电装置和晶闸管充电装置。高频开关充电装置以模块形式组成，模块电流 5～40A，可以根据设计容量进行组合，具有体积小、质量轻、效率高、自动化水平高及可靠性高等优点，目前被普遍采用。充电装置对蓄电池的充电有初充电、浮充电和均衡充电三种方式。高频开关整流模块可以更换，且有冗余。对于高频开关充电装置的配置，原则上可以不设整套装置的备用，即一组蓄电池配一套充电装置，两组蓄电池配两套充电装置。在实际运行中，为了进一步提高可靠性，一组蓄电池也可以配两套充电装置。

一、工作原理

高频开关模块，作用是将交流电转换为直流电。整流模块工作原理是将三相交流 50Hz 电源输入，首先经防雷处理和 EMI（电磁干扰）滤波，该部分电路可以有效吸收雷击残压和电网尖峰，保证模块后级电路的安全，然后经整流和无源 PFC（功率因数校正）后转换成高压直流电，经全桥 PWM（脉宽调制器）电路后转换为高频交流（20～300kHz），最后经高频变压器、整流桥、滤波器后输出平稳直流，如图 2-4 所示。

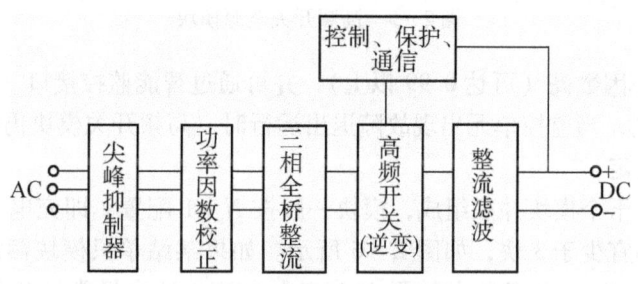

图 2-4 高频开关电源模块基本原理示意图

二、高频开关电源模块的优点

模块控制部分负责 PWM 信号产生及控制，保证输出稳定，同时对模块各部分进行保护，提供"四遥"接口。模块监控采集电源工作参数并显示后，上传给主监控，接受主监控指令，对电源进行控制，通过显示、按键，校准模块参数，设置模块运行状态。

高频开关电源模块如图 2-5，其特点是输入、输出的电压范围宽，均流度好，功率密度高，可实现 $N+1$ 备份冗余配置，可靠性高，体积小，重量轻，保护功能强（具有过、欠压告警，温度过高、限流和输出短路保护等），直流输出指标好（稳压精度 $\leq \pm 0.5\%$、稳流精度 $\leq \pm 0.5\%$、纹波系数 $\leq 0.1\%$），效率高（采用软开关技术），整流模块采用无

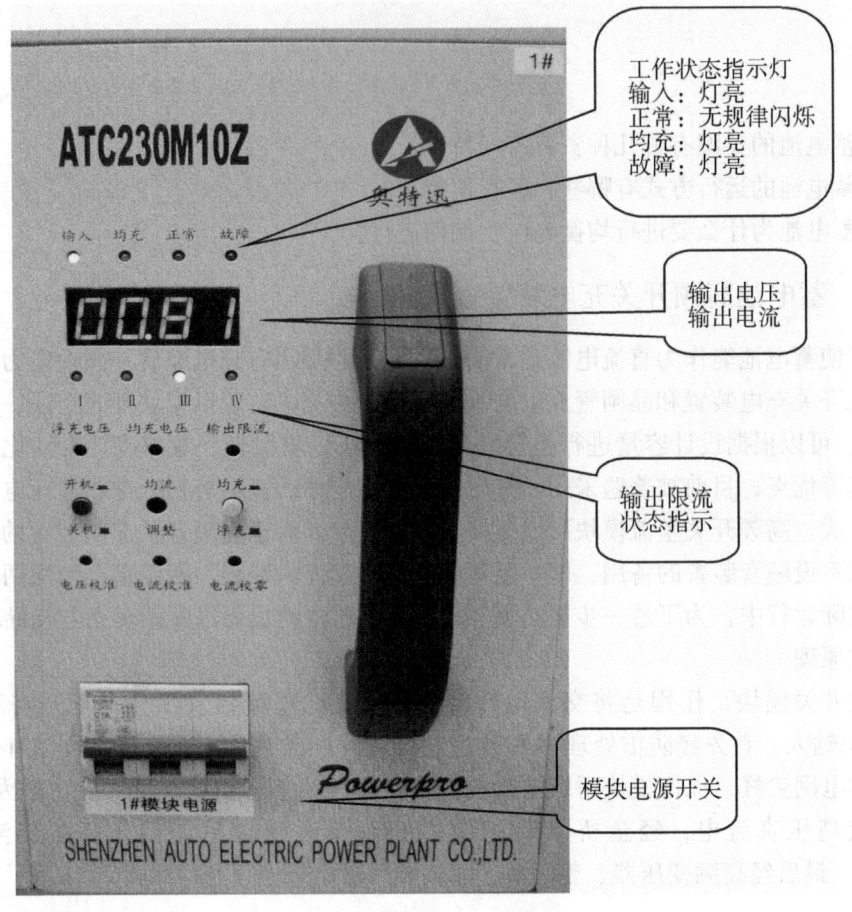

图 2-5 高频开关电源模块

源 PFC 技术，功率因数高（可达 0.99 以上），并可通过智能监控接口（RS232）实现对模块的"四遥"控制，当监控单元出现故障退出运行时，高频开关模块仍可自主运行。

三、模块数量的确定

充电装置由若干个模块并联组成，模块一般按 $N+1$ 配置，即充电模块运行在冗余状态，模块的总数不宜少于 3 块，如图 2-6 所示。如果某站单只模块额定电流 10A，安装 400Ah 蓄电池组，10h 充电率最大需要 40A 充电电流，站内经常性负荷不大于 20A，取 20A 计算，再加一块冗余，这样就是 $40\div10+20\div10+1=7$（块），7 个模块同时工作，如母线上直流负荷 14A，则每个模块平均电流为 2A。当高频开关电源其中一个模块故障，装置发出告警信号，这时，负荷由另外 6 个承担，不影响正常供电，可将故障模块更换。

当充电机负荷达到 50% 以上时，各个开关电源模块负荷差值应不超过 5%。

思考题

1. 高频开关整流模块的构成有哪些？其工作原理是什么？
2. 高频开关整流模块的特性是什么？如何进行配置？

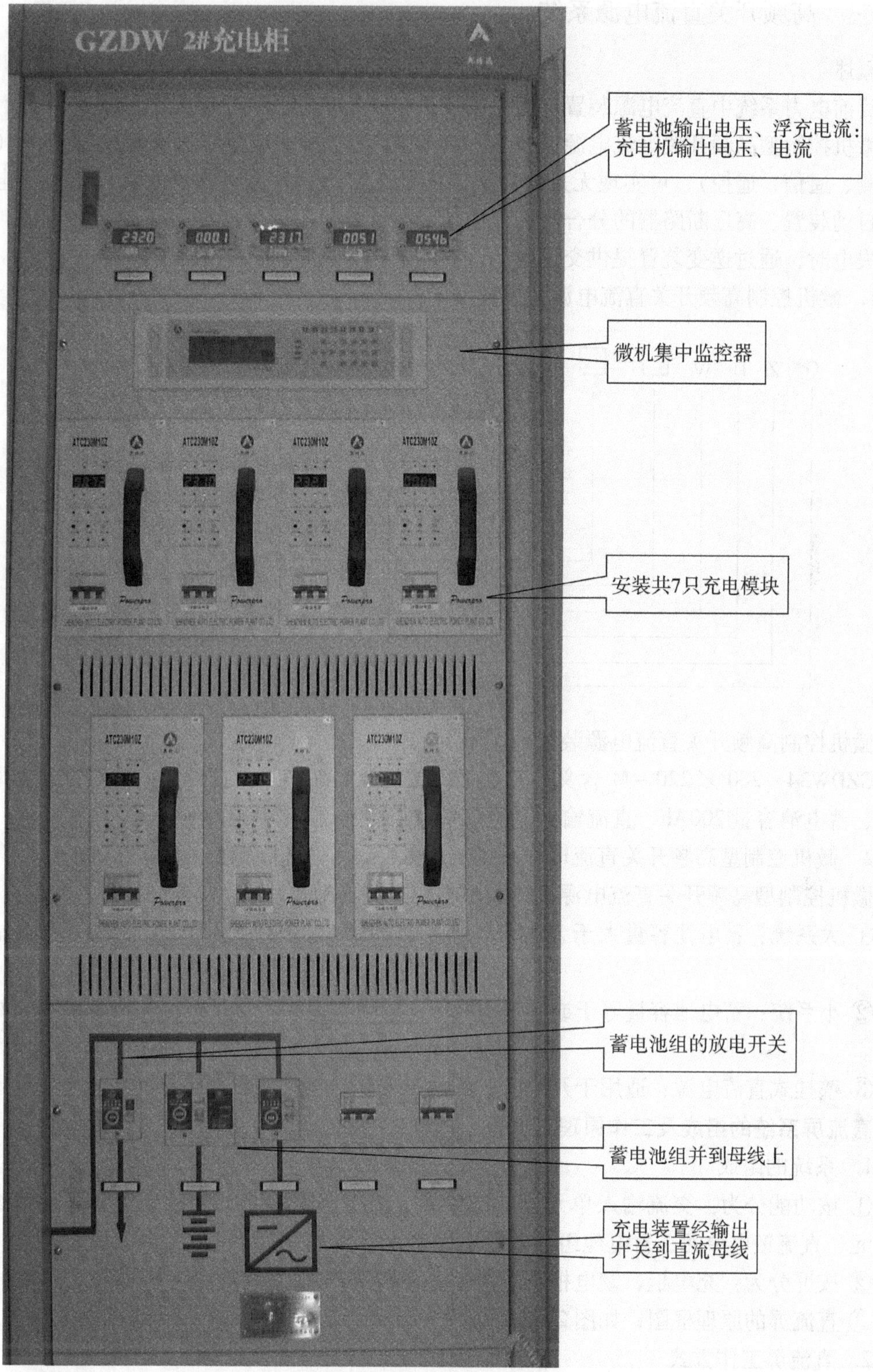

图 2-6 高频开关直流系统充电屏

任务三 高频开关直流电源系统

一、概述

目前电力系统中直流电源装置广泛采用微机控制型高频开关直流电源系统。

微机控制型高频开关直流电源系统（以下简称直流屏）是智能化直流电源产品（具有遥测、遥信、遥控），可实现无人值守，能满足正常运行，保障在事故状态下对继电保护、自动装置、高压断路器的分合闸、事故照明及计算机不间断电源等供给直流电源，在交流失电时，通过逆变装置提供交流电源。直流屏称为变电站的"心脏"。

1. 微机控制高频开关直流电源装置的型号

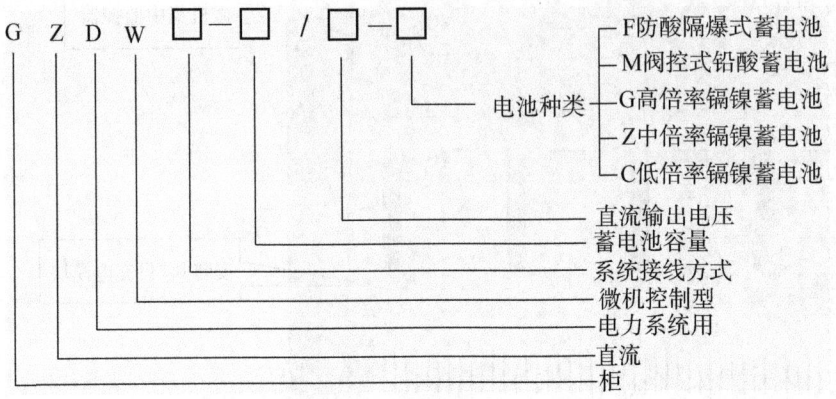

微机控制高频开关直流电源装置的型号示例：

GZDW34-200／220-M 含义是：电力用微机控制高频开关直流屏，接线方式为母线分段、蓄电池容量200Ah、直流输出电压220V 的阀控式铅酸蓄电池。

2. 微机控制型高频开关直流电源系统的配置

微机控制型高频开关直流电源系统可根据用户要求配置系统。

① 大系统：蓄电池容量大于200Ah，适用于35kV、110kV、220kV、500kV 变电站及发电厂。

② 小系统：蓄电池容量等于或小于100Ah，适用于10kV、35kV 变电站及小水电站等场所。

③ 壁挂式直流电源：适用于开闭所、配网自动化、箱式变压器等场所。

二、直流屏系统的组成及工作原理

1. 系统的组成

① 按功能分为：交流输入单元、充电单元、微机监控单元、电压调整单元、绝缘监察单元、直流馈电单元、蓄电池组、电池巡检单元等。

② 按屏分为：充电柜、馈电柜及电池柜等，如图2-7所示。

③ 直流屏的原理框图，如图2-8所示。

2. 直流屏工作方式

① 正常情况下，由充电单元对蓄电池进行充电的同时，向经常性负载（继电保护装置、控制设备等）提供直流电源。

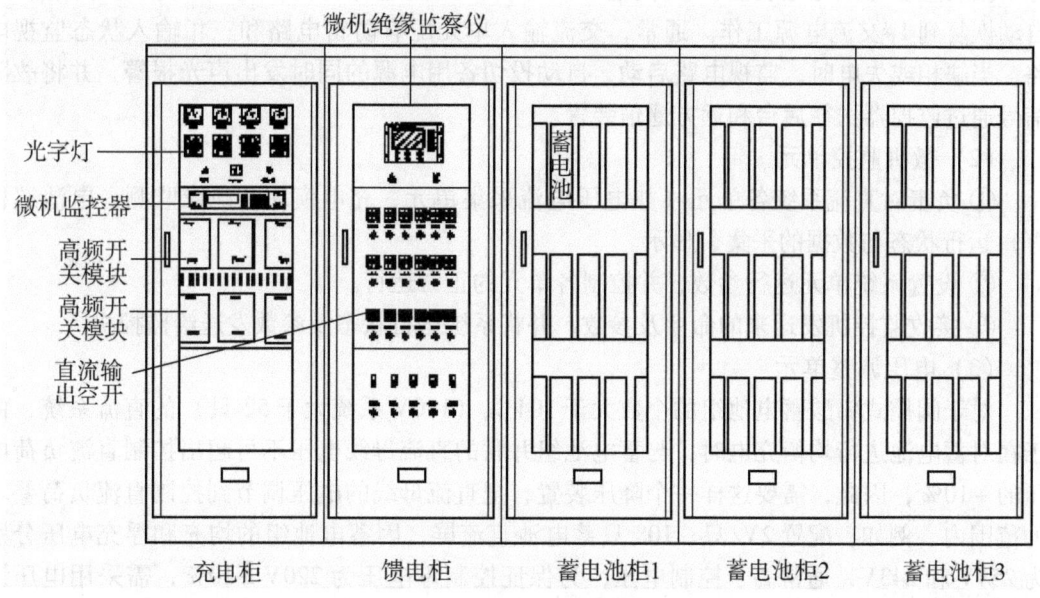

图 2-7 微机控制高频开关直流屏的外观

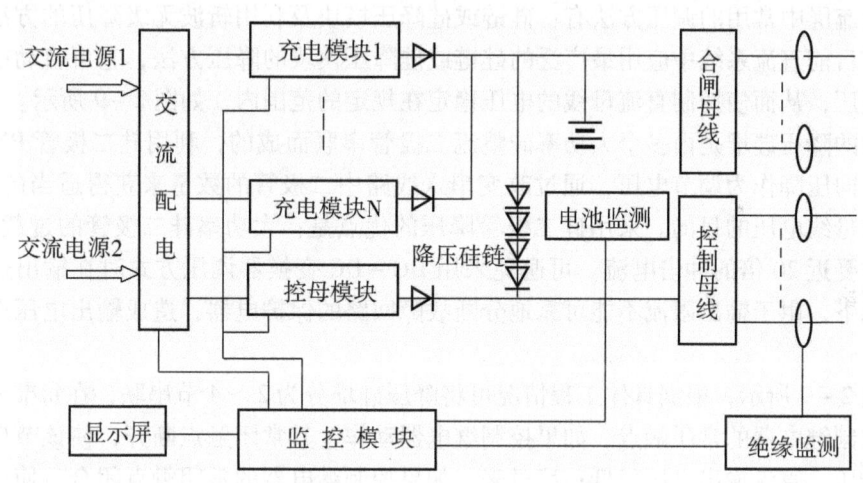

图 2-8 直流屏的原理框图

② 当控制负荷或动力负荷需较大的冲击电流（如断路器的分、合闸）时，由充电单元和蓄电池共同提供直流电源。

③ 当变电所交流中断时，由蓄电池组单独提供直流电源。

3．工作原理

直流系统中蓄电池和高频开关充电装置的原理已在前面做过详细介绍，现将系统中其他各单元的工作原理介绍如下：

（1）充电装置的交流输入单元

每组充电装置的交流电源应来自站用电系统的不同母线，由两路 380V/50Hz 的交流电源互投电路，手动或自动选择一路向充电单元供电（另一路作备用电源），并加装交流电源自投装置。每组充电装置1#交流电源故障，2#交流电源自投，当2#交流电源恢复后，自动恢复到1#交流电源工作。通常，交流输入单元配有防雷电路和三相输入状态监视电路，当缺相或失电时，监视电路启动，自动投切备用电源的同时发出声光报警，并将故障信号通过监控器送往后台和远方遥信装置。

（2）微机监控单元

① 负责对直流系统各单元（如电压电流采集单元、充电模块、绝缘监测、电池巡检等）运行状态与数据的采集、显示。

② 设置系统单元运行参数，并控制各单元的正常运行。

③ 接收监控机发送来的命令及参数，并将系统运行状态及参数发送给监控机。

（3）电压调整单元

对于阀控式铅酸蓄电池组的个数大于104只（110V系统大于52只）的直流系统，由于在对蓄电池进行均衡充电时，与蓄电池组并联的直流母线电压不可超出控制直流负荷电压的+10%，因此，需要这样一个降压装置，把直流母线的电压调节到控制直流负荷要求的范围内。例如，配置2V/只、108只蓄电池直流屏，因蓄电池组的均充和浮充电压分别为254V和243V，通常高于控制电压，为保证控制母电压为220V±10%，需采用电压调整装置进行调压。而采用103只、2V/只蓄电池的直流屏，其均充和浮充电压分别为242V和232V，能满足控母电压220V±10%的范围，故可不用电压调整单元。

在直流屏中常用的调压方法有：硅链或硅降压模块及利用斩波无级降压的方法。本书重点介绍目前直流系统中应用最广泛的硅链或硅降压模块的降压方法，它可自动或手动调节母线电压，从而使控制直流母线的电压稳定在规定的范围内，如图2-9所示。

所谓的降压硅堆是由多个大功率硅整流二极管串联而成的，利用硅二极管PN结相对稳定的正向压降作为调节电压，通过改变串入线路中二极管的数量来获得适当的电压降，达到调节母线电压的目的。采用硅二极管降压的优点是：大功率硅二极管的过载能力强，能短时耐受近20倍的冲击电流。可避免采用DC-DC变换器调压方式时在输出过载或短路的情况下，由于输出限流不能可靠地分断故障回路的保护电器，造成输出电压严重下降的事故。

如图2-9所示，根据具体工程情况可将降压硅堆分为2～4节串联，在每节硅堆的两端并接控制继电器的常闭触点，如果控制继电器动作，其常闭触点断开，使该节硅堆串入线路中降压，直流输出电压降低；反过来，如果控制继电器的常闭触点闭合，使该节硅堆被短接旁路，直流输出电压升高。

（4）绝缘监察单元

① 绝缘监察的作用

对控制母线电压和各支路对地绝缘电阻进行测量判断，超出正常范围时发出报警信号。

② 绝缘监察装置的类型

a. 绝缘监察继电器，如ZJJ-2绝缘监察继电器，利用电桥平衡的原理，只能显示正、负母线的对地电阻和电压，不正常时可及时报警，并显示接地类型。

b. 微机型绝缘监察装置，它具有进行自动巡检各馈线支路绝缘状况及电压超限报警功能，并能对所有支路的正、负对地绝缘电阻，对地电压等一一对应显示，不正常时可显

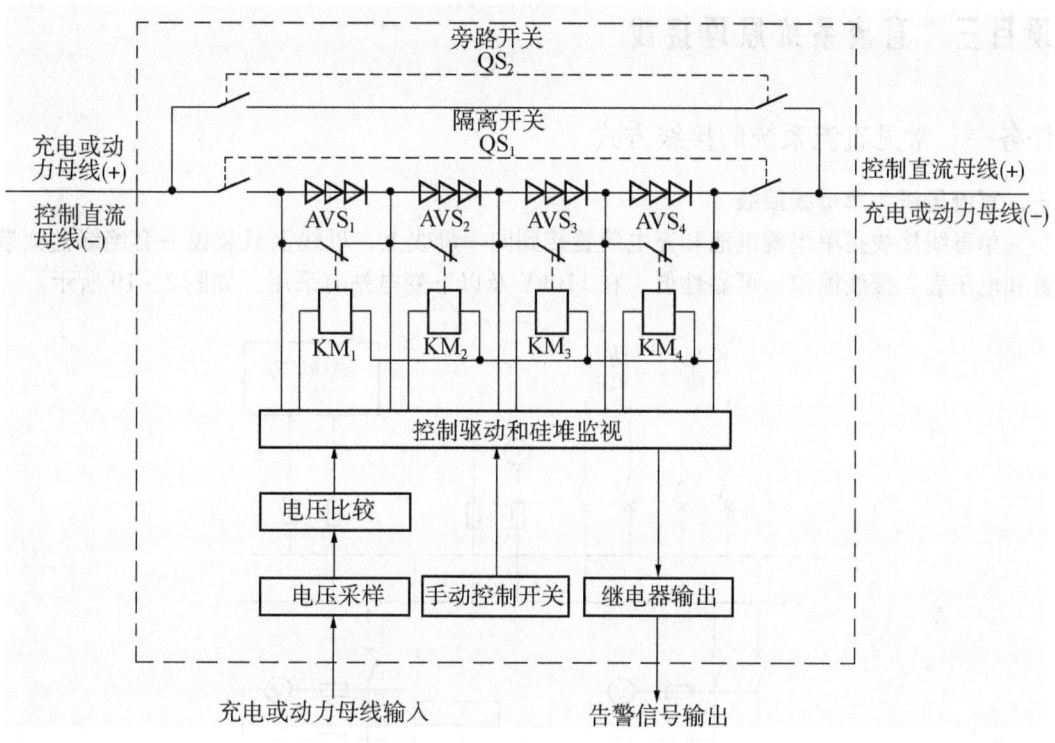

图 2-9 硅降压调压单元原理框图

示出故障支路的支路号及故障类别,并报警。

(5) 直流馈电单元

① 直流馈线单元回路的作用

直流馈线单元回路是直流系统通过接在合闸母线和控制母线的专用直流断路器向负荷供电的回路,负荷种类一般包括经常性负荷、事故负荷和冲击负荷等。

② 直流馈电断路器

由于直流灭弧比交流灭弧困难得多,在直流屏中一定会用直流专用断路器,如 5SX 系列(西门子)、GM 系列(北京人民)的断路器。使用时,除额定电压、额定电流的选择外,还应注意开关的极性和上下进线方式不能接错,否则将烧掉开关。注意:西门子 5SX 系列直流空气断路器的接线方式是下进上出,其他品牌的空气断路器是上进下出。

(6) 电池巡检单元

系统自动根据用户配置的电池节数和电池类型巡检,并显示电池巡检结果,包括单体电池电压和单体电池内阻。

思考题

1. 高频开关直流系统由哪些单元组成?分别有何作用?
2. 直流母线电压调节如何进行?

项目三 直流系统原理接线

任务一 常见直流系统的接线方式

一、直流母线为单母线接线

单母线接线指单组蓄电池和充电装置接到同一母线上，母线上只装设一套绝缘监察装置和电压表，接线简单，可靠性低，在110kV及以下变电站有采用，如图2-10所示。

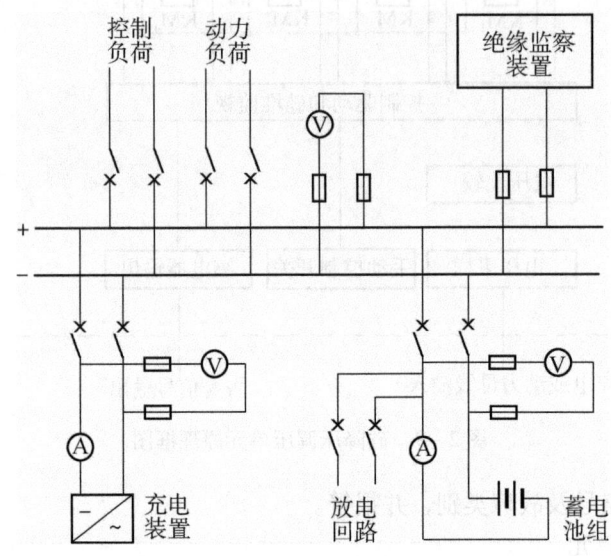

图2-10 单母线直流系统接线图

二、直流母线为单母线分段接线

单母线分段接线指充电装置和蓄电池接入同一母线，正常分段开关在合闸状态，蓄电池和充电机并联运行，可靠性较高。当蓄电池退出运行时，此时充电装置继续运行，但充电机不能带冲击性负荷运行；当充电机退出运行时，由蓄电池继续对负荷供电，此时蓄电池得不到浮充，处于放电状态，不允许时间过长。这种方式的特点是接线简单，可靠性低，在110kV及以下变电站有采用，如图2-11所示。

三、直流母线为单母线分段（一组蓄电池，两台充电装置）

蓄电池经两个空气开关分别接到两段母线上，两套充电装置接在不同母线上，充电装置停电时，保障母线上有充电装置和蓄电池，两段母线共用一套绝缘监察装置，充电装置可以单套退出运行，供电可靠性较高。蓄电池退出运行时，此时充电装置继续运行，但充电机不能带冲击性负荷运行，适用于110kV及以下变电站，如图2-12所示。

另外，220kV及以上变电站或重要的110kV变电站直流系统，也常采用单母线分段（两组蓄电池，两套充电装置，简称2+2）接线方式。

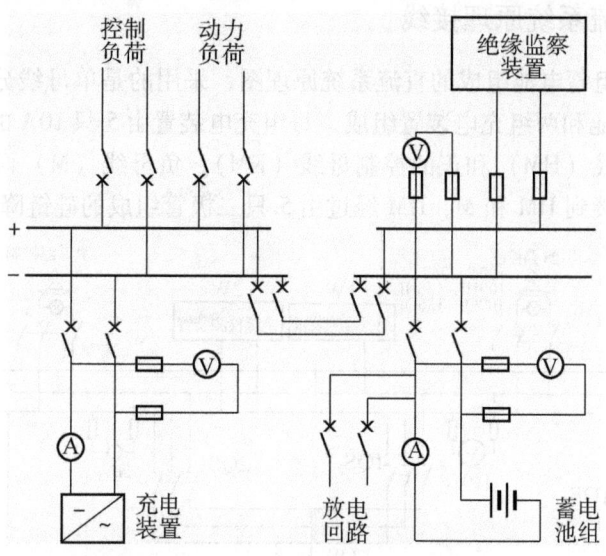

图 2-11 单母线分段直流系统接线图

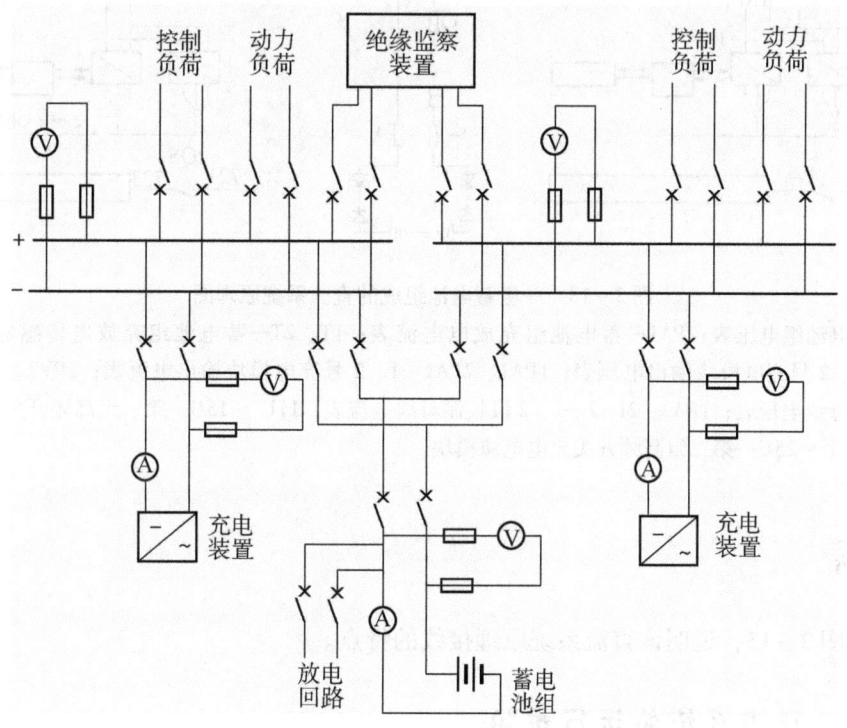

图 2-12 单母线分段(1+2形式)直流系统接线图

任务二 典型直流系统原理接线

图2-13是一组蓄电池组成的直流系统原理图,采用的是单母线分段的接线方式。它由一组200Ah蓄电池和两组充电装置组成,每组充电装置由5只10A的充电模块构成,其母线有正的合闸母线(HM)和正的控制母线(KM),负母线(M)两者公用。充电装置和蓄电池送出直接接到HM和M,HM经过由5只二极管组成的硅链降压后送到KM。

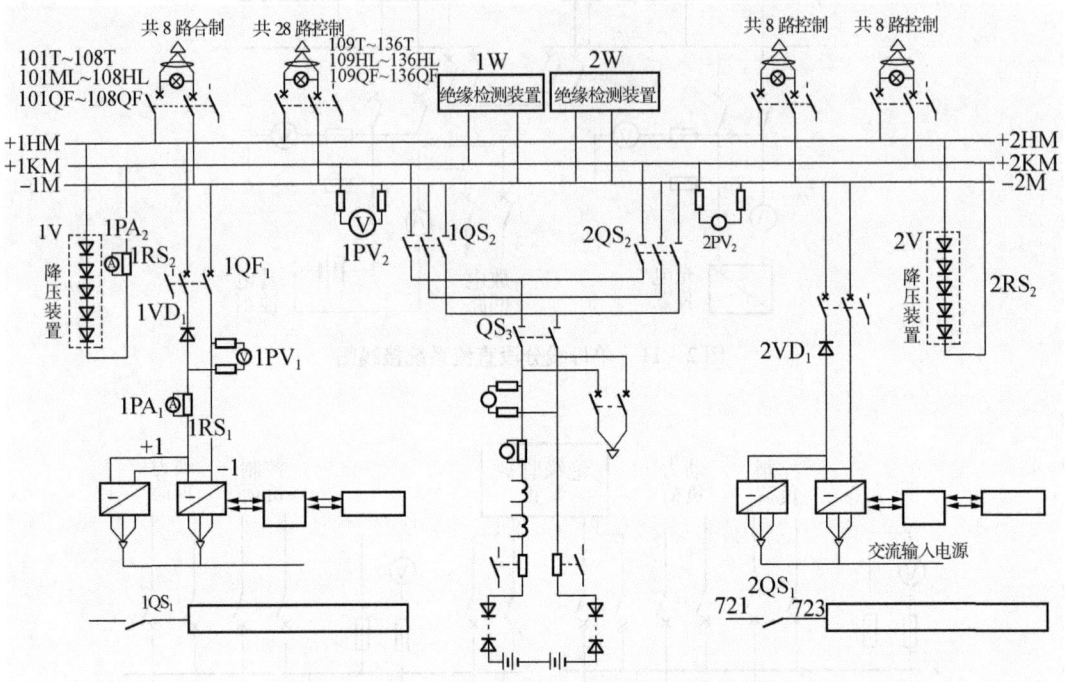

图2-13 一组蓄电池组成的直流系统原理图

PV1—蓄电池组电压表;PA1—蓄电池组充放电电流表;1T、2T—蓄电池组充放电传感器;1PV1、2PV1—1、2号充电模块输出电压表;1PA1、2PA1—1、2号充电模块输出电流表;1PV2、2PV2—1、2段控制母线电压表;1PA2、2PA2—1、2段控制母线电流表;11U~15U—第一组高频开关充电电源模块;21U~25U—第二组高频开关充电电源模块

思考题

对照图2-13,说明该直流系统原理接线的特点。

项目四 直流系统的运行维护

任务一 直流系统接地的危害及处理

一、直流系统接地的危害

直流系统微机型绝缘监测仪,能够监测直流母线和各支路的对地绝缘状况,在某支路发生接地时发出直流接地信号。当直流母线上同时装有常规绝缘监察装置和微机绝缘监察装置时，宜投入微机型绝缘监察装置；当直流系统绝缘良好时，正、负对地电压接近110V；当某极绝缘下降时，另外一极的对地电压应升高；如达到定值时，绝缘检查装置将发出"直流接地"信号，此时应立即查找原因并及时处理；当发现两极的对地电压都升高，说明此时直流系统两极对地绝缘同时下降，运行人员应立即查找原因并及时处理。

直流系统发生一点接地时，由于没有形成短路回路，并不影响用电设备的正常运行。但如果在直流系统发生一点接地后，在同一极或另一极又发生另一点接地，即构成两点接地，其危害如下：

1．两点接地可能造成断路器跳闸

如图2－14所示，当直流接地发生在A、B两点时，将电流继电器触点短接，将出口中间继电器KM启动，KM触点闭合而跳闸。A、C两点接地时，短接KM触点而跳闸。在A、D两点接地，同样能造成断路器跳闸。

2．两点接地可能造成断路器拒动

接地发生在B、E两点，D、E两点或C、E两点时，断路器可能拒动。

3．两点接地可能引起熔丝熔断

当直流接地发生在A、E两点，引起熔丝熔断。

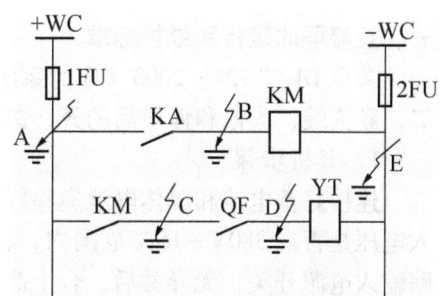

图2－14 直流系统两点接地

4．当直流接地发生在B、E两点和C、E两点，保护动作时，不但断路器拒动，而且引起熔丝熔断，同时有烧毁继电器触电的可能。

二、直流系统接地的处理

正常情况下，直流系统绝缘应良好，不允许直流系统在接地的情况下长期运行。直流系统发生一点接地时，应首先确定是正极接地，还是负极接地，是完全接地还是绝缘电阻降低。然后再根据运行方式、操作情况、气候影响以及以前的经验，判断可能的接地处和造成接地的原因，系统中若装有直流接地选线装置的，可依据选线结果，直接进行查找。

检查装置没有正确显示时，应分析可能造成接地的原因，并按如下原则查找：

① 先找有工作的回路和近期工作过的回路，后找其他回路。

② 先找事故照明、信号回路、充电装置回路、蓄电池组（两组蓄电池的变电站），后找其他回路。

③ 先找主合闸回路，后找控制回路、保护回路。

④ 先找室外设备，后找室内设备。

⑤ 先找10kV、35kV、66kV回路，后找110kV、220kV、500kV回路。

⑥ 先找简单回路，后找复杂回路。

⑦ 先找一般回路，后找重要回路。

⑧ 使用拉路法进行查找直流接地时，至少应由两人进行，控制回路、保护回路断开直流时间不得超过3s。

⑨ 查找直流接地，停用保护时间超过3s时，应征得调度同意后再进行。保护停用时间应尽量短，运行人员应只查至保护屏端子排处，防止保护误动。

⑩ 查找和处理直流接地时，工作人员应戴线手套，穿长袖工作服，应使用内阻大于

2000Ω/V 的高内阻电压表，工具应绝缘良好，防止在查找和处理直流接地时造成新的接地。

思考题

1. 为什么有时直流系统两点接地会造成断路器误跳闸，而有时会造成拒绝跳闸？画图说明。
2. 查找直流系统接地的原则和注意事项有哪些？

任务二　直流系统的运行维护

一、直流屏的运行和维护标准

参见 DL/T 724—2000《电力系统用蓄电池直流电源装置运行与维护技术规程》。

二、新安装、大修和停电后的开、关机步骤

1. 开机步骤

连接好蓄电池和单体电池巡检线，按要求接入交流Ⅰ、Ⅱ路输入电源，并检查交流输入电压是否在 380V±15% 范围内，检查蓄电池开关是否处于分闸位置。分别合上Ⅰ、Ⅱ路输入电源开关，无异常后，合上高频开关模块电源开关（此时模块正常工作指示灯亮，模块的显示屏上有电压、电流等数字显示），再合上监控电源开关。监控器开始工作时，根据蓄电池种类、容量，复核监控器的设置，包括均充、浮充电压，充电限流值，均转浮电流等（直流屏出厂时已按要求设置）。检查充电电压、控制电压等是否正常，检查声光报警系统是否正常。关闭控制模块交流电源开关，检查自动和手动调压是否正常。检查完毕后（监控充电设置为自动），合上电池开关，此时检查监控界面：检查充电方式并注意观察充电电压表、充电电流表和控制电压表的指示应与充电方式相对应的正常值，单体电池检测每组均有指示值。开启绝缘监察仪，合上控制、合闸馈电开关后，无任何报警，直流屏开始正常工作。

需要注意的是，在恒压充电过程中，随蓄电池端电压增高，充电电流减小至 $0.1I_{10}$ 时，经 3 小时后会自动转为浮充工作状态。

2. 关机步骤

因大修等需退出运行时，应按标准作业化程序开好工作票，转移负载后，关断馈电屏的直流输出空气断路器、微机绝缘监察仪电源开关、蓄电池开关、监控器电源开关、所有高频开关电源模块的电源开关后，关闭交流进线开关（有双路电源进线时，应将两路进线开关全部关断）。

三、主要故障及维护

1. 高频开关电源模块故障

① 故障现象：系统报警，如模块故障光字灯亮，音响（电铃或蜂鸣器）报警；模块面板上的故障指示灯闪烁，显示屏上无电压、电流显示。

② 故障处理方法：由于系统模块采用 $N+1$ 备份，因此，不论充电还是控制模块如果有一个模块发生故障时，都不会影响系统的正常工作。若有备用模块，可带电热拔插更换模块（模块面板上的拨码开关的位置应一致），或通知生产厂家更换。

2. 微机监控器故障

① 故障现象：系统报警，如音响报警、监控故障光字灯亮。

② 故障处理方法：发现监控故障时，可关闭监控电源的开关重新启动，若故障仍未消除，应通知厂家维修。

③ 当监控器故障或关闭时，模块将自主工作，仍可维持直流屏的工作。此时，可通知厂家维修。

3. 调压单元故障

① 故障现象：系统报警，如音响报警、控母电压异常的光字灯亮。

② 故障原因：自动降压控制器故障，无法自动调压。

③ 故障处理方法：应立即观察监控器显示的控母电压值或屏上的控母电压表的指示值，用手动调节调压万转开关的档位并观察控母电压表，使控制电压达到规定值，及时通知厂家更换自动降压控制器。

4. 熔断器的维护

直流屏中除二次回路配备熔断器外，最为关键的是蓄电池熔断器。当熔断器上级蓄电池直流断路器因短路跳闸而熔丝未断，在检修消除故障后，也应将"＋""－"极的熔断器换新（因短路电流已通过熔断器的熔丝，可能造成熔丝的局部熔化，造成熔断器的熔断电流减小，在冲击负荷电流下造成误动作）。大修后，应检查熔断信号器微动开关动作是否正常，并做报警试验。

5. 蓄电池的运行和维护

① 维护标准：DL/T 724—2000《电力系统用蓄电池直流电源装置运行与维护技术规程》。

② 阀控式密封铅酸蓄电池在运行中及放电终止时的电压值应符合表2-1的规定。

表2-1 阀控式密封蓄电池在运行中及放电终止电压值的规定

阀控式密封铅酸蓄电池	单个蓄电池的标称电压/V		
	2	6	12
运行中的电压偏差值	±0.05	±0.15	±0.30
开路电压最大最小电压差值	0.03	0.04	0.06
放电终止电压值*	1.80	5.40 (1.8×3)	10.08 (1.8×6)

注：*蓄电池组在放电时，当其中任意一只蓄电池端电压达到上表放电终止电压值时，应立即停止放电。

③ 在巡视中，应检查蓄电池单体电压值、电池之间的连接片有无松动和腐蚀现象、壳体有无渗漏和变形、极柱和安全阀周围是否有酸雾溢出、绝缘电阻是否下降、蓄电池温度是否过高等。

④ 备用搁置的蓄电池，每一至三个月进行一次补充充电。

⑤ 阀控式密封蓄电池的温度补偿受环境温度的影响，基准温度25℃时，每下降1℃，单体2V阀控式密封蓄电池浮充电压值应提高3～5mV。

⑥ 根据现场实际情况，应定期对电池组做外壳清洁工作。

⑦ 阀控式密封蓄电池外壳变形，可能是因为充电电压过高、充电电流过大、内部有短路或局部放电、温升超标、安全阀阀控失灵等，可通过减小充电电流、降低充电电压、检查安全阀是否堵死等方式进行处理。

⑧ 阀控式密封蓄电池在运行中，浮充电压正常，但一放电，蓄电池的电压很快下降到终止电压值，这是由于蓄电池内部失水干涸或电解物质变质，需更换蓄电池。

四、直流系统的倒闸操作

电池因工作需要停运时，应按以下步骤执行（以一组电池为例）：

① 检查两套直流系统绝缘状况是否良好。
② 检查两套直流系统蓄电池总电压差是否小于10V。
③ 合上母线联络闸。
④ 退出一段馈出母线绝缘监察装置。
⑤ 拉开一段充电装置输出开关。
⑥ 拉开一段充电装置交流输入开关。
⑦ 拉开一组蓄电池总闸。

操作体现的原则：

① 装有两组蓄电池的变电站，正常情况下两组蓄电池应分列运行，不应长期并列运行。
② 分列运行的两条直流母线并列前，应检查两条母线的电压是否基本一致。
③ 直流系统运行时，负荷不能脱离蓄电池组；蓄电池组退运，充电装置也要退运。
④ 两条直流母线并列后，应将其中一套直流绝缘监察装置退运。

思考题

1. 简述直流系统的开机步骤。
2. 直流系统的倒闸操作原则是什么？

任务三　直流电源系统验收作业表单

日期：_____年___月___日

工程名称	
验收内容	
验收人员	
工作地点	
开始时间	结束时间

验收作业风险评估及防范措施

序号	风险类别	风险等级	危害分布、特性及产生风险条件	防范措施
1	直流短路或接地	高	直流系统多点接地	模拟接地电阻选型（阻值、功率）要求正确
		高	工器具绝缘皮磨损	使用绝缘良好的工器具，外露金属部分要用绝缘胶布包好
		高	蓄电池短路	
3	人身伤亡	高	走错间隔，误入带电间隔	真核对设备名称、编号，在各工作地点挂"在此工作"标示牌，防止走错间隔

续上表

		工 作 准 备		
1	人员	精神状态良好,熟悉相关技术规范和验收规范	确认( )
2	仪器工具	检查放电仪、试验电阻、内阻测试仪、试验线、数字式万用表、电流钳表、工具箱齐全	确认( )
3	图纸资料	检查图纸、说明书、定值单齐全	确认( )
4	办理作业许可手续	检查工作票,并确定现场安全措施符合作业要求	确认( )
5	作业前安全交底	检查一次设备状态,检查工作票二次安全措施的落实情况	确认( )

		执 行 步 骤					
项次	项目	验收内容	验收标准	验收结果			备注
				√	×	0	
1	直流电源系统配置检查	直流电源系统配置	根据设计要求,重点对其中的设备型号、数量进行核对				
2	图纸资料检查	厂家出厂图纸、资料、记录,工程设计图纸资料,调试报告及安装记录	厂家出厂图纸、资料、记录,工程设计图纸资料,调试报告及安装记录应齐全				
3	蓄电池检查	蓄电池外观	铭牌、合格证清晰,符合标准				
			型号、规格、阻燃性能符合设计要求,蓄电池槽、盖等材料具有阻燃性				
			蓄电池的生产日期、品牌、容量符合要求				
			蓄电池编号正确,粘贴整齐牢固				
			正、负极性正确,极性及端子有明显标志				
			安装平稳、均匀、整齐				
			蓄电池清洁干燥无污迹				
			外壳无裂纹,密封良好,无变形				
			极柱无变形、损坏、锈蚀				
			排气阀部件齐全,无破损,无酸雾逸出				
			接头涂以电力脂,无锈蚀				
			蓄电池采用不锈钢或铜(镀锌)螺钉、螺栓连接,连接时加弹簧垫圈和平垫圈;连接条、螺栓、螺母齐全,连接牢固				

续上表

项次	项目	执行步骤		验收结果			备注
		验收内容	验收标准	√	×	0	
3	蓄电池检查	蓄电池架的检查	间距符合设计要求，便于蓄电池安装、维护和测量				
			每层蓄电池安装不超过两列				
			蓄电池架牢固可靠，不得凹陷变形				
			蓄电池架无损坏、锈蚀				
			可靠接入地网，接地处应有防锈措施的明显标志				
			蓄电池架底脚应与地板紧固连接				
		引出电缆的检查	线径符合设计要求				
			正、负极性正确（正：褐色；负：蓝色）				
			蓄电池组引出线采用铠装阻燃电缆，其正极和负极的引出线不应共用一根电缆				
			蓄电池室内两组蓄电池的电缆应分别铺设在各自独立的通道内				
			同层蓄电池采用有绝缘护套的连接条连接，不同层的蓄电池间采用电缆连接				
			蓄电池组正、负极引出线电缆不直接连接到蓄电池极柱上，而是连接到蓄电池架上的过渡接线板上				
			线耳与导线要压接搪锡焊牢，接头部分热缩包牢				
			电缆接头无锈蚀				
			电缆孔封堵良好				
		蓄电池一致性的检查	浮充运行时，单体电压偏差值不超过整组蓄电池平均值的±0.05V				
			开路电压最大最小电压差值为0.03V				
			蓄电池内阻值允许偏差范围为整组蓄电池平均值的±10%				

续上表

项次	项目	验收内容	执行步骤 验收标准	验收结果 √	×	0	备注
3	蓄电池检查	绝缘电阻的检查	蓄电池组脱离系统，用1000V摇表检查整组蓄电池正、负极分别对地绝缘，绝缘电阻均不大于0.5MΩ				
4	蓄电池室的检查	蓄电池室	200Ah以上的蓄电池组设专用蓄电池室				
			新建站两组蓄电池分别设置专用蓄电池室				
			同一蓄电池室内的两组蓄电池组间装设可靠防火间隔				
			蓄电池室清洁干燥，通风良好				
			室温15～30℃（装设测温装置）				
			窗户采取遮光措施，无阳光直射蓄电池				
			通风电动机为防爆型抽风机，运行正常				
			使用防爆灯，照明充足，便于维护，并配有事故照明灯				
			照明线应暗线敷设				
			开头、插座、熔断器应安装在蓄电池室外				
			设有检修维护通道				
			消防设施齐备				
			空气调节装置应采用具有防爆性能、能自启动的空气调节装置				
			蓄电池室的门应向外开启				
5	蓄电池管理单元的检查	蓄电池管理单元	软件版本检查				
			各单体蓄电池的电压测量误差应不大于±0.5%				
			蓄电池组电流测量误差应不大于±1%				

续上表

项次	项目	执行步骤		验收结果			备注
		验收内容	验收标准	√	×	0	
5	蓄电池管理单元的检查	蓄电池管理单元	能够实时测量蓄电池组电压、蓄电池组充放电电流、单体蓄电池端电压、特征点温度等参数				
			蓄电池巡检仪显示的蓄电池编号应与蓄电池的实际编号相对应				
6	直流屏检查	外观检查	铭牌、合格证清晰，符合标准				
			型号、规格符合设计要求				
			柜体安装整齐，固定可靠，框架无变形				
			柜体漆层完好无损，清洁				
			柜体接地牢固				
			可开启门用裸钢线与接地金属构架可靠连接				
			噪声符合规范要求				
		柜体安装	基础型钢允许偏差：不直度＜1mm/m，水平度＜1mm/m				
			成列安装允许偏差：垂直度＜1.5mm，盘间接缝＜2mm				
			柜间连接要牢固				
		电器安装的检查	元器件质量良好，型号、规格符合设计要求				
			附件齐全，排列整齐，固定牢固，密封良好				
			各电器标明编号、名称，其标明的字迹应清晰、工整，且不易脱色、脱落				
			元器件单独拆装方便，不受影响				
			发热元件宜放在散热良好的地方				
			熔断器熔体规格，空气开关整定值符合设计要求，熔断器名称、容量标识清晰、正确				
			信号显示正确，工作可靠				

续上表

项次	项目	执行步骤		验收结果			备注
		验收内容	验收标准	√	×	0	
6	直流屏检查	直流母线	母线排尺寸符合设计要求				
			母线排连接牢固，固定可靠				
			母线排与导线连接牢固可靠				
			采用阻燃绝缘铜母线				
		二次回路的检查	按图施工，接线正确				
			导线与电气元件间采用螺栓连接、插接、焊接或压接等，均牢固可靠				
			盘、柜内的导线没有接头，导线芯线无损伤				
			电缆芯线和所配导线的端部均标明了其回路编号，编号应正确，字迹清晰且不易脱色				
			配线整齐、清晰、美观，导线绝缘良好，无损伤				
			二次回路接地应设专用螺栓				
			电流回路应采用电压不低于500V的铜芯绝缘导线，其截面不应小于2.5mm²				
			其他回路截面不小于1.5mm²				
			对电子元件回路、弱电回路采用锡焊连接时，在满足截流量和电压降及有足够机械强度的情况下，可采用截面不小于0.5mm²的绝缘导线				
			可动部位的导线采用多股软导线，敷设长度有适当裕度；线束有外套塑料管等加强绝缘层				
			可动部位的导线与电器连接时，端部应绞紧，并加终端附件或搪锡，不得松散、断股				
			可动部位的导线在可动部位两端应用卡子固定				

续上表

项次	项目	验收内容	验收标准	验收结果 ✓	×	0	备注
6	直流屏检查	端子排安装的检查	端子排应无损坏，固定牢固，绝缘良好				
			端子应有序号，端子排便于更换且接线方便				
			端子排离地高度宜大于350mm				
			交流回路电压超过400V的，端子板应有足够的绝缘				
			端子容量应与导线截面匹配，没有使用小端子配大截面导线的				
			连接件采用铜质制品，绝缘件采用自熄性阻燃材料				
			端子排标明编号、名称，其标明的字迹清晰、工整，且不易脱色				
			每个接线端子的每侧接线宜为1根，不得超过2根				
			插接式端子，不同截面的两根导线不得接在同一端子上				
			螺栓连接端子，当接两根导线时，中间应加平垫片				
		电缆接线的检查	线径符合设计标准				
			线耳与导线要压接搪锡焊牢，接头部分热缩包牢				
			引入柜的电缆排列绑扎整齐，编号清晰，避免交叉，并应固定牢固，不得使所接的端子排受到机械应力				
			铠装电缆在进入盘、柜后，将钢带切断，切断处的端部扎紧，并将钢带接地，电缆屏蔽层应接地				
			柜内电缆芯线，应按垂直或水平规律配置，不得任意歪斜交叉连接				
			强、弱电回路没有使用同一根电缆，分别成束分开排列				

续上表

| 项次 | 项目 | 执行步骤 ||| 验收结果 ||| 备注 |
		验收内容	验收标准	√	×	0	
6	直流屏检查	电缆接线的检查	电缆接头无锈蚀,电缆孔密封				
			直流母线及接头满足长期通过设计电流的要求,母线应选用阻燃绝缘铜母线,屏间引线满足长期通过设计电流的要求				
			直流屏内所有电缆牌标明编号、名称、用途、规格、走向,电脑打印,字迹清晰,不易脱色				
		表计的检查	所配表计显示正确,精度达到要求				
			校表记录符合要求				
		直流开关的检查	进线、联络切换开关型号符合设计要求				
			操作灵活,无较大振动和异常噪声				
		交流输入回路的检查	两路交流输入分别取自不同段交流母线				
			交流电源自动切换功能正常				
		充电模块的检查	模块电流、电压显示正常				
			失去监控器,系统可保持在浮充电压				
			分合模块开关,模块工作正常				
		硅降压回路的检查	降压硅容量符合设计要求				
			自动调压功能试验(改变浮充定值,检查调压)				
			手动调压功能试验(调节转换开关检查调压)				
		防雷器的检查	交流、直流侧防雷器的配置符合设计要求				
			所有防雷器的工作正常				
			防雷器所配空气开关满足设计配置				
			防雷器接线尽可能短,不大于0.5m				

续上表

项次	项目	验收内容	执行步骤 验收标准	验收结果 √	验收结果 ×	验收结果 0	备注
6	直流屏检查	馈线开关的检查	馈线开关的规格、容量与设计相符				
			逐一分合馈线开关，指示、输出正常				
			事故跳闸接点动作正常				
			直流馈线开关接线极性正常				
7	监控单元的检查	监控单元	软件版本检查				
			监控器的菜单切换功能符合设计要求				
			监控器的定值设置符合设计要求				
			改变浮充定值工作正确				
			启动均衡充电，工作正常				
			充电机开停机操作正常				
			模拟量测量正常，电流测量精度误差不超过±1%，电压测量精度误差不超过±0.5%				
			定时启动均充功能正常				
			事件记录功能正常，事件记录分辨不低于1秒				
			温度补偿功能投入，蓄电池环境温度测温探头不少于3个，测温探头工作异常时报警				
			显示功能正常，监控单元能显示相关定值、模拟量测量值、事件记录和告警记录等				
			通信应连通，端口设置正确				
			对时功能检查，对时端子正确接入GPS对时系统，GPS标准时钟的误差不大于1ms				
			馈线状态监测模块能采集每回直流馈线回路的断路器位置，并与监控单元通信，实现对所有直流馈线的工作状态监视				

52

续上表

<table>
<tr><th colspan="6">执 行 步 骤</th></tr>
<tr><th rowspan="2">项次</th><th rowspan="2">项目</th><th rowspan="2">验收内容</th><th rowspan="2">验收标准</th><th colspan="3">验收结果</th><th rowspan="2">备注</th></tr>
<tr><th>√</th><th>×</th><th>0</th></tr>
<tr><td rowspan="7">8</td><td rowspan="7">绝缘监察仪的检查</td><td rowspan="7">绝缘监察仪的检查</td><td>软件版本检查</td><td></td><td></td><td></td><td></td></tr>
<tr><td>整定值：额定电压为220V，25kΩ
额定电压为110V，7kΩ</td><td></td><td></td><td></td><td></td></tr>
<tr><td>直流母线接地时，发出声光报警；用电阻分别模拟正、负极接地，检测正确</td><td></td><td></td><td></td><td></td></tr>
<tr><td>逐路用电阻模拟支路接地检测，判断正确；检查各支路正、负极对地电压</td><td></td><td></td><td></td><td></td></tr>
<tr><td>控制母线电压低、高告警试验，检测正确</td><td></td><td></td><td></td><td></td></tr>
<tr><td>绝缘监察仪装置故障报警</td><td></td><td></td><td></td><td></td></tr>
<tr><td>绝缘监察仪平衡桥接地点可靠接地</td><td></td><td></td><td></td><td></td></tr>
<tr><td rowspan="7">9</td><td rowspan="7">直流电源系统重点试验</td><td>绝缘试验的检查</td><td>直流电源装置的直流母线用2500V摇表测量，绝缘电阻不小于10MΩ；各支路用1000V摇表测量，绝缘电阻不小于10MΩ</td><td></td><td></td><td></td><td></td></tr>
<tr><td>模块均流试验的检查</td><td>模块均流正常，在总输出（30%～100%）额定电流条件下，均流不平衡度小于5%</td><td></td><td></td><td></td><td></td></tr>
<tr><td>充电装置稳流精度试验的检查</td><td>稳流精度≤±1%</td><td></td><td></td><td></td><td></td></tr>
<tr><td>充电装置稳压精度试验的检查</td><td>稳流精度≤±0.5%</td><td></td><td></td><td></td><td></td></tr>
<tr><td>充电装置纹波系数试验的检查</td><td>纹波系数≤±0.5%</td><td></td><td></td><td></td><td></td></tr>
<tr><td>充电装置限流限压特性的检查</td><td>充电装置应具备限流限压特性功能</td><td></td><td></td><td></td><td></td></tr>
<tr><td>直流母线连续供电试验的检查</td><td>交流电源突然中断，直流母线应连续供电，电压波动不大于额定电压的10%</td><td></td><td></td><td></td><td></td></tr>
</table>

续上表

项次	项目	执行步骤		验收结果			备注
		验收内容	验收标准	√	×	0	
9	直流电源系统重点试验	微机控制自动转换程序试验的检查	阀控蓄电池的充电程序（恒流→恒压→浮充）试验				
			阀控蓄电池的补充充电程序试验				
		硅降压回路全容量试验的检查	硅降压回路全容量温升试验，用放电仪作负载，半小时后用红外仪测量温升，温升＜85℃				
		蓄电池组容量试验的检查	按蓄电池标称容量进行容量试验，至少每小时记录一次，8小时后，至少每半小时记录一次，单体蓄电池电压放至1.8V，放电仪宜采用自动放电仪。在三次充放循环之内，若达不到额定容量值的100%，此组蓄电池为不合格				
		蓄电池内阻测试的检查	核容试验合格后，蓄电池组满容量情况下，检查每只蓄电池内阻，内阻值偏差不大于蓄电池组平均值的±10%				
10	重要输入/输出及告警信号试验	直流电源系统监控单元模拟量的检查	直流母线电压				
			直流母线电流				
			充电装置直流输出电压				
			充电装置直流输出电流				
			充电装置交流输入电压				
			单体蓄电池电压				
			蓄电池特征点温度				
		直流电源系统监控单元开关量的检查	充电装置交流输入异常				
			充电装置故障				
			直流控制母线电压异常				
			直流电源系统接地				
			蓄电池回路熔断器熔断				
			监控单元故障				
			直流电源系统通讯中断				
			绝缘监察装置故障				

续上表

项次	项目	验收内容	验收标准	验收结果 √	验收结果 ×	验收结果 0	备注
			执 行 步 骤				
10	重要输入/输出及告警信号试验	直流电源系统监控单元开关量的检查	蓄电池管理单元故障				
			充电装置交流开关自动切换				
			单体蓄电池过/欠压				
			蓄电池组过/欠压				
			测温探头工作异常				
			硅降压回路开路				
			馈线开关事故跳闸				
		综合系统后台模拟量的检查	直流母线电压				
			直流母线电流				
			充电装置直流输出电压				
			充电装置直流输出电流				
			充电装置交流输入电压				
			单体蓄电池电压				
			蓄电池特征点温度				
		综合系统后台开关量的检查	充电装置交流输入异常				
			充电装置故障				
			直流控制母线电压异常				
			直流电源系统接地				
			蓄电池回路熔断器熔断				
			监控单元故障				
			直流电源系统通讯中断				
			绝缘监察装置故障				
			蓄电池管理单元故障				
			充电装置交流开关自动切换				
			单体蓄电池过/欠压				
			蓄电池组过/欠压				
			测温探头工作异常				
			硅降压回路开路				
			馈线开关事故跳闸				

续上表

项次	项目	验收内容	验收标准	验收结果			备注
				√	×	0	
11	级差配合的检查	级差配合	采用熔断器或直流熔断器和直流断路器混用时，应注意上、下级之间的配合。当直流断路器与熔断器配合时，应考虑动作特征的不同，对级差做适当调整				
			直流断路器下一级不宜再接熔断器				
			上、下级均为直流断路器的，额定电流宜按照4级及以上电流级差选择配合				
			蓄电池出口为熔断器，下级为直流断路器的，宜按照2倍及以上额定电流选择级差配合				
			变电站内设置直流保护电器的级数不宜超过4级				
12	直流供电网络检查	总体配合的检查	直流电源馈线开关投退表与设计图纸相符				
			按直流电源馈线开关投退表，检查直流馈线屏馈线开关投退的正确性				
			检查接入直流负荷的正确性，不得接入直流系统的负荷应排除				
			直流负载宜平均分配在两段直流母线上				
			检查两段直流母线间是否存在环路，造成两段直流母线长期并联运行				
			直流柜和直流分电柜引出的控制、信号和保护馈线应选择铜芯电缆，其电压降大于直流系统标称电压的5%				
			各种盘柜设置的直流断路器、熔断器有设备名称和编号的标识牌				
			直流电源系统所用的断路器采用具有自动脱扣功能的直流断路器，不得用交流断路器替代				

续上表

项次	项目	验收内容	执行步骤 验收标准	验收结果 √	×	0	备注
12	直流供电网络检查	总体配合的检查	环形供电网络干线或小母线的二回直流电源，分别经直流断路器接入两段直流母线，正常时为开环运行				
			各间隔单元控制电源与保护装置电源直流供电回路应在直流馈线屏处分开				
			互为冗余配置的两套保护、两套安稳装置、两组跳闸回路等采用辐射供电方式，其直流供电电源，分别取自不同段直流母线				
			系统双重化的两套保护与断路器的两组跳闸线圈一一对应时，每套保护装置直流电源和控制回路直流电源取自同一段直流母线				
			110kV 及以下线路，其保护装置直流电源和控制电源取自同一段直流母线				
			110kV 主变，其各侧后备保护装置直流电源和相应侧断路器控制电源取自同一段直流母线				
			保护通道设备电源（放置在通信机房设备除外）与对应的保护装置电源共用一组直流电源，二者在保护屏上通过直流断路器分开供电				
			断路器操作机构箱内仅有一组压力闭锁回路，则压力闭锁回路直流供电电源取自断路器操作箱中切换后直流电压母线。其他情况下，取自不同段直流母线的直流供电电源回路间不宜采用自动切换装置或回路				

续上表

项次	项目	执行步骤		验收结果			备注
		验收内容	验收标准	√	×	0	
12	直流供电网络检查	控制回路的检查	主变各侧断路器、110kV 及以上断路器控制回路直流供电电源,应采用辐射供电方式,在直流馈线屏处分别经专用直流断路器供电				
			断路器操作机构箱内的两组压力闭锁回路直流供电电源,分别与对应的跳闸回路共用一组操作电源				
			10kV、35kV 断路器（不含主变低压侧）直流控制电源和直流电机电源,宜按每台主变压器对应的低压侧母线,分别采用环形供电方式				
			500kV GIS 断路器辅助直流电源宜按串采用环形供电方式；110kV、220kV GIS 断路器辅助直流电源宜按母线（母线出线回数超过6回时,可分为两段）宜采用环形供电方式				
			500kV 隔离开关直流控制电源宜按串采用环形供电方式,110kV、220kV 隔离开关直流控制电源宜按母线（母线出线回数超过6回时,可分为两段）采用环形供电方式				
			PT 并列回路直流供电电源宜采用辐射供电方式,双重化配置的 PT 并列回路直流供电电源分别取自不同段直流母线				
		保护装置的检查	电压切换装置直流电源与本间隔控制回路直流电源共用一组电源,二者在保护屏上通过直流断路器分开供电。双配置电压切换装置与两套保护一一对应时,每套保护装置直流电源和电压切换装置直流电源取自同一段直流母线				

续上表

		执 行 步 骤		验收结果			备注
项次	项目	验收内容	验收标准	√	×	0	
12	直流供电网络检查	保护装置的检查	独立配置的500kV主变零序（分相）差动保护装置直流电源，与对应的差动主保护装置直流电源取自同一段直流母线				
			500kV、220kV主变非电量保护应与本屏内其他保护装置共用一组保护装置电源，二者在保护屏上通过直流断路器分开供电				
			对于主、后备保护分开的220kV及以上主变保护装置，其后备保护装置直流电源与对应的差动主保护装置共用一组直流电源，二者在保护屏上通过直流断路器分开供电				
			互为冗余配置的两套远跳保护装置直流电源宜采用辐射供电方式，其直流供电电源分别取自不同段直流母线，并与本屏内主保护装置共用一组保护装置电源，二者在保护屏上通过直流断路器分开供电				
			500kV断路器保护装置直流电源宜采用辐射供电方式，边开关和中开关断路器保护装置直流电源宜取自不同段直流母线				
			220kV断路器保护装置应与本屏内其他保护装置共用一组电源，二者在保护屏上通过直流断路器分开供电				
			母差保护、失灵保护、母联及分段保护、110kV线路保护装置、故障录波装置、功角测量装置、备自投装置、安稳执行站装置直流电源宜采用辐射供电方式				

续上表

项次	项目	验收内容	验收标准	验收结果			备注
				√	×	0	
12	直流供电网络检查	综自及保信系统的检查	保护、测控合二为一的测控装置电源宜分为装置电源和控制电源两种，独立测控装置的电源仅有装置电源				
			110kV 及以上（包括 500kV 变电站 35kV）测控装置的装置电源宜采用环形供电；保护、测控合二为一的 10kV 测控装置的装置电源和控制电源，宜按每台变压器对应的低压侧 10kV 母线，分别采用环形供电方式				
			冗余配置的远动装置采用辐射供电方式，其直流供电电源分别取自不同段直流母线				
			监控系统和继电保护及保护故障信息系统，用交换机等网络设备采用直流供电电源时，按 A、B、C 网分别采用辐射供电方式。其中 A、B 双网的交换机等网络设备取自不同段直流母线				
		其他检查	冗余配置的远动装置采用辐射供电方式，其直流供电电源分别取自不同段直流母线				
			两套不间断电源屏应采用辐射供电方式，其直流供电电源分别取自不同段直流母线				
			事故照明直流电源可采用辐射供电方式				
			电能采集屏直流电源宜采用辐射供电方式				

续上表

项次	项目	验收内容	执行步骤 验收标准	验收结果 √	验收结果 ×	验收结果 0	备注
结束	1	恢复现场	"安全措施票"上所做的安全技术措施已全部恢复 1. 仔细检查施工现场是否有遗留的工具、材料; 2. 验收工作结束后,清除所有事件报告; 3. 直流电源系统各设备应正常工作	确认(　)			
结束	2	验收记录	核对定值,保证正确 确认验收表单上详细记录本次验收项目、发现问题和存在问题	确认(　)			

异常表述	
新增风险及其控制措施	
审核意见	

审核人：　　　　　　日期：

注：① 作业结果：如正常则填写"√",异常或存在缺陷则填写"×",无须执行或无此项目则填写"0",异常或存在缺陷时必须简要填写备注;

② 需要对异常进行详细描述时,请填写至异常表述栏;

③ 作业过程中有新增的风险及其控制措施,填写至相应栏中;

④ 班长及以上人员负责审核,工作完毕后审核人填写审核意见,包括：执行结果是否正常、异常情况的处理意见、作业表单修订意见。

学习情景三　电气监测与自动装置回路运行调试

教学目标

了解二次回路中互感器和仪表的配置原则；理解信号回路的作用、要求及分类；熟悉小电流接地系统接地时的特征及相应的接地信号装置原理；熟悉备自投的类型及工作方式；理解微机型备自投装置的工作原理，并熟练掌握其逻辑图；能对备自投应用中的危险点进行分析，并了解其防范措施；熟悉备自投装置的调试作业单。

项目一　电气监测回路

任务一　电气测量回路

为了使运行人员对电站中各发电机、变压器和配电装置等的运行情况进行监测，使电站能够安全经济运行，二次回路必须装设一定数量的测量仪表和绝缘监察装置。

一、互感器的配置

各种电气测量仪表的电源常取自于电流互感器和电压互感器的二次绕组。电流互感器和电压互感器的配置，在相当程度上取决于电站的主接线、互感器装入回路及互感器的用途。

1. 电流互感器的配置

在主接线中，电流互感器的数量、形式和准确度等级一般是由测量和保护的需要来决定的。一般测量和保护共用同一组电流互感器时，应将测量仪表和保护装置分别接在该电流互感器的不同二次绕组上；如由于保护的要求，使电流互感器的变比过大而不能符合一般测量需要时，应分开接用单独的电流互感器；若受条件限制，测量和保护共用电流互感器的同一个二次绕组时，应有必要的安全技术措施（如采用5/5的中间电流互感器，将测量仪表接在其二次绕组上）。

（1）发电机回路电流互感器的配置

考虑容量较大的发电机一般都有纵联差动保护，因此，电流互感器必须按三相配置。发电机中性点上需配一组三相电流互感器，其二次绕组，一个供差动保护用，另一个供过流保护用。发电机引出线上也选择与中性点上同类型号的一组三相电流互感器，其二次绕组，一个供差动保护用，另一个供测量用。而发电机因励磁需要而配置的电流互感器，一般由制造厂家供给。

（2）主变压器回路电流互感器的配置

同样，较大容量的变压器一般有纵联差动保护，电流互感器也按三相配置。低压侧电流互感器,其二次绕组,一个供差动保护用,另一个供测量用。高压侧电流互感器,其二次绕组,一个供差动保护用,一个供过流保护用。

(3) 输电线路电流互感器的配置

6～10kV 输电线路均属于小接地短路电流系统,电流互感器一般按两相配置(配置在"U"、"W"两相上),其二次绕组,一个供测量用,一个供保护用。若装有距离和光纤纵差保护的 35kV 及以上线路,电流互感器仍按三相配置。

对于母线分段断路器,其电流互感器可按两相配置。

2. 电压互感器的配置

电压互感器的配置一般要考虑到测量、保护、同期、绝缘监察、励磁和自动装置等的需要。

(1) 发电机引出线电压互感器的配置

发电机引出线上电压互感器,可采用 V/V 接线方式,主要供测量、保护和同期用。

发电机励磁用的电压互感器一般由制造厂家供给。

(2) 母线上电压互感器的配置

母线上一般配置电压互感器,组成 $Y_0/Y/\triangle$ 接线方式,以供测量、保护、同期和绝缘监察用。当母线采用分段接线时,各分段母线上都要配置上述一组电压互感器。

(3) 输电线路上电压互感器的配置

输电线路对侧若有电源时,考虑同期的需要,出线断路器外侧应配置一台单相电压互感器,跨接于"U、V"线电压上;若线路上没有同期的需要,则此线路不必装设电压互感器,其测量用电可用母线电压互感器供给。

二、测量仪表的选择与配置

1. 测量仪表的选择

在发电厂和变电站中,电气测量仪表的配置应符合《电气测量仪表装置设计技术规程》的规定,以满足电力系统和电气设备安全运行的需要。该规程对仪表准确度等级和测量范围都有明确规定。

(1) 仪表准确度等级的选择

仪表准确度等级越高(即级的数值越小),测量结果也越准确。但是,仪表准确度越高,价格越贵,维修越麻烦。所以,仪表准确度等级应根据被测对象的要求确定,并应与互感器准确度等级相配合。

电气测量仪表的数量及其测量电路,必须满足电压互感器和电流互感器误差的要求,即仪表的电压线圈并入电压互感器二次侧后,电压互感器的负载总容量不能超过在相应准确度等级下的容量;仪表电流线圈串入电流互感器二侧后,电流互感器的二次负荷载阻抗不能超过其允许阻抗值,否则会使测量误差增大。

仪表准确度等级和与其连接的互感器的准确度等级应符合下列要求:

① 仪表准确度等级。用于发电机和调相机上的交流仪表,不应低于 1.5 级;用于其他设备和馈线上的交流仪表,不应低于 2.5 级;直流仪表,不应低于 1.5 级。

② 与仪表连接的互感器的准确度等级。仅用来测量电流或电压时,1.5 级和 2.5 级的仪表选用 1.0 级互感器;2.5 级的电流表选用 3.0 级电流互感器。

③ 与仪表连接的分流器、附加电阻的准确度等级,不应低于 0.5 级。

(2) 仪表测量范围的选择

仪表测量结果的准确程度不仅与仪表准确度等级有关，而且与其测量范围有关系。所以，适当选用仪表的测量范围，才能达到测量的准确度。如果仪表的测量范围比被测数值大很多，其测量误差将会很大。例如，为测量 220V 的直流电压而选用准确度 1.5 级、测量范围为 400V 的电压表，其测量相对误差为 ±2.73%；若选用测量范围为 600V 的电压表，其测量相对误差为 ±4.1%。

仪表的测量范围应与互感器相配合，并满足下列要求：

① 应尽量保证电气设备在正常运行时，仪表指示在量限的 2/3 以上，并考虑过负荷载运行时，能有适当的指示。

② 对于启动电流大且时间长的电动机，或在运行过程中可能出现较大电流的电动机，一般应装有过负载标度的电流表。

③ 对于有可能出现两个方向电流的直流回路，或两个方向功率的交流回路，应装设双向标度的电流或功率表。

④ 测量频率的仪表，一般采用测量范围为 44～45Hz 的频率表，其基本误差不应大于 ±0.25Hz；在 49～51Hz 范围内，其实际误差不应大于 ±0.15Hz。

⑤ 对于远离电流互感器的测量仪表，可选用二次电流为 1A 的仪表和互感器。

2. 测量仪表的配置

(1) 基本要求

在发电厂（或变电站）中，电气仪表的配置应符合《电气测量仪表装置设计技术规程》的规定，以满足电力系统和电气设备安全运行的需要。

① 应能正确反映电气设备及系统的运行状态。

② 在发生事故时，能使运行人员迅速判别发生事故的设备，并能分析出事故的性质和原因。

(2) 配置原则

发电厂（或变电站）测量仪表的配置是根据运行监控的需要以及被测量参数的性质决定的，此外，还与主系统接线方式、一次设备容量及其在电力系统中的地位和自动化程度等因素有关。

① 在下列设备及回路中，应装设交流电流表：发电机和同步调相机的定子回路；变压器回路；1kV 及以上的馈线和厂用电馈线；母联断路器、分段断路器、旁路断路器和桥断路器；40kW 及以上的厂用电动机回路；并联补偿电容器的励磁回路，以及自动调整励磁装置的输出回路；根据生产要求，须监视直流电流的其他回路。

② 在下列回路中，应装设直流电流表：40kW 及以上的直流发电机和整流回路；蓄电池回路；同步发电机、同步调相机和同步电动机的励磁回路，以及自动调整励磁装置的输出回路；根据生产要求，须监视直流电流的其他回路。

③ 在下列回路中，应装设电压表：可能分别工作的各段直流和交流母线；直流、交流发电机和同步调相机的定子回路；1000kW 及以上的同步电机的励磁回路；蓄电池组回路；根据生产要求，须监视电压的其他回路。

④ 在中性点不直接接地的交流系统母线上以及直流系统母线上，应装设绝缘监察电压表。

三、发电厂测量仪表配置实例

单机容量为 6000kW 及以上的发电厂，其电气测量仪表的配置如图 3-1 所示。图 3-1 中未标出全厂总的有功功率表、公用同步表、发电机转子回路仪表及交流母线绝缘监察仪表。

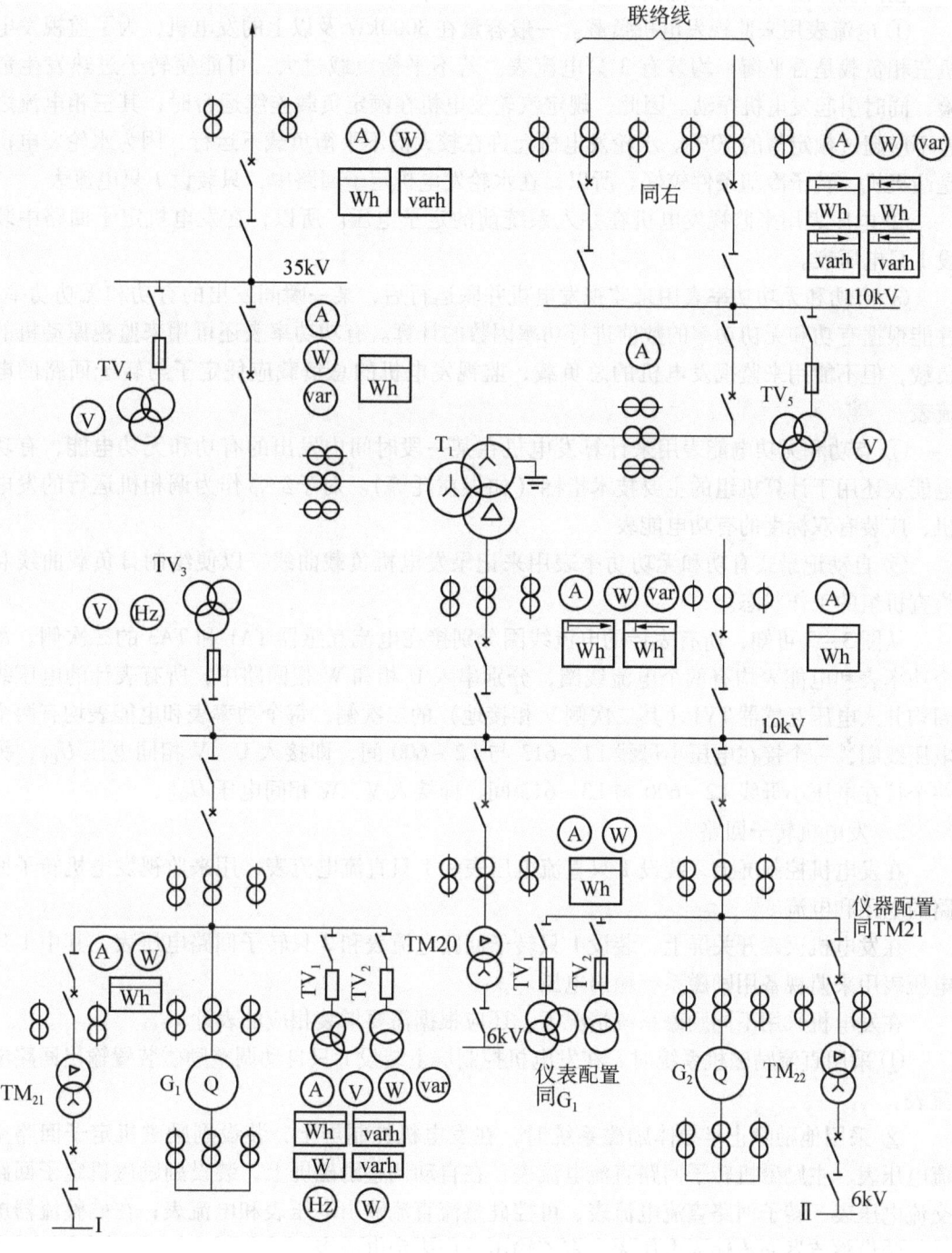

图 3-1 发电厂电气测量仪表配置图

1. 发电机定子回路

在主控制室或单元控制室,应装设 3 只电流表 PA(A)、电压表 PV(V)、三相有功功率表 PPA(W)、三相无功功率表 PPR(VAR)、三相有功电能表 PJ(WH) 和三相无功电能表 PJ(VARH) 各 1 只,自动记录式有功和无功功率表各 1 只。

在汽机控制(或热工控制)屏上装设 1 只频率表(Hz)、1 只三相有功功率表(W)。

① 电流表用来监视发电机负载。一般容量在 3000kW 及以上的发电机,为了监视发电机三相负载是否平衡,均装有 3 只电流表。若不平衡负载过大,可能使转子过热发生危险,同时引起发电机振动。因此,规定汽轮发电机在额定负载连续运行时,其三相电流之差不应超过额定值的 10%。水轮发电机允许在较大的不平衡负载下运行,因为水轮发电机是凸极机,转子冷却条件较好。所以,在水轮发电机定子回路中,只装设 1 只电流表。

② 电压表用来监视发电机在并入系统前的定子电压。所以,在发电机定子回路中装设 1 只电压表。

③ 有功和无功功率表用来监视发电机并联运行后,某一瞬间发出的有功和无功功率,并能根据有功和无功功率的数值进行功率因数的计算。有功功率表还可用来监视原动机的负载,但不能用来监视发电机的总负载,监视发电机的总负载应凭定子与转子回路的电流表。

④ 有功和无功电能表用来计算发电机在某一段时间内发出的有功和无功电能,有功电能表还用于计算机组的主要技术指标(如煤在耗等)。对于经常作为调相机运行的发电机,应装有双标度的有功电能表。

⑤ 自动记录式有功和无功功率表用来记录发电机负载曲线,以便绘制日负载曲线和检查机组的工作状态。

从图 3-2 可知,所有表计的电流线圈分别接在电流互感器 TA1 和 TA3 的二次侧。每个功率表和电能表均有两个电流线圈,分别串入 U 相和 W 相回路中,所有表计的电压线圈均并入电压互感器 TV1(其二次侧 V 相接地)的二次侧,每个功率表和电能表均有两个电压线圈,一个接在电压小母线 L1-613 与 L2-600 间,即接入 U、V 相同电压 U_{UV},另一个接在电压小母线 L2-600 与 L3-613 间,即接入 V、W 相间电压 U_{WV}。

2. 发电机转子回路

在发电机控制屏上,装设 1 只直流电压表和 1 只直流电流表,用来监视发电机转子回路的电压和电流。

在发电机灭磁开关屏上,装设 1 只转子回路电流表和 2 只转子回路电压表,其中 1 只电压表用来监视备用励磁系统输出电压。

在发电机采用不同励磁系统情况下,还应根据需要增装相应的表计:

① 采用直流励磁机系统时,在发电机控制屏上装设 1 只自动调整励磁装置输出回路电流表。

② 采用他励静止半导体励磁系统时,在发电机控制屏上,装设副励磁机定子回路交流电压表、主励磁机转子回路直流电流表;在自动调整励磁屏上,装设副励磁机定子回路交流电压表、转子回路直流电流表、可控硅整流直流输出电压表和电流表;在硅整流器屏上,装设整流器交流输入电压表、直流输出电压表和电流表。

3. 双绕组变压器

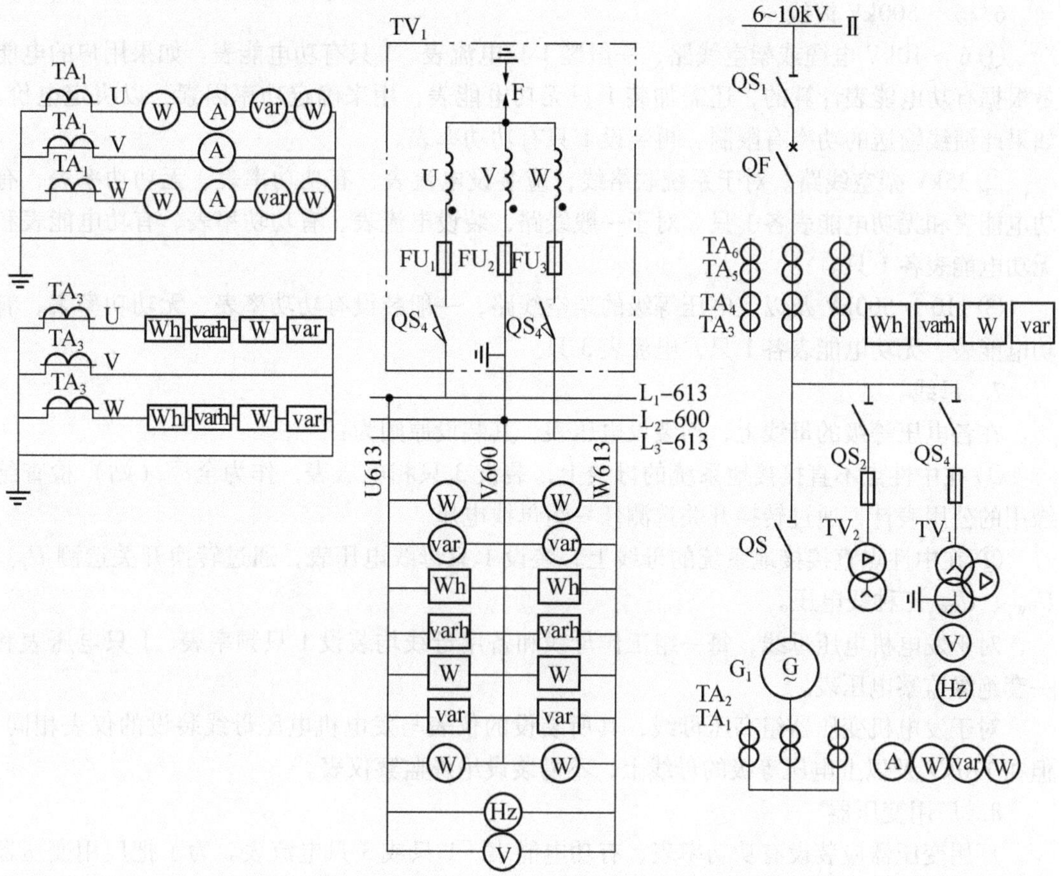

图 3-2 发电机定子测量仪表电路

对于发电机变压器组单元接线，双绕组变压器不必另设测量仪表。对于接在母线上的双绕组变压器，所有表计装在变压器低压侧，因为高压侧电流互感器价格较贵。当高压侧采用多油式断路器时，虽然断路器套筒中有电流互感器，但容量小，准确度等级不满足要求，一般不宜作测量用。

在变压器控制屏上，装设电流表、有功和无功功率表、有功和无功电能表各1只。电流表用来监视变压器负载，有功和无功功率表用来监视在不同的时间内通过变压器的功率，有功和无功电能表用来计算通过变压器送出的电能。

4. 三绕组升压变压器及自耦变压器

在三绕组升压变压器及自耦变压器高、中、低压侧，各装1只电流表，以便监视变压器各侧的负载分配。高压侧不装功率表和电能表，中压侧装设有功、无功功率表和有功电能表，低压侧装设的仪表和双绕组变压器低压侧装设的仪表相同，或少装1只无功电能表。

5. 发电机变压器组回路

如果是双绕组变压器，则可利用发电机定子回路的测量仪表，不再装设其他仪表；如果是三绕组变压器，则中压侧和高压侧需再装设与上述三绕组变压器相同的仪表。

6. 6～500kV 馈线

① 6～10kV 电缆或架空线路，一般装 1 只电流表、1 只有功电能表。如果用户的电能是根据有功电能表计算的，还需加装 1 只无功电能表，用来确定功率因素，以决定电价。如果此馈线输送的功率有限制，再装设 1 只有功功率表。

② 35kV 架空线路。对于系统联络线，应装设电流表、有功功率表、无功功率表、有功电能表和无功电能表各 1 只。对于一般线路，装设电流表、有功功率表、有功电能表和无功电能表各 1 只。

③ 110～500kV 及以上电压等级的架空线路，一般装有功功率表、无功功率表、有功电能表、无功电能表各 1 只，电流表 3 只。

7. 母线

在各电压等级的母线上，均装设电压表，其装设原则为：

① 在中性点不直接接地系统的母线上，装设 3 只相电压表，作为全厂（站）检查绝缘用的公用表计，通过转换开关选测任一组母线电压。

② 在中性点直接接地系统的母线上，装设 1 只母线电压表，通过转换开关选测 U_{UV}、U_{VW_1}、U_{VW_2} 三种线电压。

对于发电机电压母线，每一组工作母线和备用母线均装设 1 只频率表、1 只电压表和一套绝缘监察电压表。

对于发电机变压器组高压母线，其所装设的仪表与发电机电压母线装设的仪表相同，但在 110kV 及以上电压等级的母线上，不需装设绝缘监察仪表。

8. 厂用变压器

厂用变压器应装设有功功率表、有功电能表、1 只或 3 只电流表。为了把厂用变压器有功损耗计算在电能内，有功电能表一般装在厂用变压器的高压侧。

对于照明变压器，低压侧应装设有功电能表和 3 只电流表。

9. 其他

对于母联断路器、分段断路器和桥断路器回路，应装设 1 只电流表。对于旁路断路器、母联兼旁路断路器，应装设电流表、有功和无功功率表、有功和无功电能表。

大、中型发电厂一般需装设全厂总的有功功率表。若电气测量仪表不能满足监察要求，还需装设必要的热工测量仪表，如温度测量仪表等。

思考题

1. 互感器的配置应遵循什么原则？
2. 电气测量仪表和其连接的互感器准确度等级应满足什么条件？

任务二　信号回路

在发电厂和变电站中，运行人员为了及时发现与分析故障，迅速消除和处理事故，统一调度和协调生产，除了依靠测量仪表或监测系统监视设备运行外，还必须借助灯光和音响信号装置来反映设备正常和非正常的运行状态。

变电所的信号装置，供值班人员监视所内各种设备和系统的运行状态，按信号的性质可分为以下几种。

① 事故信号。事故信号是在电气设备和机组发生故障或严重不正常时，及时向运行人员发断路器事故跳闸的信号。上述事故情况，常表现为一次电路发生短路、水力机械部分故障或设备运行参数超过危险值等造成的断路器跳闸或停机。例如，线路的电流速断、过电流保护动作，发电机和变压器的差动保护、复合电压启动过电流保护（或低电压启动过电流保护）动作，发电机过电压、励磁消失，主变重瓦斯保护动作，机组轴承过热，主机过速，调速器油压过低等。

② 预告信号。预告信号是在电气设备和机组发生不正常运行情况时，向运行人员发一次或二次设备偏离正常运行状态的信号。一般说来，这种不正常运行情况，并不会立即造成设备损坏，危及人身安全，因此，还可以继续运行一段时间，但应使运行人员及时了解情况并采取措施加以消除。这种不正常运行情况，常表现为设备运行参数超过正常范围，或二次回路发生故障等。例如，发电机和变压器的过负荷，机组轴承温度升高，变压器轻瓦斯动作以及交直流电网绝缘下降等。

③ 位置信号。位置信号表示断路器、隔离开关、变压器的调压开关等开关设备触头位置的信号，通常用红、绿灯来作为这种位置信号，其原理在将断路器控制回路作介绍，这里不再叙述。

④ 继电保护和自动装置的动作信号。

事故信号和预告信号又统称为中央信号。

按信号的表示方式，又可分为光信号和声音信号。光信号又分为平光信号和闪光信号以及不同颜色闪光频率的光信号。声音信号又可分为不同音调或语言的声音信号。

在有人值班的变电所，正常操作和事故处理，由变电所的值班人员与控制、信号设备的有机配合来实现。信号装置的作用是把电气设备和电力系统的运行状态，变换成人的感官所能接受的声光信号。

一、信号装置的基本要求

1. 信号装置的动作要准确可靠

信号装置作为一种信号变换器，它的输入信息是电气设备和电力系统的各种状态，输出是供人感官接收的声光信号。如断路器正常合闸时红色信号灯点亮；正常跳闸时绿色信号灯点亮；事故跳闸时发出蜂鸣声，并且绿色信号灯闪光；一次系统发生不正常情况时警铃响，并有光字牌指示，等等。信号装置的这种变换信息的功能一定要准确可靠，既不能误变换，也不允许不变换。否则，运行人员就不能准确地掌握电气设备和系统的工况，因而也就不可能做出正确的判断和操作，甚至有可能造成严重的事故。

2. 声、光信号要明显

人接收信息主要靠视觉和听觉，声、光信号必须明显、清晰。

① 不同性质的信号之间有明显的区别，例如事故跳闸的音响是蜂鸣器声，预告信号的音响是警铃声。

② 信号装置的动作与没动作应有明显的区别。在几个动作的信号中，已经动作并被值班人员确认的信号与新动作而没有被确认的信号之间有明显的区别，动作以后又自动消失与没有动作的信号之间有明显的区别。

③ 信号装置应准确反映发生不正常状态或事故的设备,以及故障的性质、内容。

3. 信号装置的反应速度要快

当电气设备或系统发生事故或出现不正常运行状态时,值班人员必须尽快知道,并尽快做出处理事故的反应,减少经济损失。这就要求信号装置有较高的反应速度,否则有可能延误事故的处理,而使事故扩大,所以变电所的事故和预告信号一般都是瞬时发出的。

需要指出的是,目前变、配电所一般都装有微处理机构成的自动监控系统或综合自动化系统。正常情况下,中央信号装置的绝大部分功能已被自动监控系统所代替。在这种情况下,常规信号系统作为监控系统的备用,应适当简化接线,例如减少预告信号,只保留对变电所起安全作用的主要预告信号等。

二、事故信号和预告信号装置的功能

1. 事故信号装置的功能

事故信号是变电所内发生事故时断路器跳闸的信号。断路器的事故跳闸可能是由以下原因引起的。

① 线路或电气设备发生故障,由继电保护装置动作跳闸。
② 继电保护或自动装置误动作跳闸。
③ 控制回路故障误跳闸。

无论由哪种原因引起的事故跳闸,值班人员都应立即知道,并应迅速采取措施处理事故,所以,事故信号装置应具备如下功能。

① 发生事故时应无延时地发出音响信号,同时有相应的灯光信号指出发生事故的对象。
② 事故时应立即启动远动装置,发出遥信。
③ 能手动或自动地复归音响信号,能手动试验声光信号,但在试验时不发遥信。
④ 事故时应有指明继电保护和自动装置动作情况的光信号或其他形式的信号。
⑤ 能自动记录发生事故的时间。
⑥ 能重复动作。当一台断路器事故跳闸后,在值班人员没有来得及确认事故之前,又发生了新的事故跳闸时,事故信号装置应仍能发出音响和灯光信号。
⑦ 事故时,应能启动计算机监控系统。

2. 预告信号装置的功能

预告信号是变电所中电气设备发生不正常运行状态的信号,预告信号包括以下内容:

① 各种电气设备的过负荷。
② 各种带油设备的油温升高超过极限。
③ 交流小电流接地系统的接地故障。
④ 各种电压等级的直流系统接地。
⑤ 各种液压或气压机构的压力异常,弹簧机构的弹簧未拉紧。
⑥ 用 SF_6 气体绝缘设备的 SF_6 气体密度或压力异常。
⑦ 三相式断路器的三相位置不一致。
⑧ 有载调压变压器三相分接头位置不一致。
⑨ 各种继电保护和自动装置的交、直流电源断线。
⑩ 断路器的控制回路断线。

⑪ 电流互感器和电压互感器的二次回路断线。
⑫ 继电保护和自动装置中的信号继电器动作未复归。
⑬ 动作与信号的继电保护和自动装置的动作。
⑭ 其他一些值班人员需要了解的运行状态也可发出预告信号。

当变电所中的电气设备出现不正常运行状态时，值班人员通过预告信号装置应立即知道，并及时记录和处理，防止事故发生。因此，对预告信号装置提出以下要求。

① 预告信号出现时，应能发出与事故信号有区别的音响信号，同时有灯光信号指出不正常运行的内容。

② 能手动或自动地复归音响信号，在预告信号消除前，应能保留相应的灯光信号。

③ 能重复动作，即在一个预告信号没有消除前，再出现新的预告信号时，仍能发出音响和灯光信号。

④ 能手动试验音响和灯光信号。

三、中央信号系统

在发电厂和变电站中，早期具有中央复归并能重复动作的中央信号电路的主要元件是冲击继电器。以冲击继电器为核心的中央信号系统，构成了变、配电所的常规中央信号系统，它可接收各种事故脉冲。冲击继电器有各种不同的类型，但其共同点是都有接收信号的元件（脉冲变流器或电阻）以及相应的执行元件。

以冲击继电器为核心的中央信号系统，存在以下缺点：

① 冲击继电器是整个信号系统的核心，音响信号必须通过冲击继电器才能发出。冲击继电器一旦出现故障，整个信号系统将失灵，影响信号系统的可靠性。

② 信号的重复动作次数取决于冲击继电器长期热稳定电流。当信号数量较多时，会出现漏发信号或冲击继电器烧坏的现象。

③ 预告信号系统的光字牌无闪光，故同时出现两个以上信号时，先后出现的信号不易分辨。

④ 反映信号不完善，例如全所保护动作只发"掉牌未复归"信号，而且当该信号发出时，要到保护屏上去寻找，延长了事故判断和处理时间。

⑤ 与微机监控系统连接不方便。一般来说，需要将发出的中央信号信息输入到微机监控系统中。为了获取这些信息，对常规的中央信号系统，需增加大量信号继电器。

因此，随着技术的不断改进，变、配电所开始采用各种新型的中央信号装置。这些装置由若干模块构成，为积木式结构，形成模块式信号系统。它的主要特点是每个要发出的信号，无论是事故信号还是预告信号，都要先接到一个信号模块上，每个信号模块可完成以下功能：

① 记忆功能，即将输入信号记录下来。
② 显示功能，即通过灯光显示。
③ 启动音响。
④ 扩展信息，向微机监控系统输出信息。

EXZ-1型组合式信号报警装置是一种新型中央信号系统，它在结构上采用组合式结构，有灯光盒和音响盒两种。根据工程需要，可由若干灯光盒和音响盒组成任意规模的中央信号系统，每个灯光盒内有4块印刷板，每块板上均可接4个信号，并装有继电器、集成电路、阻容元件及指示灯。

该装置在电路设计上，其元器件采用 CMOS 集成电路和小密封继电器，形成有触点和无触点相结合的方式，逻辑电路简单可靠，同时考虑了装置集中自检功能，并提供了与远动、事件记录等装置连接的空接点。音响冲击回路采用电容冲击，克服了原冲击继电器易饱和的缺点，且重复音响路数不受限制。

事故信号和预告信号均由灯光信号和音响信号构成。该装置在一次系统发生事故时，无延时发出 1000Hz 的事故音响，并发出闪光信号；在主设备发生异常时，延时（0～8s 可调）发出与事故信号不同频率的预告音响信号，且信号灯闪光。此外，装置可实现查灯、音响试验、事故停钟等功能。

应该指出，目前变、配电所的计算机监控系统功能已远远超过现有的信号系统功能，35～110kV 无人值守变电所已完全取消了中央信号系统，新建的 220～500kV 变电所也取消了中央信号系统。微机测控的测量功能，已取代了常规变电站中的各种测量仪表（电流表、电压表、功率表等）。

思考题

1. 发电厂和变电站常用的信号形式有哪几种？各有何作用？
2. 中央信号系统的构成是什么？有何特点？

任务三　交流绝缘监察装置

35kV 及以下均属于小电流接地系统，即中性点不接地系统。该系统最大的优点是发生单相接地故障时，并不破坏系统线电压的对称性，系统可继续运行 1～2h，运行人员必须在规定时间内判定出故障线路，使之与系统隔离，以防止故障的进一步扩大。根据小电流接地系统发生单相接地故障时出现零序电流及零序电压的特点，通过检测不同的量，就构成了技术特点不同的小电流接地系统绝缘监察装置。

一、小电流接地系统发生单相接地故障时的特点

① 故障相电压为 0，未故障相对地电压升高到相电压的 $\sqrt{3}$ 倍，即等于线电压；各相间的电压大小和相位仍然不变，三相系统仍然保持平衡；各相对地电压发生变化，电压最高相的下一相为接地相。

② 非故障线路零序电流的大小等于本线路的接地电容电流，其电容性的无功功率由母线指向线路；故障线路零序电流的大小等于所有非故障线路的零序电流之和，也就是所有非线路的接地电容电流之和，其电容性的无功功率由线路指向母线。

③ 非故障线路的零序电流超前零序电压 90°；故障线路的零序电流滞后零序电压 90°，故障线路的零序电流与非故障线路的零序电流相位相差 180°。

④ 接地故障处的电流大小等于所有线路（包括故障线路和非故障线路）的接地电容电流的总和，并超前零序电压 90°。

⑤ 电网除了基波零序电压、电流外，还存在谐波电压、电流，其中以 3、5 次谐波的分量较大。谐波电流的分布规律与基波零序电流的分布规律具有同样的特点。

二、小电流接地系统接地信号装置的分类

根据小电流接地系统发生单相接地时具有的特点,目前,小电流接地信号装置的设计判据主要有以下几种:① 反映零序电压的大小;② 反映工频电容电流的大小;③ 反映工频电容电流的方向;④ 反映零序电流有功分量;⑤ 反映接地时 5 次谐波分量;⑥ 反映接地故障电流暂态分量首半波。

三、目前所采用的小电流接地系统接地信号装置

1. 三相五柱式电压互感器构成的绝缘监察装置

35kV 变电站可采用这种绝缘监察装置,该装置利用接于公用母线的三相五柱式电压互感器,其一次线圈及主二次线圈均接成星形,附加二次线圈接成开口三角形。接成星形的二次线圈供电给绝缘监察用的电压表,保护及测量仪表;接成开口三角形的二次线圈供电给绝缘监察继电器。正常情况下,系统三相电压对称,三相电压之和为零,开口三角两端电压接近于零,电压继电器不动作。当发生单相接地故障时,开口三角两端出现零序电压,电压继电器动作,发出预告信号。开口三角形每相绕组的额定电压为 100/3V,单相接地时,开口三角两端出现的三倍相电压为 100V。这是最传统的绝缘监察装置,其优点是投资小,接线简单,操作及运行维护方便;其缺点是只发出系统接地的无选择性预告信号,不能确切判定发生接地的故障线路,运行人员需要通过拉路分割电网的方法来进一步判定故障线路,影响了非故障线路的连续供电。近年来,随着经济的快速发展,这种无选择性的绝缘监察装置已不适应城乡经济对供电可靠性的要求。

2. 比较线路电容电流方向的 ZD-4 型小电流选线装置

该装置在 6kV 供电系统中得到广泛的应用,在发生单相接地故障时,非故障线路的电容电流超前零序电压 90°,故障线路的总电容电流滞后零序电压 90°,比较线路电容电流方向的小电流选线装置正是根据这一特点构成的。该接地保护通常在变电所中装设一套公用的装置,其电压回路固定在母线电压互感器的 $3U_0$ 上,电流回路则通过切换开关接到各出线电流互感器的零序电流回路中。在发生接地故障时,变电所反应 $3U_0$ 的电压继电器动作,发出信号,再由运行人员切换电流回路的开关,当切换到接地线路时,零序方向元件动作,发出信号。ZD-4 型小电流选线装置属于这种类型,值得注意的是,使用这种选线装置,要确保各出线电流互感器的极性及接线一致正确,排除干扰,否则仍可能出现误判断。

四、其他几种小电流接地系统接地信号装置

1. 比较各出线零序电流大小的小电流接地选线装置

在某一线路发生单相接地故障时,流过非故障线路的电容电流等于本线路的接地电容电流,流过故障线路的电容电流等于电网总电容电流减去本线路的电容电流。如果电网的线路总长度很长,总电容电流与每回线路的电容电流相差也很大,利用这一特点就构成了基于比较各出线零序电流大小的小电流接地选线保护装置。

使用该装置应注意下列问题:

① 在发生接地故障的瞬间,瞬时电容电流的幅值很大,经工频的一个周波后,瞬时分量逐渐衰减。为使电流保护不致在瞬时过程情况下误动作,保护应带有 20~30ms 的延时。

② 通常情况下,接地电容电流值是不大的,为几安到十几安,而线路的负荷电流则很

大,达几百安以上。因此在测量接地电容电流时,必须注意由负荷电流引起的电流互感器不平衡电流的影响。

③在辐射状电网中,该种装置在一定程度上可以获得应用,但在结构复杂的配网中,由于运行方式的变化和环网分流的作用,装置的灵敏性不高。

④当中性点采用消弧线圈接地时,由于消弧线圈的补偿作用,流过接地故障点的残余电流值一般很小,此种情况下不能应用该装置。

⑤这种装置的整定值要求按下式计算:

$$(I_c - I_{max})/1.5 > I_{整定} > 1.5 I_{max} \tag{3-1}$$

式中 I_{max}——最长线路的电容电流值;

I_c——系统总的电容电流值。

假设 $I_c = 1.5A$,$I_{max} = 1.0A$,则上式无法满足。因此,采用"绝对值原理"的小电流选线装置,原理上存在着误选、多选或选不出的可能性。

如果线路总长度不很长,总电容电流与每回线的电容电流相差也不很大,加上各回线的负荷大小不一样,电流互感器的误差,采样误差,信号干扰以及线路长短差别悬殊的影响,该选线装置的灵敏度不够,限制了其进一步的推广应用。这种选线装置有 XDJ-2、ZD-2 等型号。

2. 反映零序电流有功分量的接地保护

在装有消弧线圈的接地系统中发生接地故障时,故障点的残余电流值较少。为实现有选择性的接地保护,可采用在中性点侧投入电阻的方式。在接入电阻 R 时,接地电流中将出现一个有功分量 I_{OR},I_{OR} 与零序电压 U_0 同相,因此可利用反映有功分量的零序方向元件来判别故障线路。电流 I_{OR} 流过故障点,电流的有功分量可使接地故障点产生附加的热量,为此在选择电阻 R 的数值时,应使流过故障点的电流 I_{OR} 分量不超过 5～10A。

电阻投入的方式为:在发生接地故障时,反映 $3U_0$ 的电压继电器动作,经一段时间后,将电阻 R 回路的断路器接入,接地电流中即出现了有功分量。此时电网中反映有功分量的零序方向继电器可以正确动作,发出信号并将动作的状态固定下来。经过一个短时间后,将电阻 R 回路的断路器断开。运行人员将根据信号动作的状态,拉开接地故障线路,使之与系统隔离。ZD-6 型、XDJ-6 型就属于运用功率方向的选线装置。当配网有短路时,由于该线路的零序电流小,功率方向元件在受干扰的情况下,仍存在误判及多选的可能性。此外,由于要在中性点多装一个断路器,也限制了该装置的推广应用。

3. 反映 5 次谐波分量的接地保护

在接地电容电流中,除基波分量外,经分析与测试得知,还包含有各种高层次谐波分量,其中 5 次谐波分量的幅值较大。在发生接地故障时,在 5 次谐波零序电压 U_{05} 的作用下,5 次谐波零序电流 I_{05} 即构成了通路。虽然 5 次谐波电压的幅值只有基波的百分之几,但对线路的容抗,5 次谐波却为基波时的五分之一。在架空线路情况下,5 次谐波接地电流 $3I_{05}$ 为:

$$3I_{05} = (PU_X L/70) \, 100 \tag{3-2}$$

式中 P——5 次谐波电压占基波电压的百分数;

U_X——电网的相电压,kV;

L——电网的线路长度,km;

$3I_{05}$——5 次谐波接地电流，A。

从分析中可知，在发生接地故障时，非故障线路的 5 次谐波零序电容电流由母线流向线路，而在故障线路中则是由线路流向母线，即非故障线路的电流 I_{05} 比 5 次谐波零序电压 U_{05} 超前 90°，故障线路的电流 I_{05} 则比零序电压 U_{05} 滞后 90°。如果利用 I_{05} 和 U_{05} 来构成零序方向元件，并使 I_{05} 滞后 U_{05} 90°时，方向元件具有最大灵敏系数，即可实现有选择性的接地保护装置。对于结构较简单的电网，也可以利用 5 次谐波电流值的差别，来实现反映 5 次谐波电流值的接地保护。许昌继电器厂生产的 ZD7-5 型接地信号装置，就是利用 5 次谐波电流作为判据的。该装置解决了中性点经消弧线圈接地时，故障点残余电流小、故障线路与非故障线路零序电流方向不确定的选线装置的技术难点。

五、具有选线功能的微机选线装置

近年来，随着电力科技的发展，在综合自动化变电站中，小电流接地系统应用了独立的小电流接地选线装置。小电流接地系统的选线问题一直是近年电力系统的一个难题，从理论上讲，小电流接地系统发生单相接地时具有明显的特点，但要在装置的技术上实现选线却很困难。由于零序电流较小且有很大的分散性，给实现选线带来一定困难，系统运行方式的变化或各线路长度相差悬殊，也导致反映单一判据的选线装置在运行中经常发生误判。目前，在技术日渐成熟的市场上，形成主导产品的小电流接地系统选线装置多采用突变量启动、"相对原理"、"多重判据"，而多重判据即用二种及以上原理作为判据，增加可靠性和抗干扰能力，减少系统运行方式、长短线、接地电阻等的影响。

思考题

1. 小电流接地系统发生单相接地故障时的特点是什么？
2. 目前所采用的小电流接地系统接地信号装置的设计判据有哪几种？

项目二　备用电源自动投入装置

任务一　备用电源自动投入装置概述

一、概述

在电力系统中，一些重要用户供电的可靠性要求较高，甚至不允许停电。为此，常常需要考虑对这些用户设置两个或两个以上的供电电源，一个工作，一个备用，或互为备用。当工作电源发生故障而断开，以至于停止对用户供电时，能自动地、迅速地将备用电源投入供电，或将用户切换到备用电源上去，用于切换的自动装置称为备用电源自动投入装置，简称 AAT。

备用电源自动投入装置比起手动投入备用电源来说，动作更为迅速，可大大缩短用户中断供电的时间，增加供电的可靠性，提高经济效益，并充分保证人身和设备的安全。

由于备用电源自动投入装置动作迅速，结构简单，造价便宜，可靠性高，是配电系统保证供电连续性的一个重要设备，因而被广泛用来投入备用变压器、备用线路和重要机械的电动机。微机型的备用电源自动投入装置不但体积小、重量轻、可靠性高，而且使用智能化，即能够根据设定的运行方式，自动识别现行运行方案，选择自投方式。备用电源自动投入装置还带有过电流保护、加速功能及自投后过负荷联切保护功能。

备用电源的接线方式有两种：明备用接线方式和暗备用接线方式。

明备用接线方式是指在正常运行时，有明显断开的备用电源的接线方式（图3-3）。在图中，共有两台变压器。正常运行时，T_1 为工作变压器，断路器 1QF、3QF 处于合闸状态，由 T_1 向厂用两段母线供电，T_2 为备用变压器，断路器 2QF 处于断开状态。当工作变压器 T_1 发生故障时，断路器 1QF 在继电保护的作用下跳闸，使 T_1 退出运行，随后 AAT 动作，迅速将断路器 2QF 合闸，将备用电源 T_2 投入运行，T_2 即可替代 T_1，恢复向两段厂用母线供电。

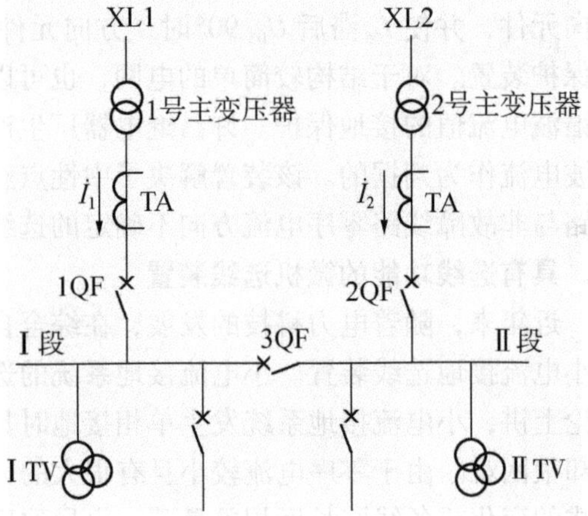

暗备用接线方式是指正常运行时，无明显断开的备用电源存在，而只是几个工作电源互为备用的接线方式（图3-3）。图中正常运行时，T_1、T_2 均为工作变压器，由它们分别对 I、II 段母线供电，两段母线的分段断路器 3QF 处于断开状态。当其中任何一台变压器发生故障，例如变压器 T_1 发生故障时，在继电保护的作用下，断路器 1QF 跳闸，T_1 退出运行，然后，AAT 动作，将断路器 3QF 迅速投入，这样，I 段母线负荷转由变压器 T_2 继续供电。同样，当变压器 T_2 发生故障时，继电保护使断路器 2QF 跳闸，T_2 退出运行，AAT 使 3QF 投入，II 段母线负荷转由变压器 T_1 供电。

图3-3 主变压器低压母线及分段开关的主接线

发电厂和变电站厂用电备用电源常采用图3-3的接线方式。当厂用电源考虑用不同的备用方式时，厂用变压器的容量选择也有所不同。当两台厂用变压器采用明备用接线方式时，每台厂用变压器的容量应按全部厂用负荷的100%来选择；当两台厂用变压器采用暗备用接线方式时，每台变压器的容量应按两分段母线上通过的总负荷来考虑，否则 AAT 动作后会造成变压器过负荷运行。在实际应用上，考虑到变压器允许的短时过负荷能力，以及 AAT 动作以后可以切除部分次要负荷，变压器容量可以选得比总负荷小些，一般按照全部厂用负荷的70%来选择。

二、对 AAT 的基本要求

备用电源自动投入装置的接线，因其用途、设备类型和电气主接线型式的不同而不同，但对接线的基本要求却相同。功能较完善的 AAT 应满足下列一些要求：

① 工作电源确实断开后，备用电源才允许投入。工作电源失压后，无论其进线断路器是否跳开，即使已测定其进线电流为零，但还是要先跳开该断路器，并确认已跳开后，才能投入备用电源，这是为了防止备用电源投入到故障元件上。

② 工作母线失压时，必须检查确认工作电源无电流后，才能启动备自投，以防 TV 二次三相断线造成误投。

③ 当工作母线和备用母线同时失去电压时，即备用电源不满足有压条件时，备自投

装置不应动作。

④ 工作电源因任何原因突然失去电压后，备自投装置都应动作。工作电源突然失压的原因主要包括工作电源故障、运行人员误操作等。AAT 都应动作，将备用电源迅速投入，以确保负荷能够重新恢复供电。

⑤ 手动跳开工作电源时，备自投装置不应动作。工作电源进线断路器的合后触点（指微机保护的操作回路输出的合后 KKJ 触点）作为备自投装置的输入开关量，在就地或遥控跳开断路器时，其合后触点 KKJ 断开，备自投装置自动退出。

⑥ 应具有闭锁备自投装置的功能。每套备自投装置均应设置有闭锁备用电源自投的逻辑回路，以防备用电源投到故障的元件上，造成事故扩大的严重后果。如图 3-3 所示，1 号主变压器的后备保护跳开 1QF 断路器，可能是 I 段母线发生故障造成的 I 段母线失压，此时不应经 3QF 合闸再次冲击故障点，应由 1 号主变压器的后备保护动作后输出的开关量去闭锁备自投装置动作。

⑦ 备自投装置动作迅速。从工作母线失压到备用电源自动投入，这段时间为用户停电的时间。对用户来说，无疑停电的时间越短，对电动机的制动就越轻微，电动机的自启动就越容易，对其他用户的影响也就越小。但停电的时间也不能太短，必须大于故障点绝缘恢复的时间。否则，故障点绝缘未恢复，ASAC 就动作，备用电源即使投入到瞬时性故障的工作母线也不能成功。因此，要求 ASAC 动作的时间必须大于故障点去游离的时间。不过对于一般的断路器而言，其合闸时间大于故障点的去游离时间，可不考虑这种时间配合，在使用快速断路器的场合，则必须进行校验。停电时间过短，电动机残压较高，当备自投动作时，还可能会产生过大的冲击电流和冲击力矩，导致对电动机的伤害。此外，当停电的时间还必须考虑母线的馈电线外部故障时，由线路保护切除故障，避免越级跳闸。运行实践证明，AAT 的动作时间以 1~1.5s 为宜。

⑧ 备自投装置只允许动作一次。在工作母线或其馈电线发生永久性故障时，AAT 第一次动作将备用电源投入后，由于故障仍然存在，继电保护装置会将备用电源再次断开。此后，不允许 AAT 再次动作将备用电源投入，否则，备用电源多次投入到故障元件上去，会造成事故扩大。为了实现这点要求，必须控制备用电源的断路器的合闸脉冲，使之只能合闸一次。微机型备自投装置可以通过逻辑判断来实现只动作一次的要求，但为了便于理解，在阐述备自投装置逻辑程序时，采用电容器"充放电"来模拟这种功能。备自投装置满足启动的逻辑条件时，应理解为"充电"条件满足，延时启动的时间应理解为"充电"时间，"充电"时间到后，就完成了全部准备工作；当备自投装置动作后或任何一个闭锁及退出备自投条件存在时，立即瞬时完成"放电"。"放电"就是模拟闭锁备自投装置，放电后就不会发生备自投装置第二次动作。

思考题

1. 什么是 AAT 装置？有什么用途？
2. 对 AAT 装置有什么基本要求？为满足这些基本要求，必须采取哪些措施？

任务二 备用电源自动投入装置的一次接线方案

备自投装置主要用于110kV及以下配电系统中,其主要接线形式根据电站、厂用电及变电站主要一次接线形式设计。其一次接线形式主要有变压器低压侧(母线分段)的备自投、内桥断路器的备自投和线路的备自投三种,每种接线形式又有几种运行方式。

一、变压器低压侧(母线分段)的备自投

变压器低压母线及分段断路器的一次接线示意如图3-4所示。

1. 暗备用方式

如图3-4所示,当1号、2号主变压器同时运行,1QF(501)、2QF(502)合闸,而断路器3QF(500)断开时,一次系统中1号和2号主变压器互为备用电源,此方式是暗备用方式,其包含两种运行方式:

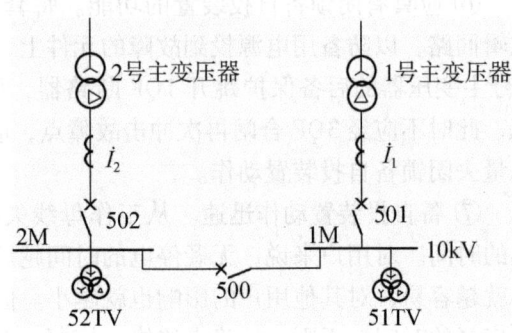

图3-4 变压器低压母线及分段断路器的主接线

(1)自投方式1

当1号主变压器故障,保护跳开501断路器,或者1号主变压器高压侧失压时,均引起1M母线失压,i_1无电流并且2M母线有电压,此时备自投跳开501断路器,合上500断路器。备自投自投条件是1M母线失压,i_1无电流,2M母线有电压,501断路器确实已跳开。检查i_1是否无电流是为了防止电压互感器TV二次三相断线引起的误投动作。

(2)自投方式2

当2号主变压器故障,保护跳开502断路器,或者2号主变压器高压侧失压时,均引起2M母线失压,i_2无电流并且1M母线有电压,此时备自投跳开502断路器,合上500断路器。备自投自投条件是2M母线失压,i_2无电流,1M母线有电压,502断路器确实已跳开。

2. 明备用方式

如图3-4所示,当1号主变压器投入并合上母线分段断路器500,由1号主变压器同时带两段母线运行,2号主变压器备用,断路器502断开作为自投断路器,此方式是明备用方式,也包含两种运行方式。

(1)自投方式1

当1号主变压器运行,2号主变压器备用时,若1号主变压器故障,保护跳开断路器501,或者1号主变压器高压侧失压时,均引起低压母线失压,同时i_1无电流,此时备自投跳开断路器501,合上断路器502,由2号主变压器供电,保证了低压母线的连续供电。

(2)自投方式2

当2号主变压器运行,1号主变压器备用时,若2号主变压器故障,保护跳开断路器502,或者2号主变压器高压侧失压时,均引起低压母线失压,同时i_2无电流,此时备自投跳开断路器502,合上断路器501,由1号主变压器供电。

二、内桥断路器的备自投

内桥断路器的备自投一次接线示意如图 3-5 所示。

1. 明备用方式

如图 3-5 所示,当进线 1 带 110kV 1M、2M 母线运行,即 1QF、3QF 断路器在合位,2QF 断路器在分位作为备用断路器时,进线 2 是备用电源(方式 1);当进线 2 带 110kV 1M、2M 母线运行,即 2QF、3QF 断路器在合位,1QF 断路器在分位作为备用断路器时,进线 1 是备用电源(方式 2)。显然,这两种都属于明备用方式,它们的自投条件分别是:

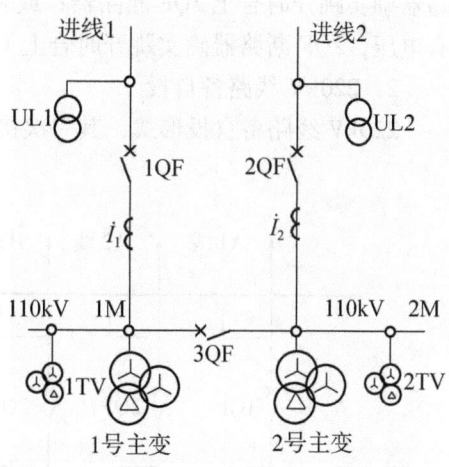

图 3-5 内桥断路器的备自投主接线

① 方式 1 自投条件:110kV 1M、2M 母线失压,i_1 无电流,进线 2 线路有电压,1QF 断路器确实跳开时合上 2QF 断路器。

② 方式 2 自投条件:110kV 1M、2M 母线失压,i_2 无电流,进线 1 线路有电压,2QF 断路器确实跳开时合上 1QF 断路器。

2. 暗备用方式

如果两段母线分列运行,即桥断路器 3QF 在分位,而断路器 1QF 或 2QF 在合位,这时进线 1 和进线 2 各带一段母线运行,两者互为备用电源,这属于暗备用方式,即为方式 3 和方式 4。此种备自投方式,与变压器低压侧的备自投暗备用电源自投方案及其运行方式(方式 1 和方式 2)完全类同,不再赘述。

三、线路备自投

1. 110kV 线路备自投

110kV 线路的备自投一次接线示意如图 3-6 所示。

图 3-6 中所示的备自投方案接线是明备用接线。接线中有两个电源向母线供电,正常运行时,两条线路 L1、L2 仅一条线路供电,另一条作为备用。进线 1 和进线 2 有一个断路器(1QF 或 2QF)在合位,另一个在分位。分段断路器 3QF 在合位(即两母线并列运行),当 110kV 1M、2M 母线失压,备用电源有电压,并且 i_1(或 i_2)无电流时,备自投即动作跳开断路器 1QF,合上断路器 2QF(或跳开断路器 2QF,合上断路器 1QF)。该备自投方式的自投条件类似于内桥开关的方式 1 和

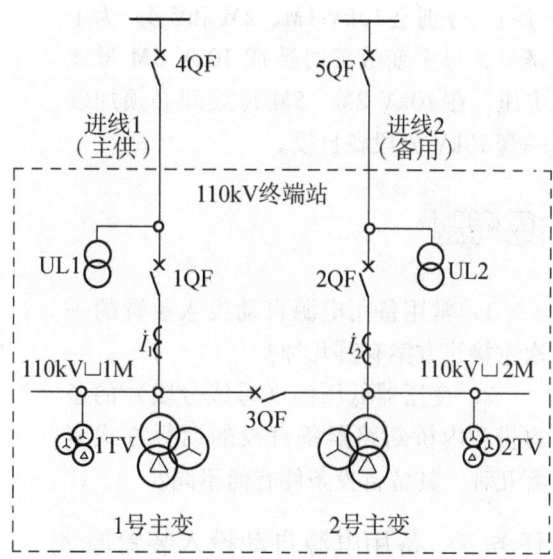

图 3-6 110kV 线路的备自投主接线

方式 2 的自投条件,即 110kV 1M、2M 母线失压,i_1 无电流,进线 2 线路有电压,1QF 断路器确实跳开时合上 2QF 断路器;或者 110kV 1M、2M 母线失压,i_2 无电流,进线 1 线路有电压,2QF 断路器确实跳开时合上 1QF 断路器。

2. 220kV 线路备自投

220kV 线路备自投形式,其一次接线示意如图 3-7 所示。

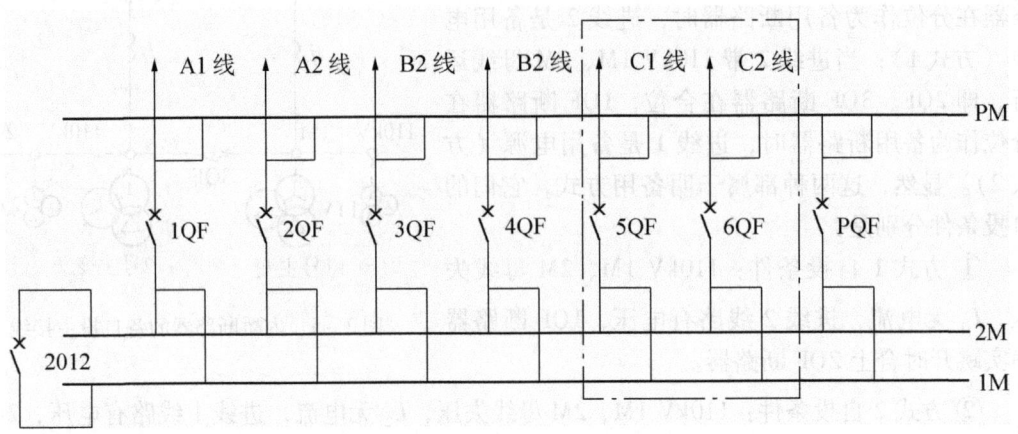

图 3-7 220kV 线路的备自投主接线

注:虚线框内的 C1、C2 不参与备投,下面介绍中均不考虑。

A1、A2 线路为工作电源,B1、B2 线路为备用电源,2012 为母联断路器。

四、两套 10kV 分段备自投在三主变变电站的配合应用

110kV 变电站进行扩建,一般都是在原有的 2 台主变规模的基础上,增加第三台主变及其相关设备,扩建后的一次接线图如图 3-8 所示。

扩建后的 10kV 主接线具有 3 段 10kV 母线,分别是 10kV 1M、2M 和 5M。为了避免 3 号主变故障时造成 10kV 5M 母线失压,在 10kV 2M、5M 母线间必须加装一套 10kV 分段备自投。

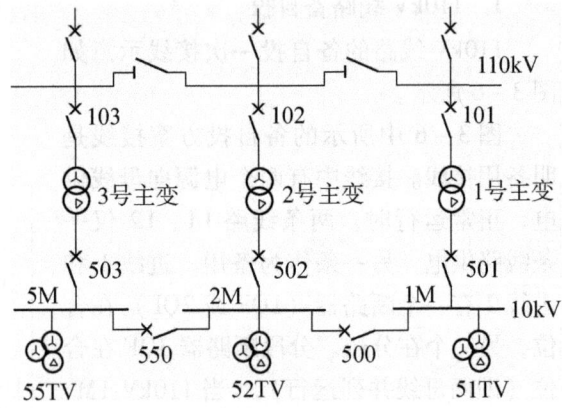

图 3-8 两套 10kV 分段备自投主接线

思考题

1. 常用备用电源自动投入装置的一次主接线方案有哪几种?

2. 变压器低压侧(母线分段)的备自投和内桥断路器备自投的运行方式有哪几种?其备自投条件有何不同?

任务三　备用电源自动投入装置原理

虽然对应不同的一次接线备自投装置有所不同,但 AAT 装置实现的基本原理相同,

都由硬件和软件组成。

一、备自投的典型硬件结构

备自投装置的硬件结构如图 3-9 所示。

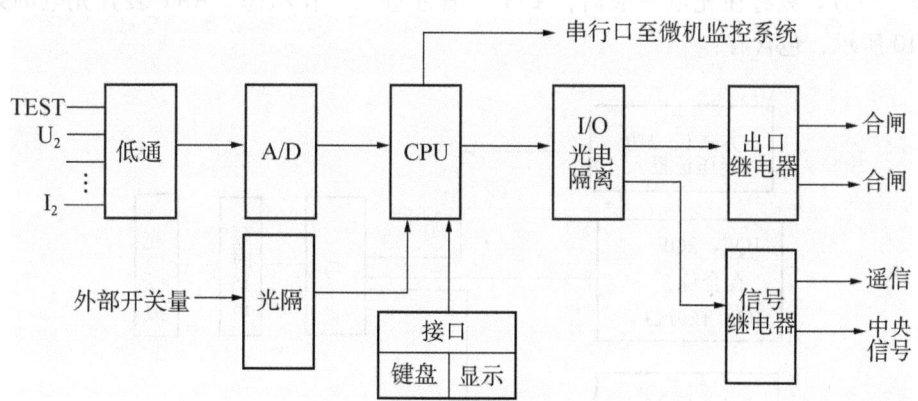

图 3-9 备自投装置的硬件结构

外部电流和电压输入经变换器隔离后,由低通滤波器输入至 A/D 变换器,经过 CPU 采样和数据处理后,由逻辑程序完成各种预定的功能。

AAT 装置主要的输入与输出有以下几种:

① 从备自投的一次接线方案(图 3-3)可以看出,测量 TA1 和 TA2 二次电压来判别母线 Ⅰ、Ⅱ 段上有、无电压,为判明三相有压和三相无压,测量的是三相电压,并非是单相电压。

② 采用母线 Ⅰ、Ⅱ 段上进线电流(测量 TA1 和 TA2 二次电流),防止 TV 断线误判工作电压,母线失压导致误启动 AAT 装置;利用母线 Ⅰ、Ⅱ 段上进线电流闭锁 AAT,同时兼作进线断路器跳闸的辅助判据,闭锁电流只用一相即可。

③ 1QF、2QF、3QF 断路器在合位与跳位的信息,由跳闸位置继电器和合闸位置继电器的触点提供,识别系统运行方式及选择自动投入方式。

④ 引入 1QF 和 2QF 的合后位置触点,作为手跳断路器后,闭锁自动投入和外部闭锁自动投入的输入触点。

⑤ 装置输出 3 对触点分别跳 1QF、2QF、3QF;输出 2 对触点用于自动投入 3QF,输出 9 对触点用于过负荷联切。所谓过负荷联切是指在投入备用电源后,如发生过负荷,利用母线 Ⅰ、Ⅱ 段上进线电流,切除预先准备切除的若干条不重要的负荷线路。

二、备自投的软件原理

1. 常规 10kV 分段备自投装置

常规 10kV 分段备自投装置输入模拟量包括:10kV 侧两段母线三相电压、两主变变低一相电流,其一次接线示意图如图 3-4 所示。

现结合图 3-4,以电力系统内常用的南京南瑞 RCS-9652 备自投装置为例,对常规 10kV 分段备自投做简单说明。

当两段母线分列运行时,RCS-9652 备自投装置选择分段开关自投方案(方式 1、方式 2)。此时,两变压器各带一组母线分列运行,靠母线分段断路器合闸,实现互为供电的两种备用方式,属于暗备用方式。

(1) 充电条件

为保证备自投装置正确动作且只动作一次,在逻辑中设计了类似自动重合闸装置的充电过程(15s)。只有在充电完成后,AAT装置才进入工作状态。AAT装置充电的条件如图3-10所示,包含有:

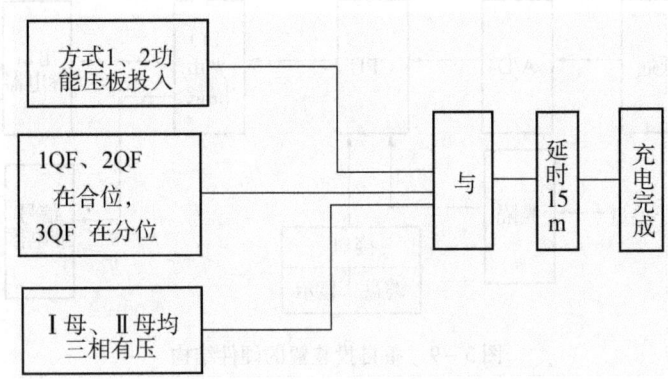

图3-10 10kV母联(分段)备自投充电条件(备用方式1、2)

① 定值整定正确,备自投正确投入。
② 10kV 上51TV 和52TV 均三相有压。
③ 分段500断路器跳位,变低501和502断路器均合位且处于合后。
④ 无闭锁备自投开入。
⑤ 无放电条件。

上述所有条件满足,则AAT经过15s充好电,为其动作做好准备。

(2) 放电条件

对AAT装置放电的功能,就是在有些条件下要取消AAT装置的动作能力,实现AAT装置的闭锁。AAT装置放电的条件如图3-11所示,包含有:

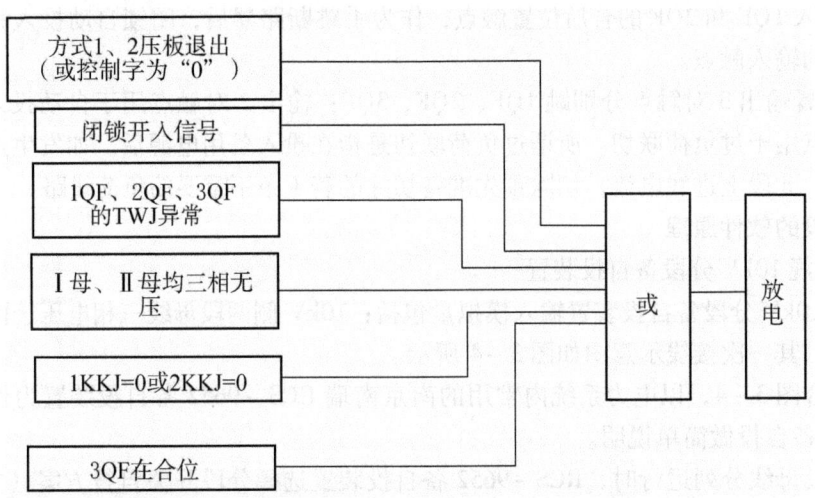

图3-11 10kV母联(分段)备自投放电条件(备用方式1、2)

① 方式1、2 闭锁投入，压板退出（不取用备用方式1、2）。
② 10kV 上 51TV 和 52TV 均三相无压（T_1、T_2 不投入工作）。
③ 3QF 合位（AAT 已动作成功）。
④ 1QF 或 2QF 手动跳闸（1KKJ 或 2KKJ=0）。
⑤ 其他异常闭锁信号。

满足上述条件之一，则 AAT 装置放电，闭锁 AAT 装置。

从上可知，T_1、T_2 投入工作 15s 后，AAT 装置充好电，满足 AAT 动作条件，则 AAT 装置动作将 3QF 合闸，AAT 瞬时放电；若 3QF 合于故障上，则由 3QF 上的加速保护使 3QF 立即跳闸，此时母线三相无压，AAT 不可能充电，于是，AAT 装置不再动作，从而保证了 AAT 装置只动作一次。

(3) 动作过程

常规 RCS-9652 备自投装置的方式 1 动作过程：AAT 充电完成后，10kV 1M 无压且 I_1 无流，2M 有压，经整定延时跳 501 断路器。备自投确认 501 断路器跳开后，再经整定延时合分段 500 断路器。备自投确认分段 500 断路器合上后，方式 1 的备自投动作完成。

RCS-9652 备自投装置的方式 2（跳 502 断路器，合 500 断路器）的备自投动作过程与上述同理，其备自投逻辑判断如图 3-12 所示。

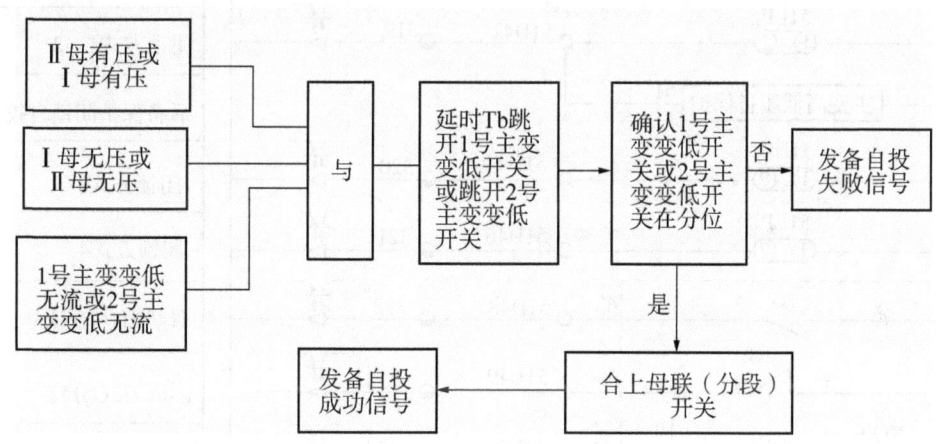

图 3-12 10kV 母联备自投装置（暗备用）判断逻辑图（备用方式1、2）

(4) 常规 10kV 分段备自投装置二次接线原理图

常规 10kV 分段备自投装置二次接线原理如图 3-13 所示。

(5) 两套 10kV 分段备自投装置在具有三台主变的变电站中的应用

扩建后的 110kV 变电站有 3 段 10kV 母线、2 台 10kV 分段断路器（分别是 500 断路器和 550 断路器），拟采用两套 RCS-9652 备自投装置控制 5 个断路器，来实现该站的 10kV 分段备自投功能。但可以想象，两套备自投的动作范围必然出现叠加。

为方便起见，两套 10kV 分段备自投分别命名为 500 备自投（501、502、500 断路器参与的 10kV 分段备自投）和 550 备自投（502、503、550 断路器参与的 10kV 分段备自投），均为 10kV 分段备自投方式（图 3-8）。三台主变变电站的 10kV 一次接线如图 3-8 所示。

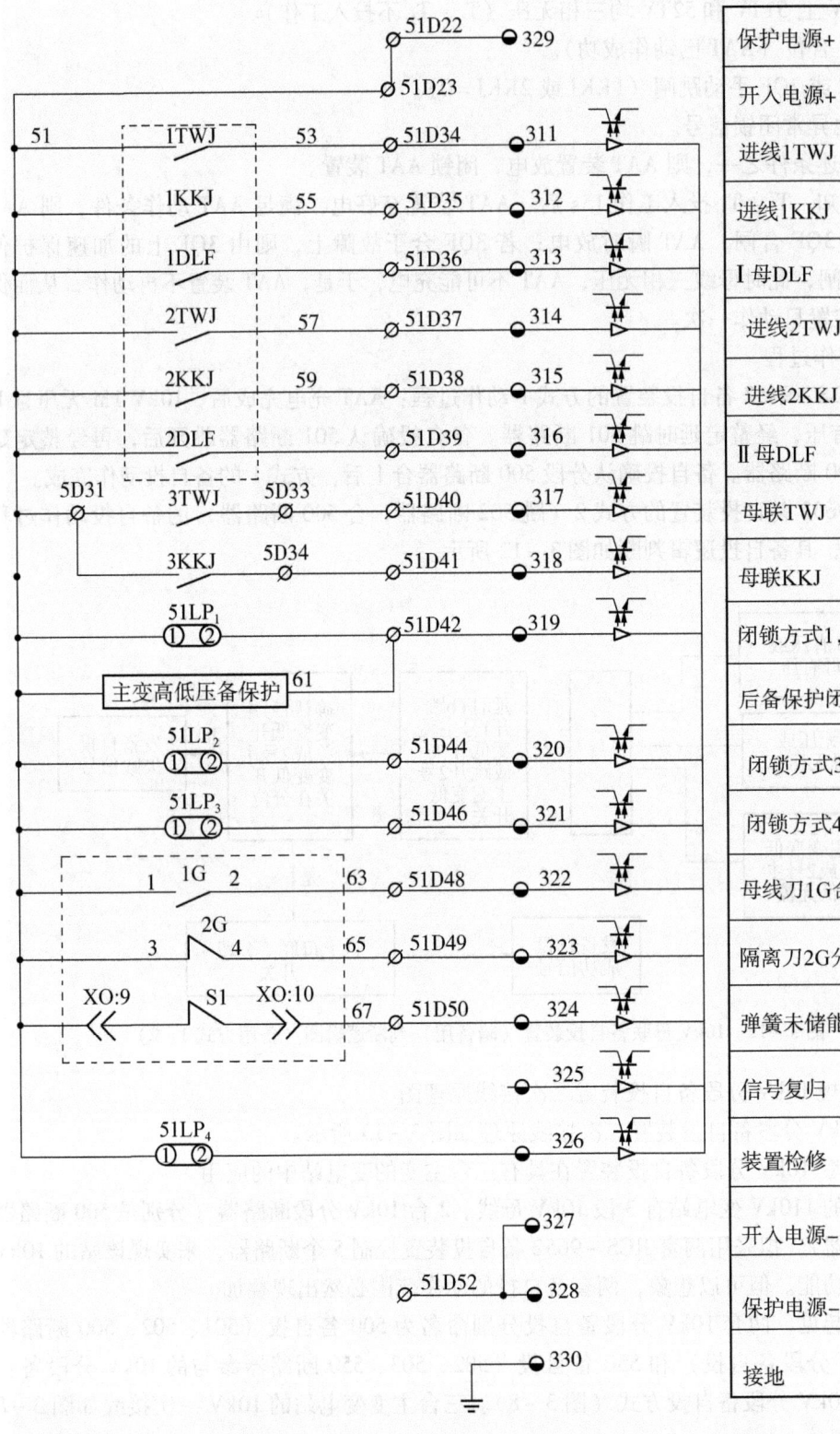

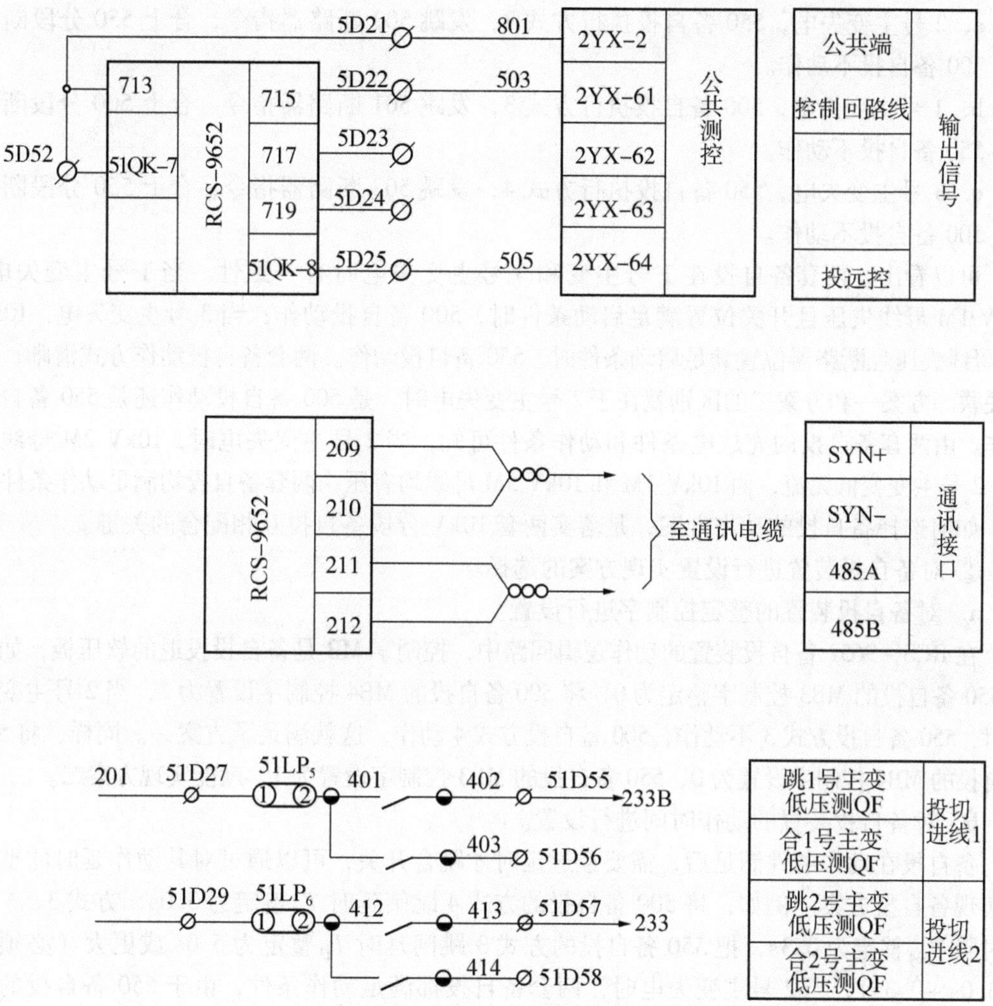

图 3-13 常规 10kV 分段备自投装置二次接线原理图

① 两套 10kV 分段备自投的配置方案。

方案一：500 备自投为双向备自投，550 备自投为单向备自投，即 1 号主变和 2 号主变互为备用，3 号主变由 2 号主变作为备用。正常运行时，501、502、503 断路器在合闸位置，500、550 断路器在分闸位置。

a. 2 号主变失电，500 备自投执行方式 4，发跳 502 断路器指令，合上 500 分段断路器，550 备自投不动作。

b. 1 号主变失电，500 备自投执行方式 3，发跳 501 断路器指令，合上 500 分段断路器，550 备自投不动作。

c. 3 号主变失电，550 备自投执行方式 4，发跳 503 断路器指令，合上 550 分段断路器，500 备自投不动作。

方案二：550 备自投为双向备自投，500 备自投为单向备自投，即 2 号主变和 3 号主变互为备用，1 号主变由 2 号主变作为备用。正常运行时，501、502、503 断路器在合闸位置，500、550 断路器在分闸位置。

　　a. 2 号主变失电，550 备自投执行方式 3，发跳 502 断路器指令，合上 550 分段断路器，500 备自投不动作。

　　b. 1 号主变失电，500 备自投执行方式 3，发跳 501 断路器指令，合上 500 分段断路器，550 备自投不动作。

　　c. 3 号主变失电，550 备自投执行方式 4，发跳 503 断路器指令，合上 550 分段断路器，500 备自投不动作。

　　可以看出，两套备自投在 1 号主变和 3 号主变失电时有一致性。当 1 号主变失电，10kV 1M 母线失压且开关位置满足启动条件时，500 备自投动作；当 3 号主变失电，10kV 5M 母线失压且断路器位置满足启动条件时，550 备自投动作。两套备自投动作方式清晰，互不关联。方案一和方案二的区别就在于 2 号主变失电时，是 500 备自投动作还是 550 备自投动作。由两套备自投的充放电条件和动作条件可知，当 2 号主变失电时，10kV 2M 母线失压，2 号主变变低无流，而 10kV 1M 和 10kV 5M 母线均有压，两套备自投均满足动作条件。

　　如何选择备自投的动作方案，是落实两套 10kV 分段备自投互相配合的关键。

　　② 对备自投装置进行设置实现方案的选择。

　　a. 对备自投装置的整定控制字进行设置。

　　在 RCS-9652 备自投装置的动作逻辑回路中，控制字 MB 是备自投投退的软压板，如果将 550 备自投的 MB3 控制字整定为 0，将 500 备自投的 MB4 控制字设置为 1，当 2 号主变失电时，550 备自投方式 3 不动作，500 备自投方式 4 动作，这就满足了方案一。同样，将 500 备自投的 MB4 控制字设置为 0，550 备自投的 MB3 控制字设置为 1，就能实现方案二。

　　b. 对备自投装置的动作时间进行设置。

　　备自投在动作条件满足后，需要经过延时才跳合开关，可以通过对其动作延时的整定来实现备自投方案。例如，将 500 备自投的方式 4 跳闸延时 T_{t4} 整定为 3.0s，方式 3、4 合闸时限 T_{h34} 整定为 0.3s，把 550 备自投的方式 3 跳闸延时 T_{t3} 整定为 5.0s 或更大（必须大于 3.0s+0.3s），当 2 号主变失电时，两套备自投都满足动作条件，由于 550 备自投的动作延时大于 500 备自投的动作延时，也就是说 500 备自投先于 550 备自投动作，当 500 备自投动作后，10kV 1M 和 2M 母线均有压，550 备自投动作过程中止，这就满足了方案一。同样，将 500 备自投的动作延时整定大于 550 备自投的动作延时，就实现了方案二的备自投。

　　③ 通过拆除接入其中一套备自投的开关量实现方案的选择。

　　根据运行经验，可以确定该站的 3 台主变的运行方式及其运行负荷，安排是 500 备自投动作还是 550 备自投动作。例如，如果 2 号主变失电，要让 500 备自投动作，将 10kV 2M 母线负荷转至 10kV 1M 母线，可以在 550 备自投投入运行前，拆除接入 550 备自投的 2 号主变变低 502 断路器跳位 TWJ 和合后 KKJ 的开关量接线，这样，550 备自投就不能判断 502 断路器状态而不启动了，同时不影响 500 备自投的正确动作。同理可以实现 2 号主变失电时，500 备自投不启动而 550 备自投正确动作。这方案对于长期固定的运行方式是可靠和安全的。

　　④ 两套 10kV 分段备自投配合应用中的设计要求及其危险点分析。

　　两套 10kV 分段备自投的相互配合使用，必须保证供电设备在任何运行方式下不造成事故。同时，备自投应用中应积极开展危险点分析，及时落实反事故措施。

a. 引入分段断路器合位位置对另一套备自投进行闭锁。

对于3台主变的变电站,当其中一台主变检修或其他原因退出运行时,所带的负荷必须由相应的分段断路器转至另外一台主变,这时分段断路器在合位状态,两段10kV母线并列运行。例如,1号主变停运,10kV 1M的负荷通过分段500断路器转至10kV 2M母线上,如果此时2号主变或3号主变失电,必将造成一台主变承担全站3段10kV母线负荷,可能会造成该主变过负荷,甚至过流保护动作而全站失压。

为了防止其中一台主变失电而造成全站失压,避免扩大停电范围,必须考虑引入分段断路器合位位置对另一套备自投进行闭锁。也就是,引入10kV分段500断路器合位位置闭锁550备自投,引入10kV分段550断路器合位位置闭锁500备自投,并经过外部压板进行投退。

b. 增加主变变低后备过流保护动作闭锁10kV分段备自投功能。

当10kV母线故障或10kV断路器拒动时,将由主变变低后备过流保护动作,切开主变变低断路器隔离故障。如果此时10kV分段备自投动作,合上分段断路器,将会把有故障的10kV母线,通过分段断路器投到另一段10kV母线上,进一步扩大故障停电范围,后果不堪设想。所以,必须增加主变变低后备过流保护动作闭锁10kV分段备自投的功能,避免该类事故的发生。

c. 备自投接入断路器分合闸控制回路必须保证正确。

备自投接入断路器控制回路时,备自投跳变低断路器要接在保护跳闸位置处,动作时不能将合后继电器KKJ置分位;备自投合分段断路器要接在手合位置处,动作时要将合后继电器KKJ置合位。如果备自投跳变低断路器动作时把合后继电器KKJ置分位,备自投采样变低断路器的合后位置开入消失,备自投判断是人工操作,导致备自投逻辑在切开变低断路器后就停止。

只要综合考虑运行方式,根据实际情况进行配置,用两套10kV分段备自投实现三台主变变电站的备自投配置方案是安全可靠的。同时,我们在设计、运行、维护过程中,应不断开展危险点分析,总结运行经验,及时提出防范措施,避免备自投误动、拒动事故的发生。

2. 常规110kV线路备自投

常规110kV线路备自投装置,输入110kV侧两段母线三相电压,进线断路器一相电流,进线1、2线路侧电压,进线1、2频率分别由软件方法和硬件方法测量获得,其主接线示意如图3-5所示。

常规110kV线路备自投可分为进线1明备用和进线2明备用,其动作原理相同。现结合图3-5以进线2明备用为例,对常规进线备自投做简单说明(RCS-9652备自投装置的方式3、方式4)。

(1) 充电条件

AAT装置的充电条件如图3-14所示,包含有:

① 定值整定正确,备自投正确投入。

② 110kV 1M、2M的母线电压1TV和2TV均有压。

③ 备用进线2的线路电压U_{l2}满足有压条件。

④ 2QF跳位,1QF和3QF均合位且处于合后。

⑤ 无闭锁备自投开入。

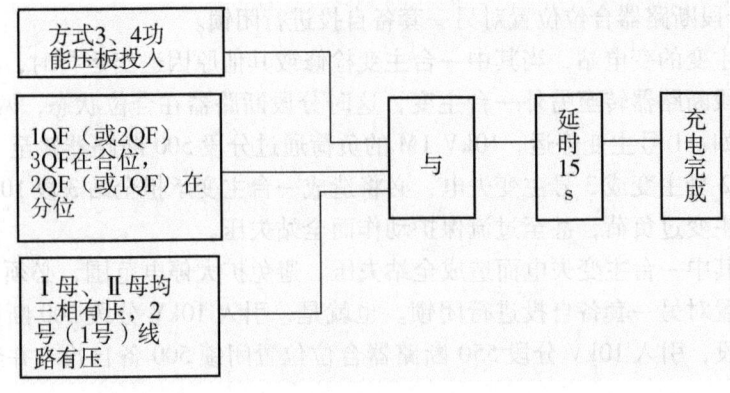

图3–14　110 kV线路备自投充电条件（备用方式3、4）

⑥无放电条件。

（2）放电条件

AAT装置的充电条件如图3–15所示。

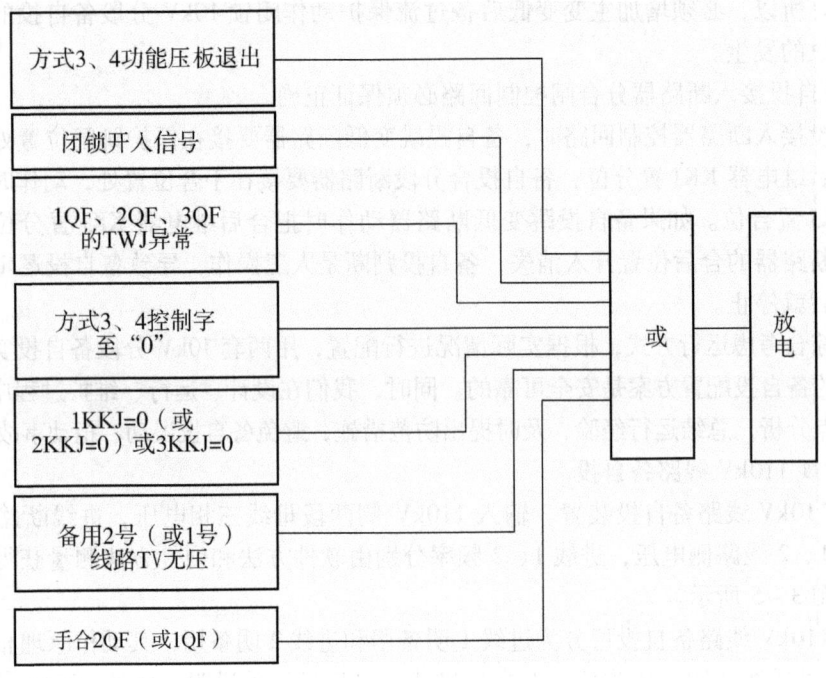

图3–15　110 kV线路备自投放电条件（备用方式3、4）

（3）动作过程

常规110kV线路备自投动作过程：充电完成后，110kV 1M、2M无压，UL_2有压且I_1无流，经整定延时跳1QF。备自投确认1QF跳开后，再经整定延时合2QF。备自投确认2QF合上后，进线2明备用备自投动作完成。

进线1明备用备自投过程与上述同理，其备自投逻辑判断框图如图3–16所示。

（4）110kV线路备自投装置二次接线原理图

110kV线路备自投装置二次接线原理图如图3–17所示。

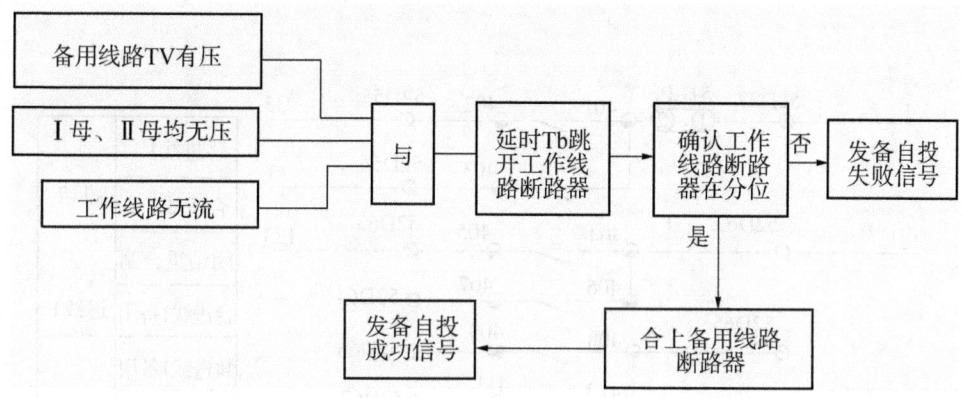

图3-16 110 kV母联备自投装置（明备用）判断逻辑图（备用方式3、4）

注意：1. 不平衡电压启动；2. 经重合闸启动

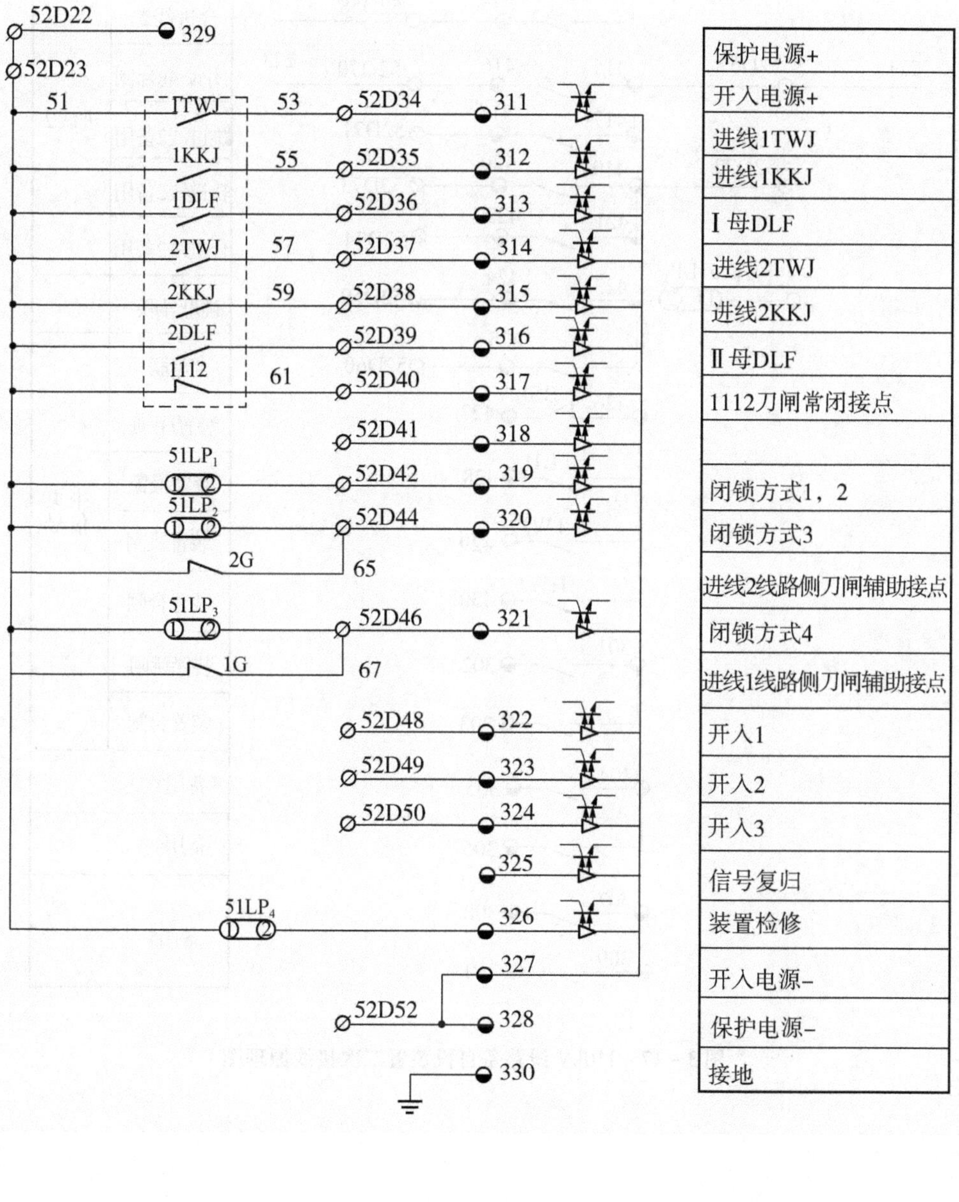

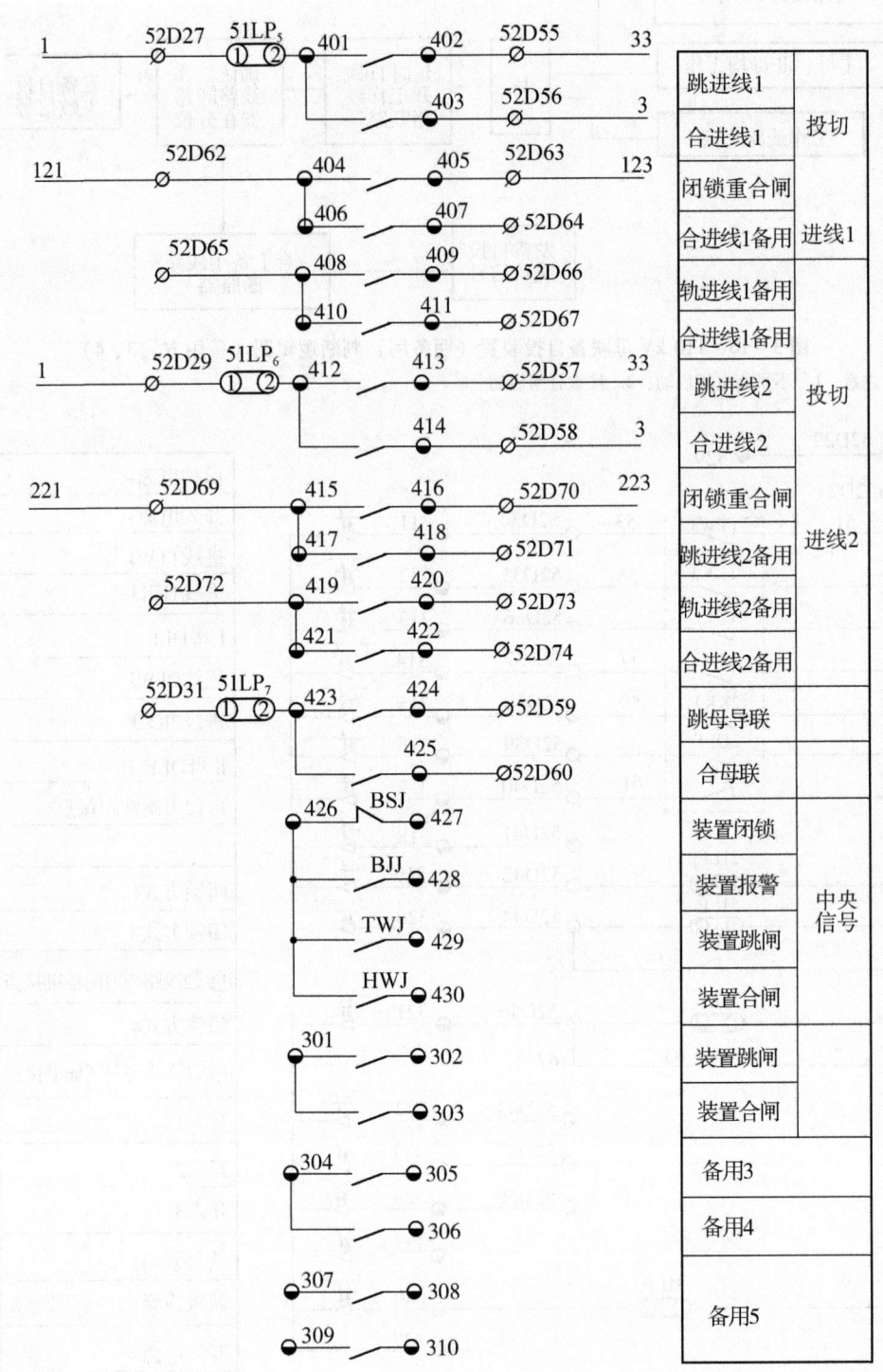

图 3-17 110kV 线路备自投装置二次接线原理图

(5) 备自投应用中的危险点分析及其防范措施

① 备自投开入量的断路器跳位接点不宜采用保护操作箱的 KCT 继电器接点。110kV 线路断路器多数采用弹簧储能开关，断路器的控制回路中的 KCT 跳位继电器，一般设计用来监视整个合闸回路，即能监视储能接点、QF 和合闸线圈等元件。如果该站有小电源电厂上网、串供电源等情况，当主供电源线路永久性故障时，本侧保护动作，切开 1QF 断路器，重合闸故障，保护再次动作，1QF 断路器处于分位，但断路器储能需时约 15s，储能接点未导通，此时监视合闸回路的 KCT 跳位继电器未动作，备自投的 1QF 跳位开入不能确认，备自投切开 1QF 后就停止，发出"备自投切 1QF 拒动"告警信息，备自投动作失败。防范措施是：110kV 线路备自投开入量的断路器跳位接点，不能采用保护操作箱的 KCT 跳位继电器接点，要采用断路器机构的辅助接点接入，保证断路器接点变位的实时性。

② 建议对户外敞开式的 110kV 变电站的备自投，不宜接入隔离开关跳位闭锁备自投。对于户外敞开式的 110kV 变电站，特别是运行环境恶劣的地区，110kV 隔离开关辅助接点防水、防锈、防腐蚀等工作难以维护到位，如果隔离开关辅助接点在运行中因此而误闭合，将导致备自投装置的误闭锁。防范措施是：综合考虑运行环境和运行方式，适宜取消隔离开关跳位闭锁备自投的开入接线，防止备自投的误闭锁。

③ 备自投接入断路器控制回路必须保证正确。备自投接入断路器控制回路时，备自投跳运行线路断路器要接在保护跳闸位置处，动作时不能将合后继电器 KKJ 置分位；备自投合备用线路断路器要接在手合位置处，动作时要将合后继电器 KKJ 置合位。如果备自投跳运行线路断路器动作时把合后继电器 KKJ 置分位，备自投采样到运行线路断路器的合后位置开入消失后，备自投判断是人工操作，导致备自投切除运行线路断路器后就停止。

三、AAT 装置参数整定

整定的参数有低电压元件动作值、过电压元件动作值、AAT 装置充电时间、AAT 装置动作时间、低电流元件动作时间等。

1. 低电压元件动作值

低电压元件用来检测工作母线是否失去电压，当工作母线失去电压时，低电压元件应可靠动作。

为此，低电压元件的动作电压，应低于工作母线出线短路故障切除后，电动机自启动时的低母线电压；工作母线（包括上一级母线）上的电抗器或变压器发生短路故障时，低电压元件不应动作。考虑到上述两种情况，低电压元件动作值一般取额定电压的 25%。

2. 过电压元件动作值

过电压元件用来检测备用母线（暗备用时是工作母线）是否过电压。如在图 3-4 中以备用方式 1、备用方式 2 运行时，工作母线出线故障，该出线断路器断开后，母线上电动机自启动时，备用母线出现最低运行电压 $U_{\min}$，过电压元件应处于动作状态。故过电压元件动作电压 U_{op} 为

$$U_{op} = \frac{U_{\min}}{K_{rel} K_f n_{TV}} \tag{3-3}$$

式中：K_{rel} 为可靠系数，取 1.2；K_f 为返回系数，取 0.9；n_{TV} 为电压互感器变化。

一般 U_{op} 不应低于额定电压的 70%。

3. AAT 装置充电时间

如图 3-4 所示，以备用方式 1、备用方式 2 运行时，当备用电源动作于故障上时，由设在 3QF 上的加速保护将 3QF 跳闸。若故障是瞬时性的，则可立即恢复原有备用方式。为保证断路器切断能力的恢复，AAT 装置的充电时间应不小于断路器第二个"合闸—跳闸"时的时间间隔，一般间隔时间取 10～15s。

可见，AAT 装置的充电时间是必需的，且充电时间应 10～15s。

4. AAT 装置动作时间

AAT 装置动作时间是指由于电力系统内的故障使工作母线电压跳开，工作母线受电侧断路器的延时时间影响。

因为网络内短路故障时，低电压元件可能动作，AAT 装置不能动作，所以设延时是保证 AAT 装置动作选择性的重要措施。AAT 装置的动作时间 t_{op} 为

$$t_{op} = t_{max} + \Delta t \tag{3-4}$$

式中：t_{max} 为网络内发生使低电压元件动作的短路故障时，切除该短路故障的保护最大动作时间；Δt 为时间级差，取 0.4s。

5. 低电流元件动作值

设置低电流元件，防止 TV 二次回路断线时误启动 AAT，同时兼作断路器跳闸的辅助判据。低电流元件动作值可取 TA 二次额定电流值的 8%（当 TA 二次额定电流为 5A 时，低电流动作值为 0.4A）。

思考题

1. 备自投装置的硬件结构由哪几部分构成，各有什么功能？
2. 备自投装置需要哪些输入信号？
3. RCS-9652 备自投装置选择分段开关自投方案（方式 1、方式 2）时，其充电和放电条件各有哪些？
4. 如何保障 AAT 装置只动作一次？
5. RCS-9652 备自投装置选择分段开关自投方案（方式 3、方式 4）时，其动作过程如何？
6. AAT 装置需要整定哪些参数？如何整定？
7. 两套 10kV 分段备自投的配置方案有哪些？

任务四　备自投装置的调试

备自投装置定检作业表单如下表所示。

_____供电局110kV备自投装置定检作业表单

表单流水号：_____

工作班组		作业开始时间		作业结束时间	
作业任务				定检性质	全检☐ 部检☐
工作负责人		工作人员			
变电站名称		电压等级			
工作地点	如果配合110kV线路停电进行检验，要求工作地点注明停电线路保护屏位置				
装置名称	装置型号	校验码	装置版本号	生产厂家	

一、作业前准备

出发前准备仪器、工具、图纸资料	仪器工具	继保试验仪、模拟断路器、万用表、电流钳表	确认（　　）
	图纸、资料	图纸、说明书、定值单、上次检验记录等	
风险评估	一次设备的状态与运行方式批复及工作要求的安全措施不一致，造成保护误动		确认（　　）
	未隔离联跳110kV运行线路、母联回路，误跳运行开关		确认（　　）
	未隔离闭锁110kV运行线路重合闸回路，造成运行线路重合闸放电		确认（　　）
	与运行设备（运行线路、母联）关联的电流、电压回路未断开，加电气量时引起运行设备误动		确认（　　）
办理作业许可手续	工作负责人办理工作票，并确定现场安全措施符合作业要求		确认（　　）
作业前安全交底	一次设备的检修状态		确认（　　）
	工作票安全措施落实情况		确认（　　）
	向工作人员再次明确作业内容、进度要求、作业标准及安全注意事项		确认（　　）

二、记录仪表规范

名称	型号	厂家
继保试验仪		
万用表		
电流钳表		

三、作业过程

1. 安全措施确认

序号	作业内容	作业标准	作业记录
1	一次设备的状态	一次设备的状态与运行方式批复及工作要求的安全措施一致	确认（　）
2	断开与运行设备关联的电流、电压回路	与运行设备关联的电流、电压回路已断开，至运行设备侧的端子用绝缘胶布封好。确保停运设备的检测工作不影响运行中保护装置、故障录波装置的交流电流、电压回路	确认（　）
3	短接CT二次回路	短接CT二次回路要用专用的短接线组，在短接CT时，用钳表测量端子排装置侧CT回路电流有变化，并确认断开连接片不会失去电流接地点时，方可断开端子连接片（用钳表测电流时，先紧固电流端子，防止CT回路接线松脱）	确认（　）
4	检查跳运行设备的出口压板	工作前核对被检验装置的所有出口压板均已退出，解开的压板负电端用绝缘胶布包好	确认（　）
5	装置压板、交直流电压小开关、切换把手状态全部做好记录	将要进行检验工作的备自投屏压板、交直流电压小开关、切换把手状态全部做好记录，并与运行人员共同核对记录，以便工作结束恢复安全措施正确无误	确认（　）
6	确认各工作地点已有明显标识	在各工作地点已装置遮拦及挂"在此工作"标示牌	确认（　）

附：装置定检前后状态对照表

序号	项目	定检前状态记录	定检后状态核对
1	已退出的压板		确认（　）
2	已断开的空开		确认（　）

2. 外观检查

风险	控制措施	
外观检查时引起交直流短路、接地	清尘时使用绝缘工具，不得使用带金属的清扫工具	确认（ ）
序号	作业内容	作业标准	作业记录

序号	作业内容	作业标准	作业记录
1	备自投屏屏体及屏内设备、端子排、控制电缆、二次回路接线检查	装置外检范围内的设备标志应正确、完整、清晰，表计、信号灯及信号继电器、光字牌的计量正确	确认（ ）
		压板、把手、按钮的安装应端正牢固，接触良好。定值整定小开关、拨轮开关、微动开关操作灵活可靠，通、断位置明确，接触良好	确认（ ）
		装置外检范围内各设备及端子排的螺丝紧固可靠，无严重灰尘、无放电痕迹	确认（ ）
		装置外检范围内端子排上内部、外部连接线，以及电缆标号应正确完整，并与图纸资料吻合	确认（ ）

3. 定值核查

序号	作业内容		作业标准	作业记录
	装置型号	定值单编号		
1			装置执行的定值与最新定值单要求一致	确认（ ）

4. 结合定检执行反措

序号	反措名称	执行依据（文件名）	作业记录
1			
2			
3			

5. 备自投装置检查

风险	控制措施	
装置加电气量时引起运行设备保护误动	将与运行设备关联的电流、电压回路断开，并将至运行设备的端子封好	确认（ ）
未退出或误投入出口压板造成误跳运行中设备	被检验装置的所有出口压板均已退出并固定	确认（ ）
造成PT回路异常	断开PT二次空气开关。试验时，如要加入交流电压，要先测量电压回路确无电压	确认（ ）

序号	作业内容		作业标准									作业记录
1	零漂检查	精度要求	电流、电压零漂值<0.5%额定值									确认（ ）
		装置零漂测试	测试条件：$U=0$，$I=0$									确认（ ）
		检验项目	U_{aI}	U_{bI}	U_{cI}	U_{aII}	U_{bII}	U_{cII}	I_1	Ux_1	I_2	Ux_2
		装置显示值										

续上表

序号	作业内容		作业标准									作业记录
2	交流采样检查	精度要求	交流电压有效值测量相对误差 ≤ ±0.5%；交流电流有效值测量相对误差 ≤ ±1%									确认（ ）
		装置精度校验	测试条件：$U=U_n$，$I=I_n$，相角 $\psi=0°$，$f=50Hz$									确认（ ）
		检验项目	U_{aI}	U_{bI}	U_{cI}	U_{aII}	U_{bII}	U_{cII}	I_1	U_{x_1}	I_2	U_{x_2}
		装置显示值										
		装置精度校验	测试条件：$U=0.2U_n$，$I=0.1I_n$，相角 $\psi=20°$，$f=49Hz$									确认（ ）
		检验项目	U_{aI}	U_{bI}	U_{cI}	U_{aII}	U_{bII}	U_{cII}	I_1	U_{x_1}	I_2	U_{x_2}
		装置显示值										
		实际量测试	须检查电流和功率方向，有功功率测量相对误差 ≤1%									确认（ ）
		检验项目	U_{aI}	U_{bI}	U_{cI}	U_{aII}	U_{bII}	U_{cII}	I_1	U_{x_1}	I_2	U_{x_2}
		装置显示值										
		元件实际值										
3	开入检查	投检修态	采用+24V 接通对应开关量输入端子或投退压板的方法，改变装置的开入量状态，检查装置的状态显示是否正确。开入的定义，应根据本站实际进行填写									确认（ ）
		1DL TWJ										确认（ ）
		2DL TWJ										确认（ ）
		3DL TWJ										确认（ ）
		1DL KKJ$_1$										确认（ ）
		2DL KKJ$_2$										确认（ ）
		3DL KKJ$_3$										确认（ ）
		其他外部闭锁信号										确认（ ）
		备自投功能投退压板信号										确认（ ）
		……										确认（ ）
4	信号检查	备自投成功信号	可以结合逻辑试验进行检查，检查各开出接点正常闭合，检查监控系统等相关信息正确性									确认（ ）
		备自投不成功信号										确认（ ）
		装置闭锁										确认（ ）
		装置异常信号										确认（ ）
		……										确认（ ）
5		元件的运行状态判别	分别检测线路切换后电压及单相PT、元件开关位置及元件检修压板等状态，上述因素不同的组合对应该元件不同的运行状态									填写附表1

续上表

序号	作业内容		作业标准	作业记录
6	母联备自投逻辑功能检验	装置动作逻辑时延定义	备自投装置动作逻辑用到多个不同意义的时延，应做好定义	填写附表2
		充电逻辑测试	每种方式均应分别做充电测试	填写附表3
		启动逻辑测试	应分别做启动逻辑测试	填写附表4
		动作逻辑测试	① 对于有小电源与没有小电源的站点动作逻辑略有区别，表格中项目按照实际判断 ② 在动作过程中涉及切负荷的逻辑，试验项目按照实际判断	填写附表5
7	线路备自投逻辑功能检验	装置动作逻辑时延定义	备自投装置动作逻辑用到多个不同意义的时延，应做好定义	填写附表2
		充电逻辑测试	① 每种方式均应分别做充电测试 ② 表格中的测试项均是针对不考虑母线检修的方式	填写附表6、7
		启动逻辑测试	应分别做启动逻辑测试	填写附表8
		动作逻辑测试	① 对于有小电源与没有小电源的站点动作逻辑略有区别，表格中项目按照实际判断 ② 在动作过程中涉及切负荷的逻辑，试验项目按照实际判断	填写附表9
8	闭锁信号防误测试	闭锁信号防误检验	① 装置开入的外部闭锁接点，应在任何时候均可可靠闭锁装置 ② 对于装置逻辑中的闭锁功能，应在逻辑不满足时可靠闭锁装置	填写附表10、11
9	出口传动试验	装置各类出口的传动	所有的出口均测量出口压板是否有动作脉冲的方法验证。注意备自投装置再次跳开主供电源所接的回路，不应引发手跳或其他会闭锁备自投装置的信号	填写附表12
10	安稳闭锁功能检验	重合闸过程启动判据	当控制字"经重合闸启动"整为1时，线路备投逻辑必须经过进线重合闸过程方能动作	确认（ ）
		电压不平衡启动判据	当控制字"经不平衡启动"整为1时，线路备投逻辑必须经过电压不平衡判断方能动作	确认（ ）
11	定值	保护定值核对正确	定值在装置掉电重启后不发生变化。打印定值并与最新定值通知单逐项核对无误，应同时核对装置参数及定值内容。核对无误后在打印装置定值上签名确认	确认（ ）

四、端子紧固

风险	控制措施	
紧固电流回路时方法不对,造成 CT 开路	注意用力恰当,旋转方向正确	
序号	作业内容	作业标准	作业记录
1	保护屏端子紧固	① 防止误碰,接线正确,防止力度过大,注意随身金属器件、螺丝刀金属裸露部分使用绝缘材料包扎好 ② 特别针对电流、电压、跳合闸、操作电源等	确认（ ）

五、作业终结

序号	项目	内容	作业记录
1	恢复现场	检查试验记录有无漏试项目,试验数据、试验结论是否完整正确	确认（ ）
		"二次设备及回路工作安全技术措施单"上所做的安全技术措施已全部恢复	确认（ ）
		检查打印机工作正常	确认（ ）
		核对定值,装置定值区存放正确,打印定值并作为附件保存	确认（ ）
		检查装置接入的运行中单元采样与现场实际运行一致	确认（ ）
		装置各屏柜的压板、把手已按检验前记录恢复	确认（ ）
		检查装置处于正常运行状态（各种运行灯、正常灯点亮）	确认（ ）
		装置试验期间的出口信号已复归	确认（ ）
		装置试验过程中的变位信息、告警、启动、动作等报告已清除	确认（ ）
		查看后台机无异常信号	确认（ ）
2	清理现场	清理、撤离现场前,将仪器、工具、材料等搬离现场	确认（ ）
3	工作终结	结束工作,办理工作终结手续	确认（ ）

六、作业结论

序号	项目	内容	作业记录
1	发现问题及处理结果		确认（ ）
2	新增风险及其控制措施		确认（ ）
3	定检结论		确认（ ）
4	备注		

学习情景四　开关设备控制回路运行调试

教学目标

掌握断路器控制回路的基本要求及信号传送过程；了解断路器控制回路设备（控制开关及操作机构）的结构特点及原理；熟练掌握断路器基本控制回路的跳合闸原理、防跳原理；掌握 RCS-941A 控制回路的基本原理，熟悉原理接线图；掌握断路器操作机构的工作原理，比较操作机构与控制回路防跳的异同；熟练看懂变电站综合自动化完整控制回路原理图；掌握隔离开关控制回路要求及其原理；掌握隔离开关闭锁电路的工作原理；学会二次回路常见故障的判断分析与处理；能按照规程对开关设备控制回路进行简单的调试作业。

项目一　断路器控制回路

任务一　断路器控制回路概述

在发电厂和变电站中，为了在中控室实现对安装在高压配电装置内的各台断路器进行集中控制，需要借助控制电缆等设备，将处于高压配电装置中的断路器操作机构和中控室的控制命令以一定的方式连接起来，该电路称之为断路器的控制回路或断路器的操作回路。控制回路是连接一次设备和二次设备的桥梁，通过控制回路，可以实现二次设备对一次设备的操控，实现低压设备对高压设备的控制。

一、控制回路的基本要求

为使断路器的控制回路能安全可靠地工作，应满足以下基本要求：

① 断路器操作机构中的合、跳闸线圈是按短时通电设计的，故在合、跳闸完成后，应自动解除命令脉冲，切断合、跳闸回路，以防合、跳闸线圈长时间通电。

② 合、跳闸电流脉冲一般应直接作用于断路器的合、跳闸线圈，但对电磁操作机构，合闸线圈电流很大（35～250A），须通过合闸接触器接通合闸线圈。

③ 无论断路器是否带有机械闭锁，都应具有防止多次合、跳闸的电气防跳措施。

④ 断路器既可利用控制开关进行手动跳闸与合闸，又可由继电保护和自动装置自动跳闸与合闸。

⑤ 应能监视控制电源及合、跳闸回路的完好性，应对二次回路短路或负荷进行保护。

⑥ 应有反映断路器状态的位置信号和自动合、跳闸的不同的显示信号。

⑦ 对于采用气压、液压和弹簧操作机构的断路器，应有压力是否正常、弹簧是否拉紧到位的监视回路和闭锁回路。

⑧ 对于分相操作的断路器，应有监视三相位置是否一致的措施。

⑨ 接线应简单可靠，使用电缆芯数应尽量少。

二、控制信号传送过程

1. 常规开关控制信号传输过程

某线路高压开关控制信号传递过程如图 4-1 所示。

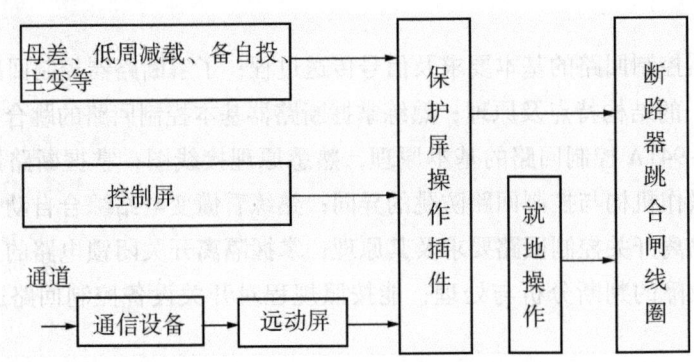

图 4-1 常规开关控制信号传递过程

由上图可以看出，断路器的控制操作有下列几种情况：

① 主控制室远方操作：通过控制屏操作把手，将操作命令传递到保护屏操作插件，再由保护屏操作插件传递到开关机构箱，驱动跳、合闸线圈。

② 就地操作：通过机构箱上的操作按钮进行就地操作。

③ 遥控操作：调度端发遥控命令，通过通信设备、远动设备将操作信号传递至变电站远动屏，远动屏将空接点信号传递到保护屏，实现断路器的操作。

④ 开关本身保护设备、重合闸设备动作，发跳、合闸命令至操作插件，引起开关进行跳、合闸操作。

⑤ 母差、低频减载等其他保护设备及自动装置动作，引起断路器跳闸。

可以看出，前三项为人为操作，后两项为自动操作。因此，断路器的操作据此可分为人为操作和自动操作。

根据操作时相对断路器距离的远近，可分为就地操作、远方操作、遥控操作。就地通过开关机构箱本身操作按钮进行的操作为就地操作。有些开关的保护设备装在开关柜上，相应的操作回路也在就地，这样通过保护设备上操作回路进行的操作也是就地操作。保护设备在主控室，在主控室进行的操作为远方操作。通过调度端进行的操作为遥控操作。

2. 综自站开关控制信号传输过程

某线路高压开关控制信号传递过程如图 4-2 所示。操作方式与常规变电站相比，仅在远方操作和遥控操作时不同。

在主控室内进行远方操作，一般是通过后台机进行，操作命令传达到测控装置，启动

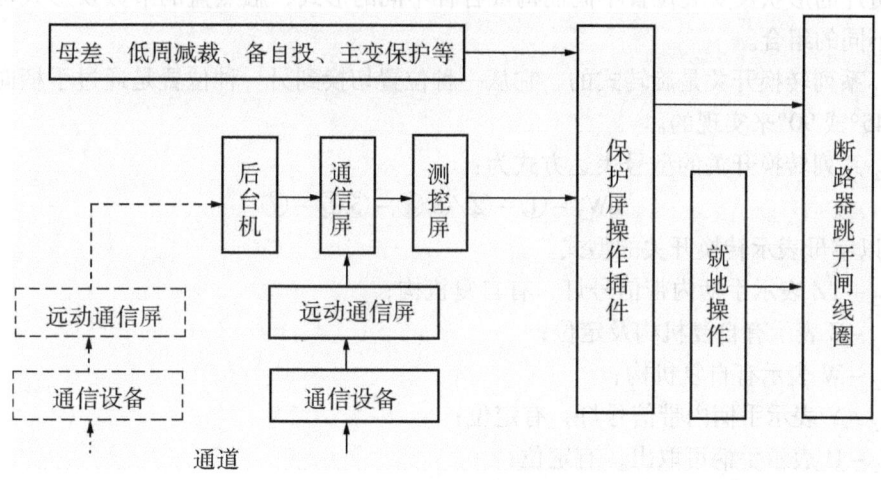

图 4-2 综自站开关控制信号传递过程

测控装置跳、合闸继电器，跳、合闸信号传递到保护装置操作插件，启动操作插件手跳、手合继电器，手跳、手合继电器触点接通跳、合闸回路，启动断路器跳、合闸。当后台机死机或其他原因不能操作时，可以在测控屏进行操作。

遥控操作由调度端（或集控站端）发送操作命令，经通信设备至站内远动通讯屏，远动通讯屏将命令转发至站内保护通讯屏，然后保护通讯屏将命令传输至测控屏，逐级向下传输。

需要指出，有些老站遥控命令是通过后台机进行传输的，如虚线图所示，但由于后台机死机时，将不能进行遥控操作，因此，现在新站的遥控通道不再经后台机，提高了遥控操作可靠性。

思考题

1. 断路器控制回路的基本要求有哪些？
2. 常规开关控制信号传递与综自站开关控制信号的传递过程有何不同？

任务二　断路器控制回路设备

一、控制开关

1. LW$_2$ 系列转换开关

控制开关是控制回路中的控制元件，由运行人员直接操作，发出合、跳闸命令脉冲，使断路器合、跳闸。其文字符号为 SA。

目前电力系统常用的控制开关是 LW$_2$ 系列转换开关（又称封闭式万能转换开关），其主要部件为操作手柄、触点盒和接线端子（图 4-3 和图 4-4）。LW$_2$ 系列转换开关的正面有一个操作手柄，安装于屏前，与手柄固定相连的转轴上装有数节触点盒，触点盒装于屏后。每个触点盒中都有四个固定触点和一个动触点，动触点随转轴转动，固定触点分布在触点盒的四角，盒外有供接线用的四个引出端子。触点盒是封闭式的，可以因动触点的凸轮与簧片的形状及安装位置不同而构成各种不同的形式，触点盒的节数及形式可根据需要进行不同的组合。

LW_2 系列转换开关是旋转式的，它从一种位置切换到另一种位置是通过手柄向左或向右旋转 45°或 90°来实现的。

LW_2 系列转换开关的型号表达方式为：

$$LW_2 - ① - ②/③④ - ⑤⑥ - ⑦$$

① 以字母表示转换开关的型式。

$LW_2 - YZ$ 表示手柄内带信号灯，有自复机构；

$LW_2 - Z$ 表示有自复机构及定位；

$LW_2 - W$ 表示有自复机构；

$LW_2 - Y$ 表示手柄内带信号灯，有定位；

$LW_2 - H$ 表示手柄可取出，有定位；

LW_2 表示有定位。

② 以数字表示触点形式。数字用逗号分开，数字的个数就是触头盒的层数，数字的排列次序是依照触头的型号，从手柄方向按其装配先后顺序列出。LW_2 系列转换开关的触点共有 14 种型式，代号为：1、1a、2、4、5、6、6a、7、8、10、20、30、40、50 等，其中 10、40、50 型触点在轴上有 45°自由行程（即在此 45°行程内动触点保持在原来的位置），20 型触点在轴上有 90°自由行程，30 型触点在轴上有 135°自由行程，其他均随轴一起转动，没有自由行程。有自由行程的触点只适用于信号回路，其触点切断能力较小。

③ 以拼音字母表示面板形式。F 表示方形面板，O 表示圆形面板。

④ 以数字表示操作手柄形式，共 1～9 种。

⑤ 表示定位器形式。"8"表示 45°定位，定位 90°者不表示。

⑥ 表示有无限位装置。有限位的以 x 表示，无限位的不表示。

⑦ 表示触头不按照标准排列，而是用特殊排列形式的，此时以"A"表示。

2. 触点图表及触点通断图

触点图表用以表明控制开关的操作手柄在不同位置时，触点盒内各触点的通、断情况。如表 4-1 和图 4-5 所示，为 $LW_2 - Z - 1a、4、6a、40、20、20/F8$ 型控制开关的触点图表及触点通断图。

在发电厂和变电站二次回路中，常将控制开关的通断情况用实用的工程图形符号来表示，如图 4-5 所示，图中 6 条垂直虚线表示控制开关 SA 手柄的 6 个不同的操作位置：PC—预备合闸、C—合闸、CD—合闸后、PT—预备跳闸、T—跳闸、CT—跳闸后。水平线表示接线端子引线，数字表示触点号。垂直虚线上的黑点表示该触点在此操作位置是接通的，否则是断开的。

图 4-3 LW_2 型控制开关外形图

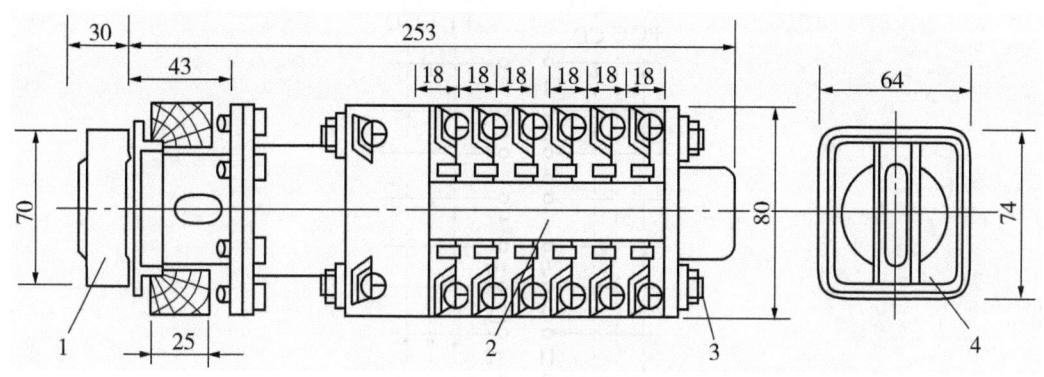

图 4-4 LW₂ 型控制开关结构图
1—操作手柄；2—触头盒；3—接线端子；4—面板

表 4-1 LW₂-Z-1a、4、6a、40、20、20/F8 型控制开关的触点图表

在"跳闸后"位置的手柄（前视）的样式和触点盒（后视）的动触头位置图	合跳	2○ 1○ ○3 4○	6○ 5○ ○7 8○	9○ 12○ ○10 11○	13○ 16○ ○14 15○	18○ 17○ ○19 20○	22○ 21○ ○23 24○
手柄和触点盒形式	F8	1a	4	6a	40	20	20
触点号 位置		1-3 2-4	5-8 6-7	9-10	9-12	11-10	14-13	14-15	16-13	19-17	17-18	18-20	21-23	21-22	22-24
跳闸后	▭▬▭	— ·	— —	· —	— —	— ·	— —	— ·
预备合闸	▯	· —	— —	— —	— ·	· —	· —	— —
合闸	◢	— ·	· —	— ·	— —	· —	— ·	— —
合闸后	▮	— ·	— —	· —	— —	— ·	· —	— ·
预备跳闸	▭▬▭	· —	— —	— —	— ·	— —	— —	· —
跳闸	◣	— —	— ·	— —	· —	— ·	— —	— ·

注："·"符号表示触点接通，"—"符号表示触点断开。

二、断路器的操作机构

断路器的操作机构是断路器本身附带的合、跳闸传动装置，它用来使断路器合闸或维持闭合状态，或使断路器跳闸。在操作机构中均设有合闸机构、维持机构和跳闸机构。

断路器的操作机构类型有：

电磁操作机构——靠电磁力进行合闸的机构。

弹簧操作机构——靠预先储存在弹簧内的位能来进行合闸的机构。

液压操作机构——靠压缩气体（氮气）作为能源，以液压油作为传递媒介来进行合闸的机构。

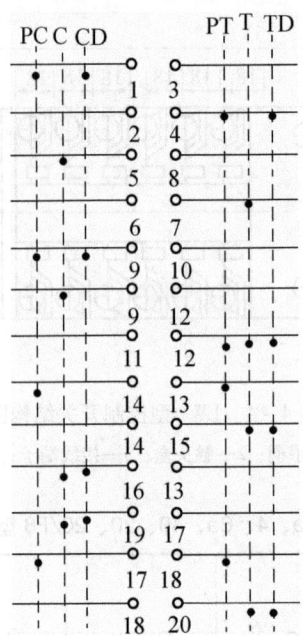

图 4-5 LW_2-Z-1a、4、6a、40、20、20/F8 型控制开关的触点通断图

气动操作机构——靠压缩空气储能和传递能量的机构。

断路器的操作机构可以带动断路器的辅助触点与主触头同时动作，断路器的辅助触点分为常开和常闭两种，它是与主触头在时间上同步动作的小容量接点。在断路器跳闸时，与主触头一同断开的称为常开辅助触点，反之则为常闭辅助触点。断路器的操作机构带动断路器合闸后，常开和常闭辅助触点的状态也随着发生变化。开关辅助触点通常用于相应的二次回路，为保护、控制、信号、计测电路提供开关的工作状态信号。

思考题

1. 阐述控制开关型号 LW_2-Z-1a、4、6a、40、20、20/F8 的含义。
2. 断路器操作机构有哪几类？
3. 阐述断路器辅助触点的功能及特点。

任务三 断路器控制回路原理

一、基本的断路器控制回路原理

1. 控制回路接线

断路器的控制回路随断路器形式、操动机构类型、操作电源类型、运行要求等的不同而不同，但其基本电路是相似的，而这些基本电路又是依据对断路器控制回路的基本要求而产生的。

简单的断路器跳、合闸回路如图 4-6 所示，这个回路由跳闸回路和合闸回路所构成。由图可见，合闸回路由控制开关 SA 的合闸触点 5-8、断路器 QF 的常闭辅助触点和合闸接触器 KM 的线圈组成；跳闸回路由 SA 的跳闸触点 6－7、QF 的常开辅助触点和跳闸线圈 YT 组成；合闸线圈回路则由 KM 的主触头和合闸线圈 YC 组成。

在回路中，由于合闸线圈内阻小，需用合闸电流大（为几十到几百安之间），因此，它必须由单独的合闸电源供电，而不能接在容量较小的控制回路里。断路器的合闸电流大，故不能直接用控制开关操作，而必须通过触头容量较大的合闸接触器进行，以免烧坏控制开关触点。跳闸线圈所需的电流不大（约为几安培，其大小还取决于控制电源的电压），因此，可以直接用控制开关接通跳闸线圈，进行跳闸操作。

2. 控制回路原理

（1）手动跳、合闸

在跳闸状态时，断路器 QF 的常闭辅助触点闭合，做好合闸的准备工作。当进行合闸操作时，手动将控制开关 SA 顺时针转至"合闸"位置，触点 5－8 闭合，于是合闸接触器线圈 KM 有电流流过，合闸接触器 KM 动作，它在合闸线圈回路的两对常开触点闭合，接通了合闸线圈回路，于是 YC 有电流流过，合闸电磁铁动作，通过传动装置使断路器合闸。合闸完成后，QF 常闭辅助触点断开，使合闸回路断电，YC 也随之断电；同时，QF 常开辅助触点闭合，为跳闸回路接通做好了准备。然后，将 SA 放松，其手柄自动复归到中间位置。

当进行跳闸操作时，手动将控制开关 SA 逆时针转至"跳闸"位置，触点 6－7 闭合，于是跳闸线圈 YT 有电流流过，跳闸电磁铁动作，通过传动装置使断路器跳闸。跳闸完成后，QF 常开辅助触点断开，使跳闸回路断电；同时，QF 常闭辅助触点闭合，为合闸回路接通做好准备。然后，将 SA 放松，其手柄自动复归到中间位置。

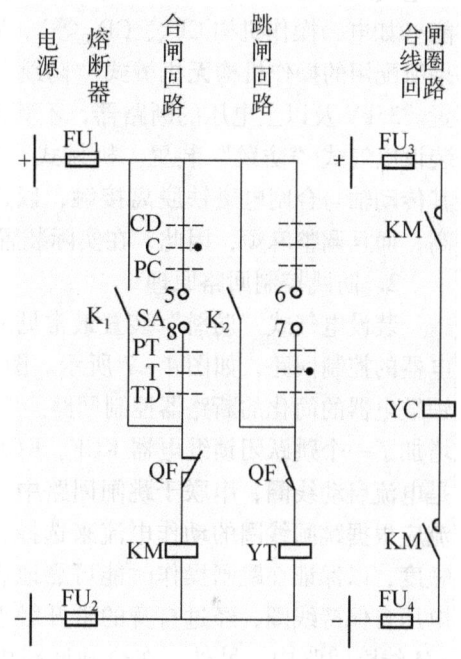

图 4－6　断路器基本跳合闸控制回路

断路器跳、合闸回路中串入 QF 辅助触点的目的是：①在跳、合闸结束时，用断路器 QF 辅助触点断开跳、合闸回路，保证了跳、合闸线圈 YT、YC 及合闸接触器 KM 线圈短时通电的需要；②用断路器 QF 辅助触点来断开跳、合闸电流，可以保护控制开关 SC 和继电器的触点。由于合闸接触器 KMC 线圈及跳闸线圈 YT 均具有较大的电感，如果经常用控制开关 SA 和继电器的触点来切断跳、合闸操作电流，很容易将触点烧坏。为此，要求对断路器 QF 的这两个辅助触点的断开和闭合的持续时间做仔细的调整，以便由它来切断电流。

（2）自动跳、合闸

为了实现自动跳、合闸，图中将保护出口继电器的触点 K2 及自动装置的触点 K1 与控制开关 SA 的相应触点并联起来。这样一来，当 K2 及 K1 的触点由于保护的动作或自动装置的需要而自动闭合时，断路器就能自动跳、合闸。

二、防跳跃的断路器控制回路原理

1. 防跳的作用

断路器控制回路必须具备防止"跳跃"的连锁装置。所谓"跳跃"是指断路器合闸回路控制开关或继电器的触点，在合闸结束后来不及返回，或由于某种原因被卡住不能复归的情况下，断路器合闸到持续短路故障上所造成的断路器多次跳—合闸的现象。这种跳跃现象会使断路器损坏，并使事故扩大。

为了防止"跳跃"，每个断路器都应有"防跳"装置。常用的"防跳"装置有机械式和电气式两类。10kV 及以下电压的断路器，如果所配用的操作机构有机械式"防跳"性能（如电磁操作机构 CD_2、CD_{10} 等），则在控制回路里不必另加电气式"防跳"装置；如果所配用的操作机构无机械式"防跳"性能，则在控制回路里需装设电气式"防跳"装置。35kV 及以上电压的断路器，不管所配用的操作机构有无机械式"防跳"装置，都应装设电气式"防跳"装置。机械式"防跳"装置，是利用操作机构在自由脱扣位置时，其传动轴与合闸电磁铁脱离接触，以避免断路器再次合闸来实现的。这种方法可靠性不高，而且调整麻烦，因此，在实际装置中多采用电气式"防跳"装置。

2. 防跳控制回路原理

装设电气式"防跳"装置最常见的是装设跳跃闭锁继电器的控制回路，如图 4-7 所示。图 4-7 是装设跳跃闭锁继电器的简化的断路器控制回路，它与图 4-6 的差别是增加了一个跳跃闭锁继电器 KCF。KCF 有两个线圈：一个是电流启动线圈，串联于跳闸回路中，这个线圈的额定电流应根据跳闸线圈的动作电流来选择，并要求有较高的灵敏度，以保证在跳闸操作时能可靠地启动；另一个线圈为电压自保持线圈，经过自身的常开触点并联于合闸接触器 KM 线圈回路中。另外，在合闸回路中还串接一个跳跃闭锁继电器 KCF 的常闭触点，用以在必要时切断合闸回路。

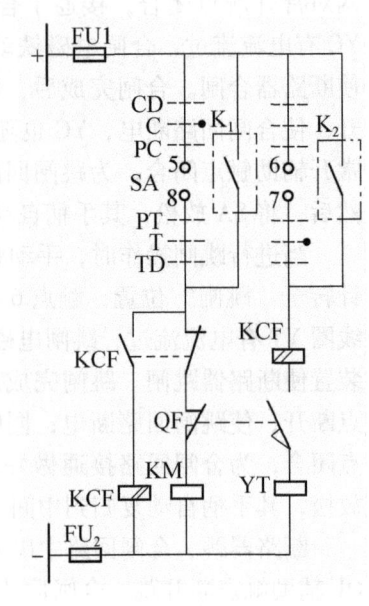

图 4-7 装设跳跃闭锁继电器的断路器控制回路

防跳控制回路的工作原理如下：当利用控制开关 SA 或自动装置触点 K1 进行合闸时，如果合闸到故障的线路上，继电保护装置动作，其触点 K2 闭合，将跳闸回路接通，使断路器跳闸。同时，跳闸电流也流过跳跃闭锁继电器 KCF 的电流启动线圈，使 KCF 动作，其常闭触点断开，切断合闸回路，而 KCF 的常开触点则闭合，此时，如控制开关 SA 的触点 5-8 或自动装置的触点 K1 因故未断开，则跳跃闭锁继电器 KCF 的电压线圈可通过其本身的常开触点实现自保持，与合闸接触器 KM 线圈串联的 KCF 常闭触点则始终断开，这样就避免了断路器的再次合闸。只有当合闸命令解除后（也就是 SA 触点或 K1 触点断开），跳跃闭锁继电器 KCF 的电压线圈失电，控制回路才恢复到正常的状态。

三、具有位置监视的断路器控制回路原理

图 4-8 为具有位置监视的断路器控制回路。与图 4-7 不同的是，该图增加了接入合闸位置继电器（简称合位继电器）KCC 和跳闸位置继电器（跳位继电器）KCT。KCC 和

KCT 的一对常开触点分别与断路器状态指示红、绿信号灯连接，作为位置信号；KCC 和 KCT 的一对常闭触点相互串联后再与继电器 K 线圈串联，作为电源和回路监视的音响信号。

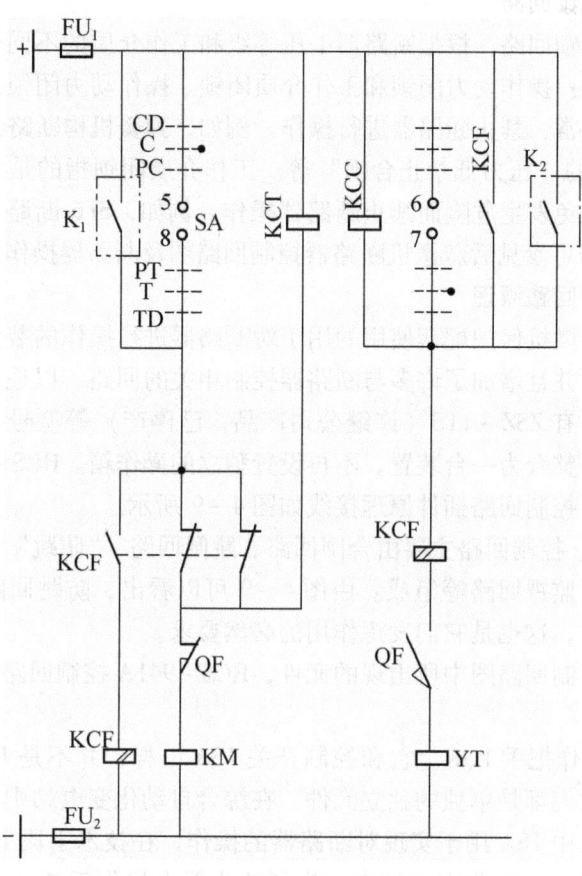

图 4-8　具有位置监视的断路器控制回路

其工作原理如下：当断路器处于跳闸状态时，跳位继电器 KCT 线圈、断路器 QF 常闭触点和合闸接触器 KM 线圈组成通路，由于 KCT 线圈内阻远大于 KM 线圈内阻，所以 KM 不能动作，而 KCT 动作，其常开触点接通绿灯 GN 回路，绿灯亮，指示断路器处在跳闸位置，同时，也表示电源和合闸回路是完好的。当断路器处于合闸位置时，合位继电器 KCC 线圈、断路器 QF 常开触点和跳闸线圈 YT 组成通路，KCC 线圈内阻也因远大于 YT 内阻，而使 KCC 动作，其常开触点接通红灯 RD 回路，红灯亮，指示断路器处于合闸位置，同时，也表示电源和跳闸回路完好。

当断路器控制回路中熔断器 FU_1 或 FU_2 熔断使电源消失时，或当断路器处于合闸位置而跳闸回路断线、断路器处于跳闸位置而合闸回路断线时，KCC 和 KCT 线圈都同时失电而返回，其常闭触点闭合。正极信号小母线（+）则经串联的两位置继电器的常闭触点去启动继电器 K，通过预告音响装置（警铃）和灯光信号，显示故障的性质。在运行中，若信号灯熄灭，可能是熔断器熔断、控制回路断线或灯泡烧坏，但前两种情况必然伴随着音响信号，这样就使故障的判断容易了。

图中 KCC、KCT 是中间继电器，线圈的内阻很大，串联在跳、合闸回路中短路的可能性很小，所以不会影响断路器的动作。KCC、KCT 的触点对数很多，可以代替断路器的位置触点使用在不很重要的回路中。

四、断路器操作的闭锁回路

断路器操作的闭锁回路，根据断路器电压等级和工作介质的不同也有不同，但是总的来讲也可以分为两类：操作动力闭锁和工作介质闭锁。操作动力闭锁指的是断路器操作所需动能的来源发生异常，禁止断路器进行操作。例如，弹簧机构断路器的"弹簧未储能禁止合闸"、液压机构的"压力低禁止合闸"等。工作介质闭锁指的是断路器操作所需绝缘介质浓度异常，为避免发生危险而禁止断路器操作。例如，SF6 断路器的"SF6 压力降低禁止操作"等。回路可参见后叙微机断路器控制回路图及断路器操作机构控制回路图。

五、微机断路器控制回路原理

微机操作箱是和微机保护配套使用的用于对断路器进行操作的装置，它取代了传统控制屏上的控制回路，并且增加了许多与断路器控制相关的回路。以往，在电力工程中应用较广泛的独立操作箱有 ZSZ-11S（许继公司产品，已停产）等型号，目前各大厂家都将微机保护和操作回路整合为一台装置，不再设置独立的操作箱。RCS-941A 的操作回路是南瑞继保公司产品，控制回路插件原理接线如图 4-9 所示。

如图 4-9 所示，控制回路主要由合闸回路、跳闸回路、"防跳"回路、断路器操作闭锁回路、断路器位置监视回路等组成。由图 4-9 可以看出，防跳回路与闭锁回路贯穿于合闸、跳闸回路之中，这也是它们发挥作用的必然要求。

除了前面所述控制回路图中所出现的元件，RCS-941A 控制回路接线图还出现了以下元件：

① 远方/就地操作把手 1QK。它和控制开关 1SA 一样，并不是 RCS-941A 操作箱上的固定组成部分，它们都是单独的独立元件。在综合自动化变电站中一般和微机测控装置安装在一面屏上，其中 1SA 用于实现对断路器的操作，在技术手段上通常称为强电手操。强电手操是指，在综合自动化变电站中，为了防止弱电操作系统（后台软件、运动装置等）故障，造成无法对断路器进行操作而保留的强电（直流 220V）手动操作方式，可以切实保证对断路器进行控制。而 1QK 用于实现远方/就地操作模式的切换。这里的远方是指一切通过微机测控装置向操作箱发出的跳、合闸指令，就地是指通过 1SA 向操作箱发出的跳、合闸指令。

② 禁止合闸继电器（KPC_1、KPC_2）。KPC 的中文名称应该是合闸压力继电器，最初和跳闸压力继电器 KPT 配合使用，来监测采用液压（或气动）机构的断路器的操作动力（即压力）是否满足断路器合闸、跳闸的要求。从操作箱中的回路来看，它可以反映一切应该禁止断路器合闸的情况，而且液压及气动机构逐渐退出运行，所以在这里将 KPC_1 及 KPC_2 合称为禁止合闸继电器。弹簧机构断路器本身带有完善的操作动力闭锁及工作介质闭锁功能，所以，习惯上不再将断路器操作动力闭锁接点引至操作箱启动 KPC，以及下文将要提到的 KPT 进行重复闭锁。也就是说，操作箱中 KPC 和 KPT 的常闭接点始终都是闭合的，其作用相当于导线。

③ 合闸保持继电器 KLC。在传统的断路器控制回路中，合闸回路里是没有合闸保持继电器 KLC 的，为什么在微机操作箱中要增加它呢？因为要保证断路器合闸成功，必须

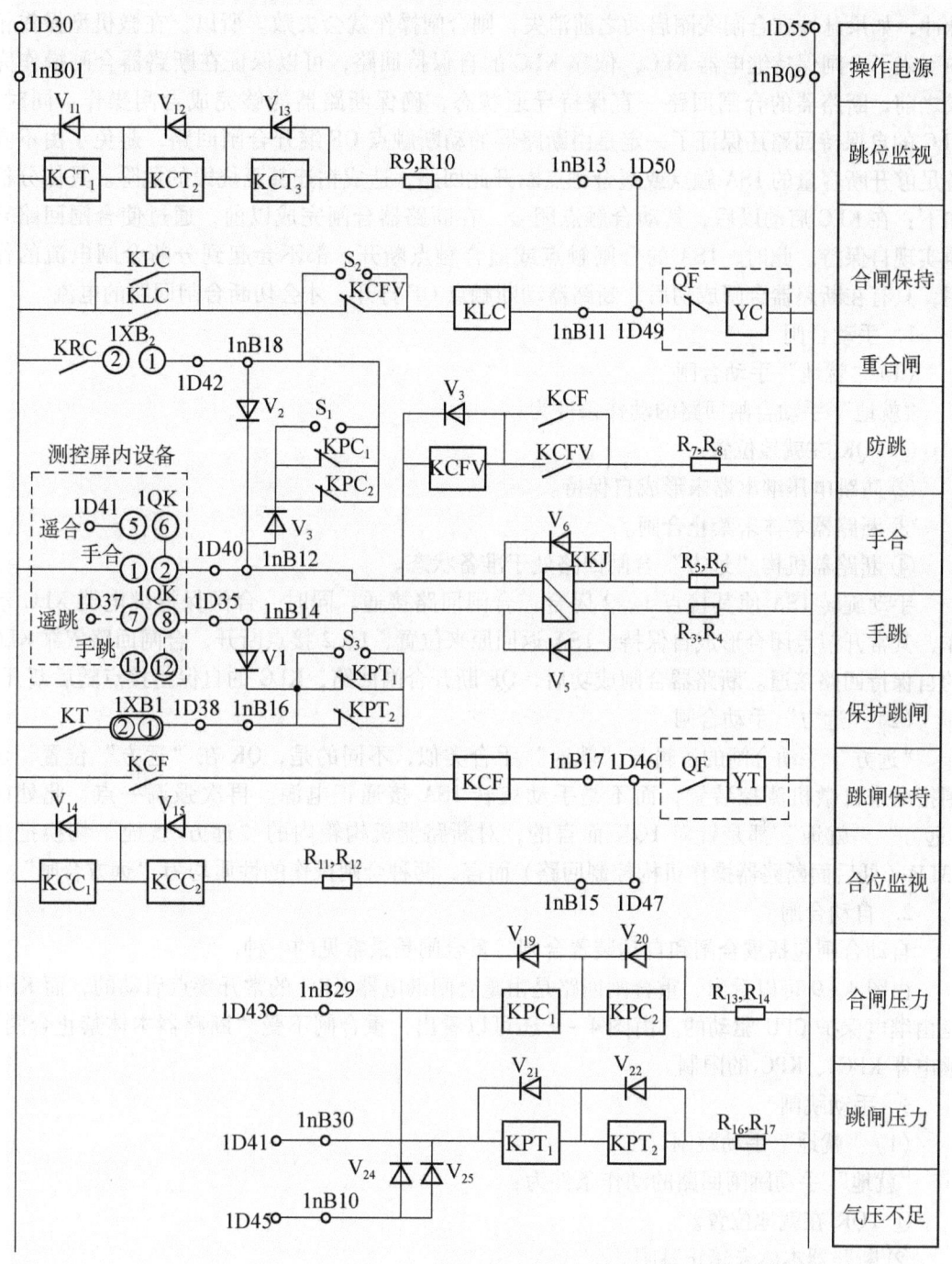

图 4-9 RCS-941A 控制回路接线图

使合闸回路中的电流持续一定的时间以启动合闸线圈。传统控制回路中采用 LW_2 系列操作把手进行手动操作,在有值班人员操作的情况下,可以通过人力保证足够的合闸电流持续时间。微机型二次设备的发展思路是和变电站自动化系统紧密联系在一起的,也是和无人值班模式变电站的发展联系在一起。遥控合闸指令是一个只有几十至几百毫秒的高电平脉冲，如果脉冲在合闸线圈启动之前消失，则合闸操作就会失败。所以，在微机型操作箱中引入了合闸保持继电器 KLC，依靠 KLC 的自保持回路，可以保证在断路器合闸操作完成之前，断路器的合闸回路一直保持导通状态，确保断路器能够完成合闸操作。同时，KLC 的自保持回路还保证了一定是由断路器的动断触点 QF 继开合闸回路，避免了由不具备足够开断容量的 1SA 触点或遥合触点断开此回路，造成粘连甚至烧毁的危险。具体分析如下：在 KLC 启动以后，其动合触点闭合，在断路器合闸完成以前，通过使合闸回路导通实现自保持。此时，1SA 的合闸触点或遥合触点断开，都不会起到分断合闸电流的作用，只有在断路器合闸成功后，断路器动断触点 QF 打开，才会切断合闸回路的电流。

1. 手动合闸

(1) "就地" 手动合闸

"就地" 手动合闸回路的动作条件为：

① 1QK 在就地位置。

② 防跳电压继电器未形成自保持。

③ 断路器本体未禁止合闸。

④ 断路器机构 "远方" 合闸回路处于准备状态。

手动旋转 1SA 使其接点 1、2 闭合，合闸回路接通。同时，合闸保持继电器 KLC 动作，其常开节点闭合形成自保持。1SA 返回原来位置，1、2 接点断开，合闸回路依靠 KLC 的自保持回路接通。断路器合闸成功后，QF 断开合闸回路，KLC 的自保持接点随后断开。

(2) "远方" 手动合闸

"远方" 手动合闸的逻辑与 "就地" 手合类似，不同的是，QK 在 "远方" 位置，合闸指令来自微机测控装置，而不是手动旋转 1SA 接通正电源。再次强调一点，此处的 "远方" "就地" 都是针对 1QK 而言的，对断路器机构箱内的 "远方/就地" 切换把手43LR（见后面断路器操作机构控制回路）而言，两种合闸操作的性质均为 "远方合闸"。

2. 自动合闸

自动合闸包括重合闸和自动装置合闸，重合闸是最常见的一种。

由图 4-9 可以看出，重合闸回路是由重合闸继电器 KRC 的常开接点启动的，而 KRC 是由继电保护 CPU 驱动的。由图 4-9 还可以看出，重合闸不受 "断路器本体禁止合闸" 继电器 KPC_1、KPC_2 的限制。

3. 手动跳闸

(1) "就地" 手动跳闸

"就地" 手动跳闸回路的动作条件为：

① 1QK 在就地位置。

② 断路器本体未禁止跳闸。

③ 断路器机构 "远方" 合闸回路处于准备状态。

手动旋转 1SA 使其接点 11、12 闭合，跳闸回路接通。同时，防跳继电器 KCF 动作，其常开节点闭合形成自保持。1SA 返回原来位置，11、12 接点断开，跳闸回路依靠 KCF 的自保持回路接通。断路器跳闸成功后，QF 断开跳闸回路，KCF 的自保持接点随后断开。由此可以看出，所谓防跳继电器 KCF 的电流线圈实际上也起到了跳闸保持继电器的作用。

(2)"远方"手动跳闸

"远方"手动跳闸的逻辑与"就地"手合类似,不同的是,1QK 在"远方"位置,合闸指令来自微机测控装置,而不是手动旋转 1SA 接通正电源。

4. 自动跳闸

自动跳闸包括本体保护跳闸、外部跳闸和自动装置跳闸。

"本体保护",指的是"操作"这个操作箱的微机保护装置。微机操作箱是和微机保护装置配套使用的,微机保护负责对采集到的数据进行运算分析,确定是否要对断路器进行操作,操作箱则仅仅负责执行微机保护发出的对断路器的操作指令。所以,操作箱一个主要的功能就是执行其服务的微机保护的"跳闸"命令。由图 4 – 9 可以看出,保护跳闸是由保护跳闸继电器 KT 的常开接点启动的,而 KT 是由继电保护 CPU 驱动的。此时,我们需要提到"防跳"继电器 KCF 常开接点的另一个重要作用就是:防止在自动跳闸时,保护出口继电器 KT 常开接点先于断路器常开接点 QF_2 断开,起到切断跳闸电流的作用而烧毁。保护跳闸受"断路器本体禁止跳闸"继电器 KPT_1、KPT_2 的限制。

外部跳闸和自动装置跳闸,指的是由操作箱配套的微机保护之外的其他微机保护或自动装置发出的跳闸命令,例如母差保护动作、低周解列动作、备自投动作等。这些都会在以后继电保护课程相关章节里详述。

5. 其他

原理图中防跳继电器 KCF 及跳合闸位置监视继电器 KCC、KCT 原理在前面已详尽叙述,这里不再重述。

在图 4 – 9 中还有一个元件——KKJ 继电器。KKJ 继电器实际上就是一个双圈磁保持的双位置继电器。该继电器有一动作线圈和一复归线圈,当动作线圈加上一个"触发"动作电压后,接点闭合。此时如果线圈失电,接点也会维持原闭合状态,直至复归线圈上加上一个动作电压,接点才会返回。当然,这时如果线圈失电,接点也会维持原打开状态。手动/遥控合闸时同时启动 KKJ 的动作线圈;手动/遥控分闸时同时启动 KKJ 的复归线圈,而保护跳闸则不启动复归线圈(如图 4 – 9 所示,保护跳闸和手动/遥控跳闸回路之间加有的二极管就是为实现此目的)。

在传统二次控制回路里,SA 合后/分后位置接点主要用在下列几方面:

① 开关位置不对应启动重合闸。

② 手跳闭锁重合闸。保护跳闸分后接点不会闭合,只有手动跳闸后,分后接点才会闭合,给重合闸电容放电,从而实现对重合闸的闭锁。

③ 手跳闭锁备自投。原理同手跳闭锁重合闸一样。

④ 开关位置不对应产生事故总信号。

操作回路中的 KKJ 继电器同传统 SA 把手所起的作用一致,也主要应用在上述方面。

KKJ 继电器(其常开接点的含义即我们传统的合后位置)完全模拟了传统 SA 把手的功能,这样既延续了电力系统的传统习惯,同时也满足了变电站综合自动化技术的需要。

在此,我们只采用了其常开接点的含义(即合后位置):KKJ = 1 代表开关为人为(手动或遥控)合上;KKJ = 0 代表开关为人为(手动或遥控)分开。

思考题

1. 对照原理图说明对断路器进行手动合闸及手动跳闸的操作原理？
2. 什么是断路器的跳跃？结合原理图说明其防跳原理。
3. 如何利用控制回路对断路器的位置进行监视？
4. KKJ 继电器的作用是什么？有什么特点？

任务四 断路器操作机构控制回路原理

SF_6 断路器是 110kV 电压等级最常用的开断电器，关于它的控制，我们选用的模型是西高电气公司生产的 LW25-126 型 SF_6 绝缘弹簧机构断路器。LW25-126 型断路器广泛应用于 110kV 电压等级，运行经验丰富，具有一定的代表性。

一、SF_6 断路器操作机构控制回路

LW25-126 型断路器的操作机构二次回路如图 4-10 和图 4-11 所示。图 4-10 是断路器操作机构控制回路图，分为合闸回路、跳闸回路、储能电机启动回路。图 4-11 为辅助回路及信号回路。主要部件的符号与名称对应关系如表 4-2 所示。

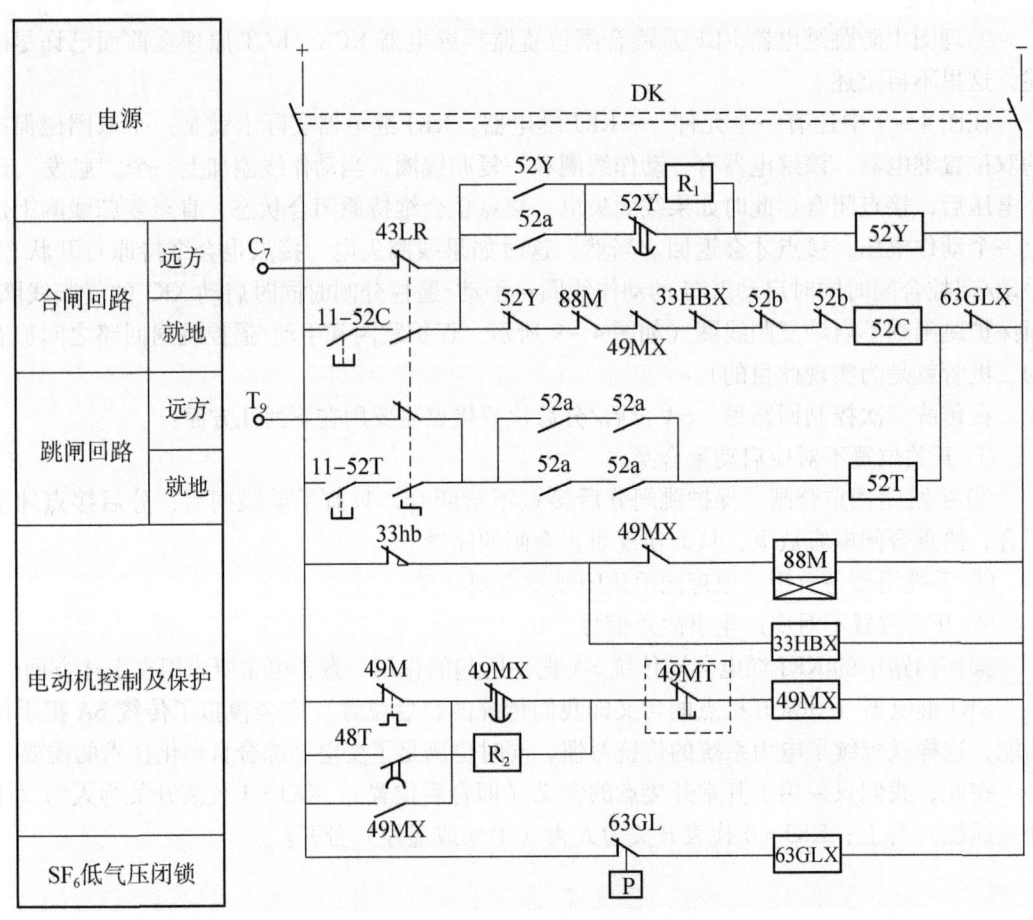

图 4-10 LW25-126 操作机构控制回路图

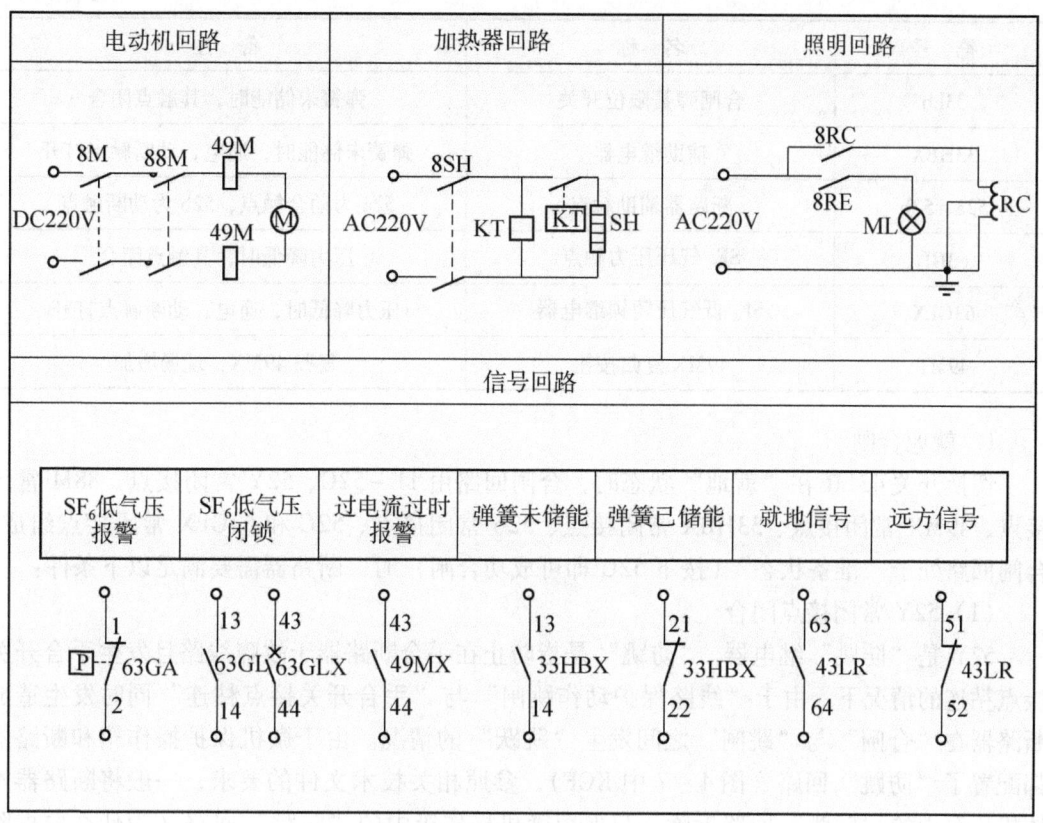

图 4-11 LW25-126 操作机构辅助回路及信号回路

表 4-2 LW25-126 操作机构二次元件表

符　号	名　称	备　注
11-52C	合闸操作按钮	手动合闸
11-52T	分闸操作按钮	手动跳闸
52C	合闸线圈	
52T	分闸线圈	
43LR	远方/就地切换开关	
52Y	防跳继电器	
8M	空气开关	储能电动机电源投入开关
88M	储能电动机接触器	动作后接通电动机电源
48T	电动机超时继电器	
49M	电动机过流继电器	
49MX	辅助继电器	反映电动机过流、过热故障

续表 4-2

符　号	名　称	备　注
33hb	合闸弹簧限位开关	弹簧未储能时，其触点闭合
33HBX	辅助继电器	弹簧未储能时，通电，动断触点打开
52a、52b	断路器辅助触点	52a 为动合触点，52b 为动断触点
63GL	SF_6 气压压力触点	压力降低时，其触点闭合
63GLX	SF_6 低气压闭锁继电器	压力降低时，通电，动断触点打开
49MT	49MX 复归按钮	复归 49MX，现场增加

1. 就地合闸

切换开关 43LR 在"就地"状态时，合闸回路由 11-52C、52Y 常闭接点、88M 常闭接点、49MX 常闭接点、33HBX 常闭接点、52b 常闭接点、52C 和 63GLX 常闭接点组成。合闸回路处于"准备状态"（按下 52C 即可成功合闸）时，断路器需要满足以下条件：

（1）52Y 常闭接点闭合

52Y 是"防跳"继电器。"防跳"是指防止在手合断路器于故障线路且发生手合开关接点粘连的情况下，由于"线路保护动作跳闸"与"手合开关接点粘连"同时发生造成断路器在"合闸"与"跳闸"之间发生"跳跃"的情况。由于微机保护操作箱和断路器都配置了"防跳"回路（图 4-7 中 KCF），参照相关技术文件的要求，一般将断路器本体机构箱中的"防跳"回路拆除，只保留微机操作箱中的"防跳"回路（为什么要拆除断路器的"防跳"回路呢？这不仅仅是由于两套"防跳"系统在功能上重复，而且在两套"防跳"系统同时运行的情况下，还会发生"断路器在合闸状态时绿灯亮"的情况。

由于 LW25-126 型 SF_6 断路器操作机构的"防跳"与控制回路"防跳"在原理上存在一定差异，所以在此也进行一下比较。

控制回路"防跳"如图 4-7 所示。从图中，我们可以得出这样的结论：

"防跳"回路起作用是由跳闸开始的，即"跳闸"这个动作启动了"防跳"回路，在"合闸于故障线路且合闸接点粘连"的情况下，跳闸后，断路器就不可能进行第二次合闸操作；在"合闸于故障线路而合闸接点不粘连"的情况下，其实"防跳"回路并没有被完整启动（电压线圈未启动），实际上无法形成对合闸操作的闭锁；在"合闸于正常线路且合闸接点不粘连"的情况下，"防跳"回路完全不启动。

从图 4-10 中断路器本体的"防跳"回路可以看出，按下手合按钮 11-52C 合闸后，如果 11-52C 在合闸后发生粘连，则 52Y 通过手合开关的粘连接点、断路器常开接点 52a、52Y 常闭接点启动，52Y 常开接点通过手合按钮的粘连接点和电阻 R_1 实现自保持，52Y 常闭接点断开合闸回路。也就是说，在发生"手合按钮粘连"的情况下，52Y 的"防跳"功能是由断路器的合闸操作启动的，即"合闸"之后，断路器合闸回路已经被闭锁。这就是 LW25-126"防跳"回路的动作原理。

实际上，为保证手合断路器于故障线路，断路器能自动跳闸，应将切换把手 43LR 设在"远方"位置，若测控屏上的操作把手 1KK 合闸后发生粘连，那么 52Y 的动作情况与我们刚才分析的一样,并且具有"防跳"功能。

我们总结一下两套"防跳"回路的异同点,如表 4-3 所示。

表 4-3 两套"防跳"回路异同对照表

名 称	相同点	不同点
操作箱防跳回路	都是针对测控屏上的操作把手 1SA 粘连,都能实现防跳功能	由跳闸动作启动,粘连而线路无故障时,不启动
断路器机构箱防跳回路		由合闸动作启动,只要粘连就启动,与线路状态无关

将 52Y 的常闭接点串入合闸回路的目的在于,防止在手合断路器后且发生手合开关接点粘连的情况下,断开断路器的合闸回路。

(2) 88M 常闭接点闭合

88M 是合闸弹簧储能电机的接触器,它由合闸弹簧限位开关 33hb 启动。弹簧未储能时,33hb 常闭接点闭合启动 88M,88M 的常开接点闭合启动电机开始储能。88M 的常闭接点打开,从而断开合闸回路,实现闭锁功能。弹簧储能完成后,33hb 常闭接点打开,使 88M 失电,88M 常开接点打开,断开电机电源回路。88M 常闭接点闭合表示"电机停止运转"。

断路器机构内有两条弹簧,分别是合闸弹簧与跳闸弹簧。合闸弹簧依靠电机牵引进行储能(压缩),跳闸弹簧依靠合闸弹簧释放(张开)时的势能储能。断路器合闸结束后,合闸弹簧限位开关 33hb 自动启动电机回路进行储能,电机转动将合闸弹簧压缩到一定程度后停止运转,合闸弹簧由定位销卡死。在下一次合闸弹簧释放前,电机均不再运转。在排除电机故障的情况下,"电机停止运转"在一定程度上表示"合闸弹簧储能完成"。

将 88M 的常闭接点串入合闸回路的目的在于,防止在弹簧正在储能的那段时间内(此时弹簧尚未完全储能)进行合闸操作。

(3) 49MX 常闭接点闭合

49MX 是一个辅助继电器,它是由"电机过流继电器"49M 或"电机超时继电器"48T 启动的,概括地说,它代表的是电机故障。在电机发生故障后,49M 或 48T 通过 49MX 的常闭接点启动 49MX,而后 49MX 通过其常开接点及电阻 R_2 实现自保持,其常闭接点打开以断开合闸回路,实现闭锁功能。49MX 常闭接点闭合表示"电机正常"。在图 4-11 中我们可以看出,在 49MX 的自保持回路接通以后,存在无法复归的问题。在 49MX 的自保持回路中串接了一个复归按钮(图中虚线框内 49MT),解决了这个问题。合闸弹簧释放(即合闸成功)后,将自动启动电机进行储能。如果电机存在故障,则合闸弹簧储能就不能正常完成,从而导致无法进行下一次合闸操作。在实际运行中,手合断路器成功后,如果电机故障造成合闸弹簧储能失败而断路器继续运行,则在发生故障时,断路器重合闸必然失败。

将 49MX 的常闭接点串入合闸回路的目的在于,防止将电机已经发生故障的断路器合闸。

(4) 33HBX 常闭接点闭合

33HBX 是一个辅助继电器,它是由"合闸弹簧限位开关"33hb 的常闭接点启动的。

33hb 的常闭接点闭合表示的是"合闸弹簧未储能",它同时启动电机接触器 88M 和"合闸弹簧未储能继电器"33HBX,88M 的常开接点接通电机回路进行储能,33HBX 的常闭接点打开断开合闸回路,实现闭锁功能。33HBX 的常闭接点闭合表示的是"合闸弹簧已储能"。

将 33HBX 的常闭接点串入合闸回路的目的在于,防止弹簧未储能时进行合闸操作,若无此常闭接点断开合闸回路,则会由于合闸保持继电器的作用导致合闸线圈持续通电被烧毁。

(5) 断路器的常闭辅助接点 52b 闭合

断路器的常闭辅助接点 52b 闭合表示的是"断路器处于分闸状态"。从图 4-10 中可以看出,有两个 52b 的常闭接点串联接入了合闸回路,是由于在实际运行中,机件锈蚀等原因会造成断路器变位后辅助接点变位失败的情况。将两对辅助接点串联使用,可以确保断路器处于这种接点所对应的状态。

将断路器常闭辅助接点 52b 串入合闸回路的目的在于,保证断路器处于分闸状态,更重要的是,52b 用于在合闸操作完成后切断合闸回路。

(6) 63GLX 的常闭接点闭合

63GLX 是一个辅助继电器,它是由监视 SF_6 密度的气体继电器的辅助接点 63GL 启动的。由于泄漏等原因都会造成断路器内 SF_6 的密度降低,不足以满足灭弧的需要,这时就要禁止对断路器进行操作,通常称为"SF_6 低压闭锁操作"。63GLX 启动后,其常闭接点打开,合闸回路及跳闸回路均被断开,断路器的操作被闭锁。与前面几对闭锁接点不同的是,63GLX 串入的不仅仅是合闸回路,从图 4-10 中我们可以明显地看出,这对接点闭锁的是"合闸"及"跳闸"两个回路,所以它的意义是"闭锁操作"。

将 63GLX 的常闭接点串入操作回路的目的在于,防止在 SF_6 密度降低不足以安全灭弧的情况下进行操作而造成断路器损毁。

在满足以上五个条件后,断路器的合闸回路即处于准备状态,可以在接到合闸指令后完成合闸操作。

2. 远方合闸

针对断路器而言,远方合闸是指一切通过微机操作箱发来的合闸指令,它包括使用微机测控屏上的操作把手合闸、使用综自系统后台软件合闸、使用远动功能在集控中心合闸等,这些指令都是通过微机操作箱的合闸回路传送到断路器的。

这些合闸指令其实就是一个高电平的电信号(我们也可以简单地认为它就是直流正电源),当 43LR 处于"远方"状态时,它通过 43LR 以及断路器的合闸回路与断路器操作回路的负电源形成回路,启动 52C 完成合闸操作。断路器本体的"远方合闸"回路,除了 43LR 在"远方"位置且无 11-52C 外,与"就地合闸"回路是一样的。

3. 就地跳闸

切换开关 43LR 在"就地"状态时,跳闸回路由跳闸按钮 11-52T、52a 常开接点、52T 和 63GLX 常闭接点组成。跳闸回路处于准备状态(按下 11-52T 即可成功合闸)时,断路器需要满足以下条件:

(1) 断路器的常开辅助接点 52a 闭合

断路器的常开辅助接点 52a 闭合表示的是"断路器处于合闸状态"。从图 4-10 中可以看出，跳闸回路使用了 52a 的四对常开接点。每两对常开接点串联，而后再将它们并联，这样既保证了辅助接点与断路器位置的对应关系，又减少了辅助接点故障对断路器跳闸造成影响的几率。

将断路器常开辅助接点 52a 串入跳闸回路的目的在于，保证断路器处于合闸状态，更重要的是，52a 用于在跳闸操作完成后切断跳闸回路。

（2）63GLX 的常闭接点闭合

4. 远方跳闸

针对断路器而言，远方跳闸是指一切通过微机操作箱发来的跳闸指令，它包括使用微机测控屏上的操作把手跳闸、使用综自系统后台软件跳闸、使用远动功能在集控中心跳闸等，这些指令都是通过微机操作箱的跳闸回路传送到断路器的。

这些跳闸指令其实就是一个高电平的电信号，在 43LR 处于"远方"状态时，它通过 43LR 以及断路器的跳闸回路与断路器操作回路的负电源形成回路，启动 52T 完成跳闸操作。

二、SF_6 断路器操作机构辅助及信号回路

辅助回路指的是除合闸回路、跳闸回路之外的其他电气回路，包括信号回路、电机回路、加热器回路。

1. 信号回路

信号回路均为无源接点形式，可接入光字牌报警系统或微机测控装置，主要包括"SF_6 压力降低报警""SF_6 压力降低闭锁操作""电机故障""合闸弹簧未储能"等。

2. 电机回路

电机回路包括电机控制回路和电机电源回路。电机控制回路由合闸弹簧限位开关常闭接点 33hb 和电机接触器 88M 组成，合闸弹簧释放后，33hb 闭合启动 88M 后，88M 启动电机。电机在断路器合闸（合闸弹簧释放失去势能）后，开始运转储能。储能结束后，即使断路器机构失去工作电源，在断路器跳闸后仍然可以保证进行一次合闸操作。

3. 加热器回路

加热器回路由温湿度控制器 KT 自动控制。当断路器机构箱内温度偏低、湿度偏高时，KT 的常开接点启动加热器，对断路器机构箱进行加热、除潮，避免由于环境原因对机构运行造成影响。

思考题

1. 对照 SF_6 断路器操作机构控制回路，说明断路器跳合闸原理过程。
2. 比较断路器操作机构与断路器控制回路防跳的异同。

任务五 完整的断路器控制回路

在变电站自动化系统中，针对某 110kV 线路间隔配置的二次设备主要包括微机线路保护装置（带操作箱）、微机测控装置、断路器机构箱控制回路。

我们选择的模型是 RCS-941A（南瑞继保公司产品，数字式输电线路成套保护装置，含微机操作箱）、CSI-200E（四方继保公司产品，数字式综合测控装置）和 LW25-126（西高电气产品，SF_6 绝缘弹簧机构断路器），广泛应用于 110kV 电压等级。

微机保护、测控、操作箱、断路器机构，构成一个断路器控制回路的四个部分。图 4-12 描述了这个完整的控制回路，该回路中，各设备按照不同的安装位置被分为三个部分，其中微机保护与操作箱被分在一起。以下简单分析一下该回路。

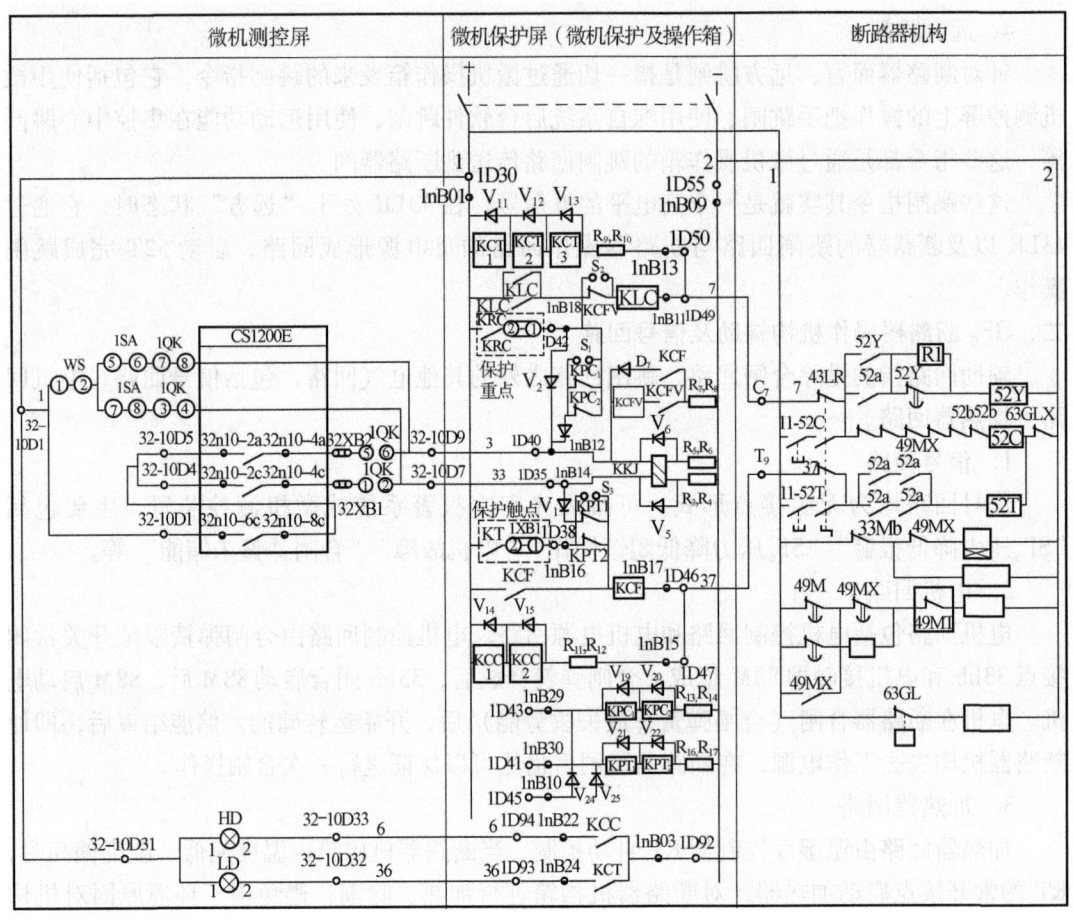

图 4-12 完整的断路器控制回路

① 正电源 1 从微机保护屏操作箱引出，经控制电缆至微机测控屏，给操作把手 1SA 及 CSI-200E 提供正电源；正电源 1 从操作箱引出，经装置内部接线，给微机保护的操作出口接点 KC、KT 提供正电源。

② 从微机测控屏发出的操作指令合闸 3、跳闸 33（其实就是经过一串控制开关或接点的正电源）通过控制电缆回到微机保护屏操作箱；微机保护动作后，操作指令经装置内部接线回到操作箱。

③ 操作指令经过操作箱的各种回路转变成合闸 7、分闸 37，经控制电缆至断路器机构箱。

④ 断路器机构箱负电源 2 由微机保护屏操作箱提供，形成完整的操作回路。
⑤ 微机测控屏上的红、绿指示灯与操作箱位置继电器接点相配合。
⑥ 断路器机构箱 43LR 在"就地"状态时，由于其负电源由操作箱提供，所以其正电源也应由操作箱提供。

思考题

1. 对照图纸，说明断路器远方、就地跳合闸操作原理过程。
2. 熟悉图纸上各设备所在的位置。

项目二 隔离开关的控制与闭锁回路

任务一 隔离开关控制回路

一、隔离开关控制回路概述

隔离开关的控制分就地和远方控制两种控制方式，110kV 及以上倒闸操作用的隔离开关，一般采用远方和就地操作；检修用的隔离开关，接地刀闸和母线接地器为就地操作。目前国产隔离开关一般都配有气动或电动机构，35kV 以下的隔离开关，其控制按钮装设在操作机构箱上。

隔离开关控制回路的一般要求：

① 隔离开关控制回路必须受相应断路器的闭锁，以保证断路器在合闸状态下不能操作隔离开关，即避免带负荷拉隔离开关。

② 隔离开关控制回路必须受接地隔离开关的闭锁，以保证接地隔离开关在合闸状态下不能操作隔离开关，即避免带接地刀闸合隔离开关。

③ 操作脉冲必须是短时间的，并且在完成操作后能自动解除，一般通过隔离开关的行程开关来实现。

④ 隔离开关应有其所处状态的位置指示信号。

二、隔离开关的控制电路

隔离开关的操作机构一般有气动、电动和电动液压操作三种形式，相应的控制电路也有三种类型。

1. 气动操作控制电路

对于 GW4-110、GW4-220 和 GW7-330 型的户外高压隔离开关，常采用 CQ2 型气动操作机构，其控制电路图如图 4-13 所示。

图 4-13 中，SB_1、SB_2 为合、跳闸按钮，YC、YT 为合、跳闸线圈，QF 为相应断路器辅助常闭触

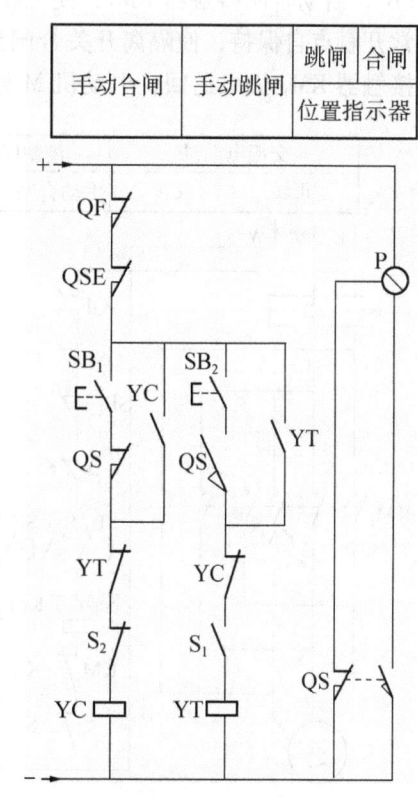

图 4-13 气动操作隔离开关控制电路

点，QSE 为接地隔离开关的辅助常闭触点，QS 为隔离开关的辅助触点，S_1、S_2 为隔离开关合、跳闸终端开关，P 为隔离开关 QS 的位置指示器。

隔离开关合闸操作时，在具备合闸条件下，即相应的断路器 QF 在跳闸位置（其辅助常闭触点闭合），接地隔离开关 QSE 在断开位置（其辅助常闭触点闭合），隔离开关 QS 在跳闸终端位置（其辅助常闭触点 QS 和跳闸终端开关 S_2 闭合）时，按下合闸按钮 SB_1，合闸线圈 YC 带电，隔离开关进行合闸，并通过 YC 的常开触点自保持，使隔离开关合闸到位。隔离开关合闸后，跳闸终端开关 S_2 断开（同时 S_1 合上为跳闸做好准备），合闸线圈失电返回，自动解除合闸脉冲；隔离开关辅助常开触点闭合，使位置指示器 P 处于垂直的合闸位置。

隔离开关跳闸操作与合闸操作过程类似，不再赘述。

2. 电动操作控制电路

对于 GW4-220D/1000 型的户外高压隔离开关，常采用 CJ5 型电动操作机构，其控制电路图如图 4-14 所示。

图 4-14 中，KM_1、KM_2 为合、跳闸接触器，K 为热继电器，SB 为紧急解除按钮，其他符号含义与图 4-13 相同。

隔离开关合闸操作时，在具备合闸条件下，即相应的断路器 QF 在跳闸位置（其辅助常闭触点闭合），接地开关 QSE 在断开位置（其辅助常闭触点闭合），隔离开关 QS 在跳闸终端位置（其跳闸终端开关 S_2）并无跳闸操作（即 KM_2 的常闭触点闭合）时，按下按钮 SB_1，启动合闸接触器 KM_1，使三相交流电动机 M 正方向转动，进行合闸，并通过 KM_1 的常开触点自保持，使隔离开关合闸到位。隔离开关合闸后，跳闸终端开关 S_2 断开，合闸接触器 KM_1 失电返回，电动机 M 停止转动。这就保证了隔离开关合闸到位后，自动解除

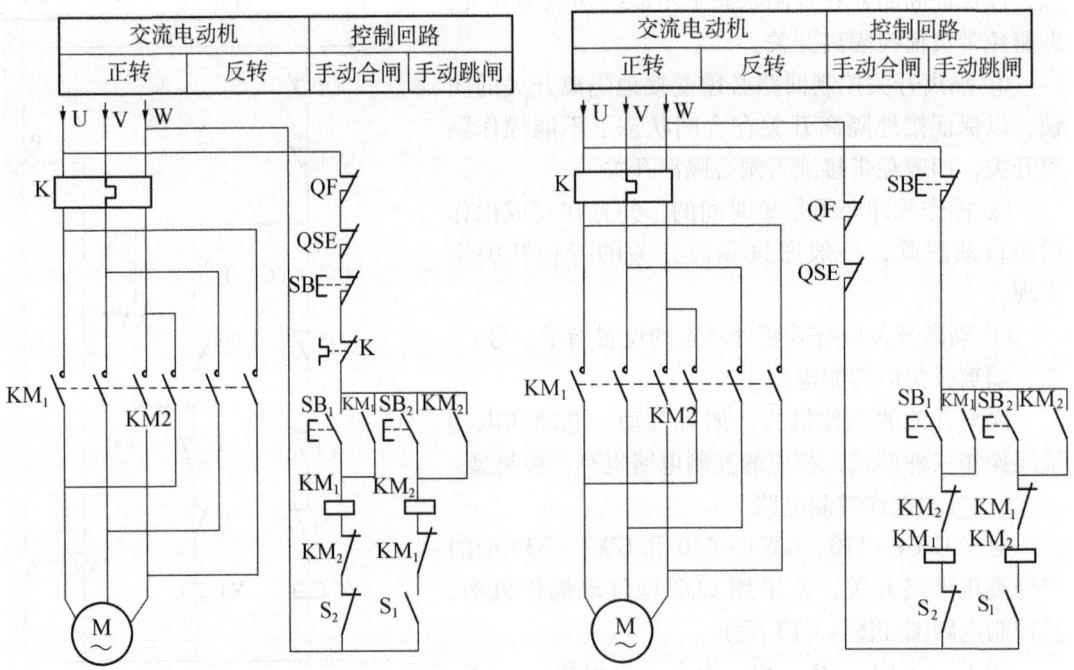

图 4-14 电动操作隔离开关控制电路　　图 4-15 电动液压操作隔离开关控制电路

合闸脉冲。

隔离开关跳闸操作与合闸操作过程类似，不再赘述。

在跳合闸操作过程中，由于某种原因，需要立即停止跳合闸操作时，可按下紧急解除按钮 SB，使跳合闸接触器失电，电动机立即停止转动。

电动机 M 启动后，若电动机回路故障，则热继电器 K 动作，其常闭触点断开控制回路，停止操作。此外，利用 KM_1、KM_2 的常闭触点相互闭锁跳合闸回路，以避免操作秩序混乱。

3. 电动液压操作控制电路

对于 GW6-200G、GW7-200 和 GW7-330 型的户外高压隔离开关，可采用 CYG-1 型气动操作机构，其控制电路图如图 4-15 所示。隔离开关合、跳闸操作与电动操作类似。

三、隔离开关的位置指示电路

为了便于运行人员随时了解隔离开关的位置，并监视其断、合是否良好，对于经常操作的隔离开关，一般都在基控制屏上装设电动式位置指示器。对于不经常操作的隔离开关，根据情况，可装设手运的模拟指示牌，即操作隔离开关后，用手拨动指示牌，使其与隔离开关的实际位置相一致。

电动式位置指示器常采用 MK-9T 型位置指示器，它由两个电磁铁线圈和一个可转动的条形衔铁组成，如图 4-16b 所示。

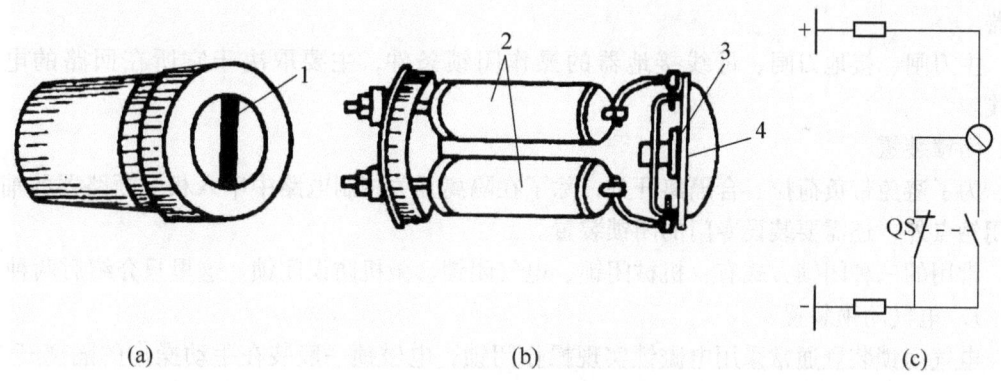

图 4-16 MK-9T 型位置指示器
1、4—黑色标线；2—电磁铁线圈；3—衔铁

条形衔铁安放在线圈磁场中，黑色指示标线与条形衔铁固定连接。当线圈磁场方向改变时，条形衔铁将改变自己的位置，黑色指示标线也跟随改变位置。线圈磁场方向的改变是利用隔离开关辅助触点实现的，如图 4-16c 所示。

当隔离开关 QS 处于合闸位置时，其辅助常开触点闭合，则电流通过电磁铁线圈，黑色指示标线停留在垂直位置；当隔离开关处于跳闸位置时，其辅助常闭触点闭合，则电流通过另一个电磁线圈，黑色指示标线停留在水平位置；当两个电磁铁线圈内均无电流通过，黑色指示标线（在弱簧压力作用下）停留在 45°角位置。

思考题

1. 隔离开关控制回路一般要求有哪些？
2. 画出气动操作隔离开关的控制电路。
3. 根据电动操作隔离开关控制电路图，说明其工作原理。
4. MK-9T型信号指示器的工作原理是什么？

任务二 隔离开关的闭锁电路

隔离开关控制电路的闭锁要求与相应断路器、接地隔离开关相互闭锁。在运行中必须具备有完善的防止误操作的闭锁措施，能实现"五防"，即防止误分（合）开关、防止带负荷拉（合）刀闸或手车触头、防止带电挂接地线（合接地刀闸）、防止带地线（接地闸刀）合闸送电、防止误入带电设备间隔。

一、操作闭锁内容

操作闭锁包括下列内容：

① 各主电路隔离开关的操作闭锁。闭锁的目的是防止带负荷拉（合）隔离开关和防止带接地点合隔离开关。

② 各接地刀闸的操作闭锁。闭锁的目的是防止在带电的情况下，合接地刀闸。

③ 各母线接地器的操作闭锁。闭锁的目的是防止在母线带电的情况下，合母线接地器。

主刀闸、接地刀闸、母线接地器的操作闭锁条件，主要取决于它所在回路的电气接线。

二、闭锁装置

为了避免带负荷拉、合隔离开关，除了在隔离开关控制电路中串入相应断路器的辅助常闭触点外，还需要装设专门的闭锁装置。

常用的三种闭锁方式有：机械闭锁、电气闭锁、微机防误闭锁。这里只介绍后两种。

1. 电气闭锁装置

电气闭锁装置通常采用电磁锁实现操作闭锁，电磁锁一般装在手动操作的隔离开关、母线接地器的操作机构上。

电磁锁的结构如图4-17a所示，主要由电锁Ⅰ和电钥匙Ⅱ组成。电锁Ⅰ由锁芯1、弹簧2和插座3组成。电钥匙Ⅱ由插头4、线圈5、电磁铁6、解除按钮7和钥匙环8组成。在每个隔离开关的操作机构上装有一把电锁，全厂（站）备有二或三把电钥匙作为公用。只有在相应断路器处于跳闸位置时，才能用电钥匙打开电锁，对隔离开关进行合、跳闸操作。

电磁锁的工作原理如图4-17b所示，在无跳、合闸操作时，用电磁锁锁住操作机构的转动部分，即锁芯1在弹簧2压力作用下，锁入操作机构的小孔内，使操作手柄Ⅲ不能转动。当需要断开隔离开关QS时，必须先跳开断路器QF，使其辅助常闭触点闭合，给插座3加上直流操作电源，然后将电钥匙的插头4插入插座3内，线圈5中就有电流流过，使电磁铁6被磁化吸出锁芯1，锁就打开了，此时利用操作手柄Ⅲ，即可拉断隔离开关。

隔离开关拉断后，取下电钥匙插头4，使线圈5断电，释放锁芯1，锁芯2在弹簧2压力作用下，又锁入操作机构小孔内，锁住操作手柄。需要合上隔离开关的操作过程与上述类似。

可见，断路器必须处于跳闸位置才能把电磁锁找开，操作隔离开关。这就可靠地避免了带负载拉、合隔离开关的误操作发生。

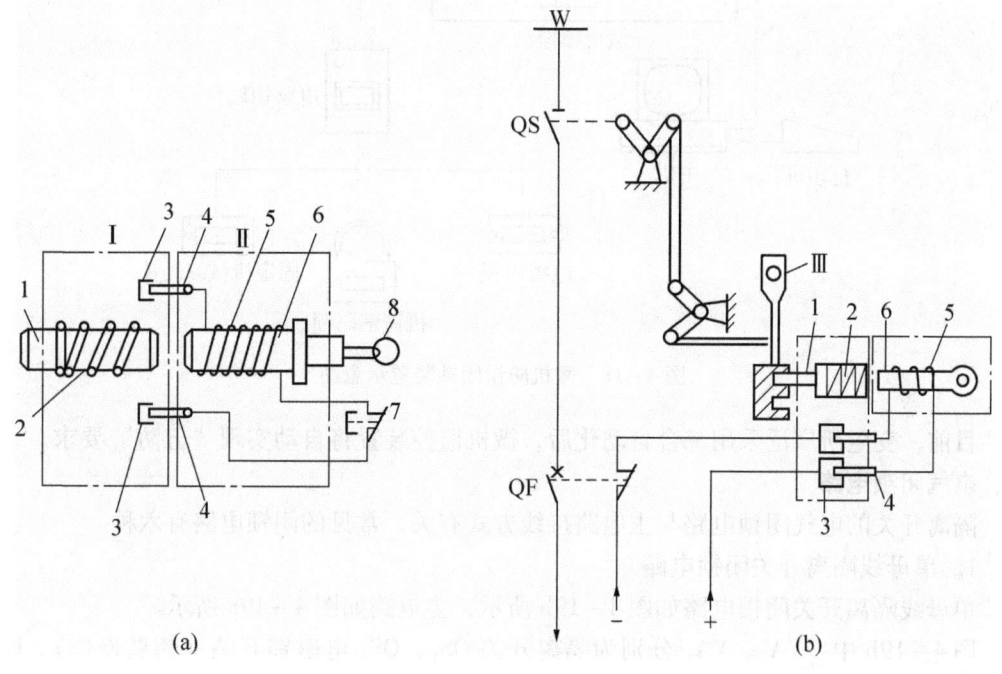

图 4-17 电磁锁

Ⅰ—电锁；Ⅱ—电钥匙；Ⅲ—操作手柄；1—锁芯；2—弹簧；3—插座；4—插头；5—线圈；6—电磁铁；7—解除按钮；8—钥匙环

电磁锁一般装在手动操作的隔离开关、母线接地器的操动机构上。

2. 微机防误闭锁装置

微机防误闭锁装置的结构示意图如图 4-18 所示，该装置主要包括三大部分：微机模拟盘、电脑钥匙、机械编码锁。

在微机模拟盘的主机内，预先储存了变电所所有操作设备的操作条件。模拟盘上各模拟元件都有一对触点与主机相连。运行人员要操作时，首先在微机模拟盘上进行预演操作。在操作过程中，计算机根据预先储存好的条件对每一操作步骤进行判断。若操作正确，则发出一个操作正确的音响信号；若操作错误，则通过显示器闪烁，显示错误操作项的设备编号，并发出报警信号，直至将错误项复归为止。预演操作结束后，打印机可打印出操作票，并通过微机模拟盘上的光电传输口将正确的操作程序输入到电脑钥匙中。然后，运行人员就可以拿电脑钥匙到现场操作。操作时，正确的操作内容将顺序地显示在电脑钥匙的显示屏上，并通过探头检查操作的对象是否正确。若正确，则闪烁显示被操作设备的编号，同时开放闭锁回路，可对断路器操作或找开机械编码锁，使隔离开关能操作。每操作一步结束后，显示屏能自动显示下一步的操作内容。若走错间隔，则不能打开机械编码锁，同时电脑钥匙发出报警，提示运行人员。全部操作结束后，电脑钥匙发出音响，提示操作人员关闭电源。

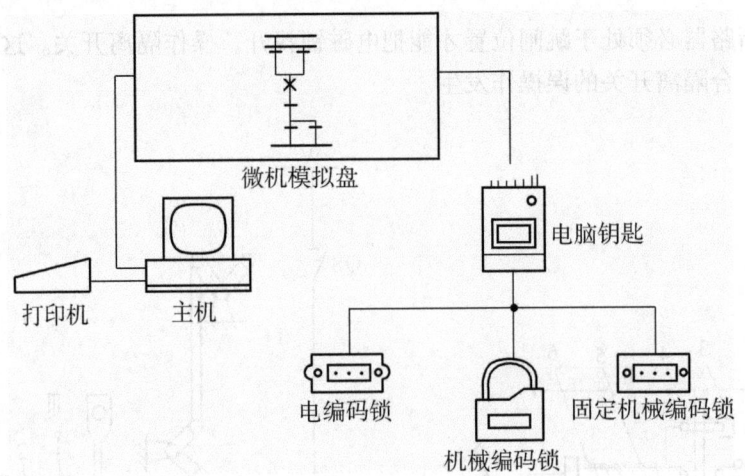

图 4-18 微机防误闭锁装置示意图

目前，变电所广泛采用综合自动化后，微机监控装置将自动实现"五防"要求。

三、电气闭锁电路

隔离开关的电气闭锁电路与主电路接线方式有关，常见的闭锁电路有六种。

1. 单母线隔离开关闭锁电路

单母线隔离开关闭锁电路如图 4-19b 所示，主电路如图 4-19a 所示。

图 4-19b 中，YA_1、YA_2 分别为隔离开关 QS_1、QS_2 电磁锁开关（钥匙操作）。闭锁电路由相应断路器 QF 合闸电源供电。

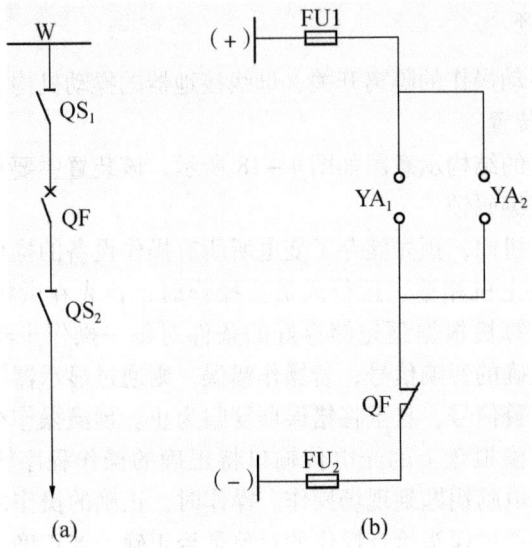

图 4-19 单母线隔离开关闭锁电路

断开线路时,首先应断开断路器 QF,使其辅助常闭触点闭合,则负电源"-"接至电磁锁开关 YA_1 和 YA_2 的下端。用电钥匙使电磁锁开关 YA_2 闭合,即打开了隔离开关 QS_2 的电磁锁,拉断隔离开关 QS_2 后,取下电钥匙,使 QS_2 锁在断开位置;再用电钥匙打开隔离开关 QS_1 的电磁锁开关 YA_1,拉断 QS_1 后,取下电钥匙,使 QS_1 锁在断开位置。

对于单母线馈线隔离开关,若采用气动、电动、电动液压操作的隔离开关,也可不必装设电磁锁,因为在图 4-13~图 4-15 的控制电路中,已经考虑了相应的闭锁回路。

2. 双母线隔离开关闭锁电路

双母线系统,除了断开和投入馈线操作外,还需要在馈线不停电的情况下,进行切换母线的操作,简称为倒闸操作。双母线隔离开关闭锁电路如图 4-20b 所示,主电路如图 4-20a 所示。

图 4-20b 中 M880 为隔离开关操作闭锁小母线。只有在母联断路器 QF 和隔离开关 QS_1 和 QS_2 均在合闸位置时,隔离开关操作闭锁小母线 M880 才经支路 6 与负电源"-"接通,即双母线并列运行时,M880 才取得负电源。

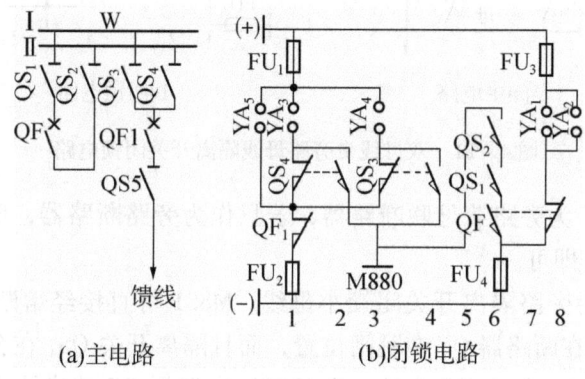

图 4-20 双母线隔离开关闭锁电路

图 4-20a 中各隔离开关的闭锁条件为:

① 当母联断路器 QF 在跳闸位置时,可以操作隔离开关 QS_1 和 QS_2,见图 4-20b 中支路 7 和 8。

② 当馈线断路器 QF_1 在跳闸位置时,可以操作隔离开关 QS_5,当 QF_1 在跳闸位置和隔离开关 QS_4(或 QS_3)断开时,可以操作 QS_3(或 QS_4)。见图 4-20b 中支路 1(或支路 3)。

③ 当双母线并联运行(即 QF、QS_1、QS_2 均在合闸位置),隔离开关操作闭锁小母线 M880 取得负电源时,如果隔离开关 QS_4(或 QS_3)已投入,则可以操作隔离开关 QS_3(或 QS_4)。

例如,若馈线原来在 Ⅰ 母线运行,即馈断路器 QF_1 和隔离开关 QS_3 及 QS_5 均在合闸位置。当需要把馈线从 Ⅰ 母线切换到 Ⅱ 母线而进行倒闸操作时,其操作程序为:

① 在母联断路器 QF 处于跳闸位置时,用电钥匙依次打开隔离开关 QS_1 和 QS_2 的电磁锁开关 YA_1 和 YA_2,合上 QS_1 和 QS_2,然后合上 QF,使隔离开关操作闭锁小母线 M880 取得我负电源。

② 由于隔离开关 QS_3 处于合闸位置，因此可以用电钥匙打开隔离开关 QS_4 的电磁锁开关 YA_4，合上 QS_4。

③ 用电钥匙打开隔离开关 QS_3 的电磁锁开关 YA_3，拉断 QS_3。

④ 跳开母联断路器 QF，用电钥匙依次打开隔离开关 QS_1 和 QS_2 的电磁锁，拉断 QS_1 和 QS_2。

3. 双母线带旁路母线隔离开关闭锁电路

双母线带旁路母线隔离开关闭锁电路如图 4-21 所示。

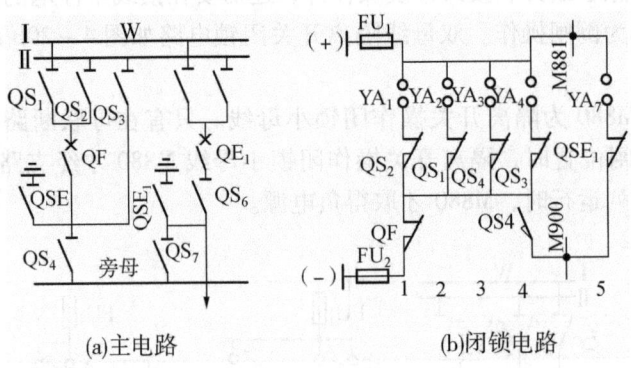

(a)主电路　　　　　　　　(b)闭锁电路

图 4-21　双母线带旁路母线隔离开关闭锁电路

图 4-21 中，QF 为旁路兼母联断路器，若只作为旁路断路器，则去掉隔离开关 QS_3 及其电磁锁开关 YA_3 即可。

M881 和 M900 为旁路隔离开关闭锁小母线。M881 可直接经熔断器 FU_1 取得正电源"+"，而 M900 只有在断路器 QF 在跳闸位置，而且隔离开关 QS_4 在合闸位置时，才能取得负电源"-"，从而避免了当用旁路（兼母联）断路器 QF 替代馈线断路器 QF_1 向外供电时，因忘合 QS_4 而中断供电。图 4-21a 中，各隔离开关的闭锁条件为：

① 当旁路（兼母联）断路器 QF 在跳闸位置，而隔离开关 QS_2（或 QS_1）在断开位置时，可以操作 QS_1（或 QS_2），见图 4-21b 支路 1（或支路 2）。

② 在接地隔离开关 QSE 与隔离开关 QS_3 和 QS_4 装有机械闭锁装置的情况下，当旁路（兼母联）断路器 QF 在跳闸位置，而隔离开关 QS_4（或 QS_3）在断开位置时，可以操作 QS_3（或 QS_4），见图 4-21b 支路 3（或支路 4）。

③ 当旁路（兼母联）断路器 QF 在跳闸位置，而旁路母线上的隔离开关 QS_4 在合闸位置接地隔离开关 QSE_1 在断开位置时，经图 4-21b 支路 5 操作馈线旁路隔离开关 QS_7，从而避免了由于接地隔离开关 QSE_1 在合闸位置，而误操作 QS_7。

4. 单母线分段隔离开关闭锁电路

单母线分段隔离开关闭锁电路如图 4-22 所示。

图 4-22a 中，QF 为分段兼旁路断路器。各隔离开关的闭锁条件为：

① 当断路器 QF 在跳闸位置，隔离开关 QS_3（或 QS_4）在断开位置时，才能操作 QS_1（或 QS_2），见图 4-22b 支路 1（或支路 2）。

② 当断路器 QF 在跳闸位置，隔离开关 QS_1（或 QS_2）在断开位置时，才能操作 QS_3

（或 QS_4），见图 4-22b 支路 3（或支路 4）。

③ 当断路器 QF 和隔离开关 QS_1 及 QS_2 均在合闸位置时，才能操作 QS_5，见图 4-22b 支路 5。

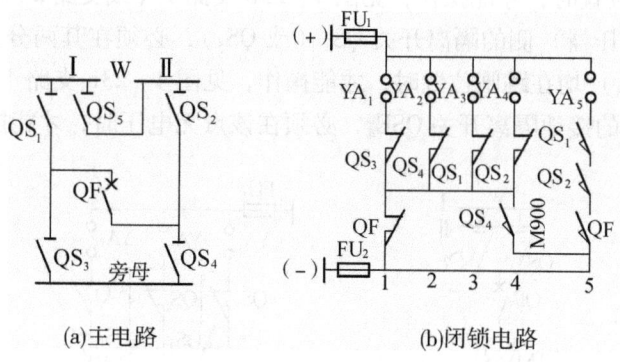

图 4-22　单母线分段隔离开关闭锁电路

5. $1\frac{1}{2}$ 断路器接线中隔离开关闭锁电路

$1\frac{1}{2}$ 断路器接线隔离开关闭锁电路如图 4-23 所示。

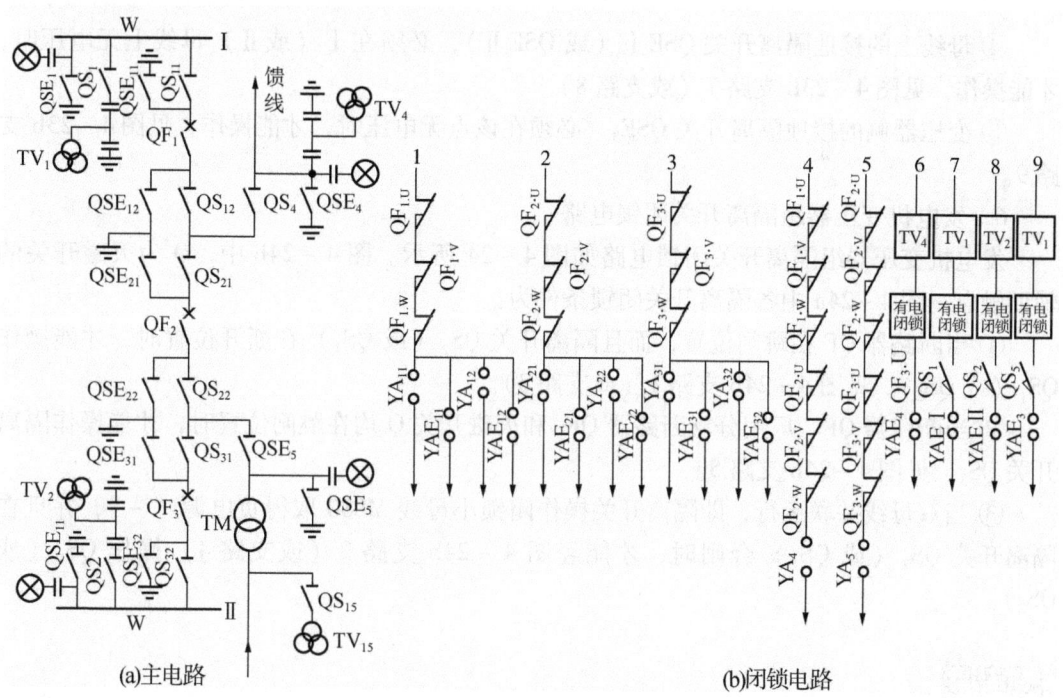

图 4-23　$1\frac{1}{2}$ 断路器接线隔离开关闭锁电路

图 4-23 中，为了简化接线，在隔离开关与接地隔离开关之间装设了机械闭锁装置。

各隔离开关的闭锁条件为：

① 断路器 QF_1（或 QF_2 或 QF_3）两侧的隔离开关及接地隔离开关 QS_{11}、QS_{12}、QSE_{11}、QSE_{12}（或 QS_{21}、QS_{22}、QSE_{21}、QSE_{22} 或 QS_{31}、QS_{32}、QSE_{31}、QSE_{32}），必须在 QF_1（或 QF_2 或 QF_3）处于跳闸位置时，才能操作，见图 4-23b 支路 1（或支路 2、3）。

② 馈线（或变压器）侧的隔离开关 QS_4（或 QS_5），必须在其两分支的断路器 QF_1 和 QF_2（或 QF_2 和 QF_3）均在跳闸位置时，才能操作，见图 4-23b 支路 4（或支路 5）。

③ 馈线线路侧的接地隔离开关 QSE_4，必须在该点无电压时，才能操作，见支路 6。

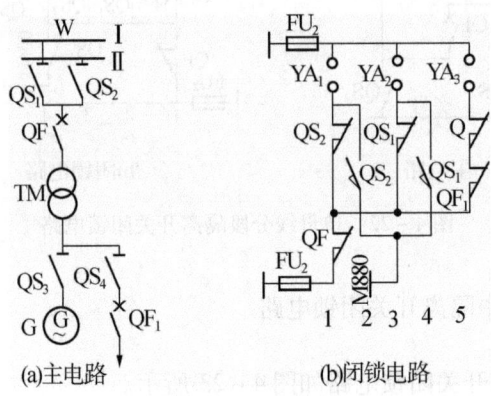

图 4-24　发电机变压器组隔离开关闭锁电路

④ 母线上的接地隔离开关 $QSE\mathrm{I}$（或 $QSE\mathrm{II}$），必须在 I（或 II）母线上无电压时，才能操作，见图 4-23b 支路 7（或支路 8）。

⑤ 变压器侧的接地隔离开关 QSE_5，必须在该点无电压时，才能操作，见图 4-23b 支路 9。

6. 发电机变压器组隔离开关闭锁电路

发电机变压器组隔离开关闭锁电路如图 4-24 所示。图 4-24b 中，Q 为灭磁开关的辅助触点。图 4-24a 中各隔离开关闭锁条件为：

① 当断路器 QF 在跳闸位置，而且隔离开关 QS_2（或 QS_1）在断开位置时，才能操作 QS_1（或 QS_2），见图 4-24b 支路 1（或支路 3）。

② 当断路器 QF、厂用分支断路器 QF_1 和灭磁开关 Q 均在跳闸位置时，才能操作隔离开关 QS_3，见图 4-24b 支路 5。

③ 当双母线并联运行，即隔离开关操作闭锁小母线 M880 取得负电源"-"，并且在隔离开关 QS_2（或 QS_1）合闸时，才能经图 4-24b 支路 2（或支路 4）操作 QS_1（或 QS_2）。

思考题

1. 五防的内容是什么？
2. 电磁锁的结构和原理是什么？简述微机防误装置的构成和步骤。
3. 利用图 4-21 说明双母线隔离开关的闭锁条件。

项目三 控制回路故障分析

任务一 控制回路故障常见原因分析

一、控制回路断线原因分析

控制回路断线信号是由跳位继电器与合位继电器常闭触点串联构成的，不论什么原因引起跳位继电器与合位继电器同时失磁，控制回路断线信号都将报出。

引起控制回路断线信号的原因有：

① 控制保险熔断，KCC、KCT 触点同时失磁，控制回路断线信号报出。
② 跳合闸线圈损坏，回路不通。
③ 断路器辅助接点没有闭合好，同样引起外回路不通。
④ 由开关机构箱引至控制回路的各种闭锁信号，引起控制回路断线。

控制回路断线信号并不能监视整个控制回路的完好性，在目前的情况下，基于厂家的设计，控制回路断线信号仅仅是监视保护屏外二次回路及开关机构箱内部回路的完好性。没有控制回路断线信号报出，并不能说明整个回路没有问题。

二、操作故障原因分析

在没有异常信号的情况下，有时开关合不上，就说明回路有问题，或者开关有问题，可以根据经验逐级排查。运行人员在控制屏（测控屏、后台机等）进行开关操作时，会启动保护屏内手合继电器、手跳继电器，继电器动作时会有很利索的"嚓嚓"的动作声音，如果平常操作开关时，能在保护屏听到继电器动作的声音，这次操作时，不能听到继电器动作的声音，则说明保护屏内操作继电器没有启动，可能是控制开关有问题，或者进行后台机操作时，也可能是测控屏内控制跳、合闸的继电器没有启动，或者二次回路接线有松动，也有可能是保护屏内操作继电器故障。不管什么原因，只要保护屏内操作继电器不启动，运行在检查控制保险正常，没有异常闭锁信号，排除自身操作问题的情况下，可以通知保护人员到现场进行处理。当然，经验丰富的运行人员可以看图纸，用万用表量电位，具体判断出是哪一级出了问题。

在以上操作过程中，如果操作箱内继电器能够启动，开关仍然不能合闸，就要到开关本体进行观察，一人在主控室操作，一人听开关合闸线圈的动作声音，如果平时能够听到开关合闸线圈的动作声音，这次听不到，则表明开关合闸线圈没有启动。如果当班运行人员对回路比较熟悉，一人操作，一人可以用万用表判断合闸脉冲是否到达开关端子箱，开关合闸脉冲在合闸时过不来，说明问题仍然在二次设备、二次回路。如果有合闸脉冲，则说明合闸线圈拒动，需要通知检修人员到现场进行处理。如果合闸时，合闸线圈能够进行正常启动，机构不动，运行人员要检查开关是否已储能（弹簧机构），开关大合闸保险（电磁机构）是否完好；操作程序是否正确，有无相护关联的机械闭锁，开关的各种压力指标是否正常，有无闭锁信号，排查没有发现异常问题后，可以通知检修人员检查机构。

以上是进行开关操作时遇到的一些情况，根本点就是要判断保护屏操作箱继电器是否启动，开关跳、合闸线圈是否启动，据此来判断问题该由哪个专业来处理。

三、开关跳合闸线圈烧毁原因分析

在对高压开关的操作过程中，每年都有跳、合闸线圈烧毁的情况发生，其中主要集中

在 10kV 开关，尤其集中在合闸过程中。由于经济技术的原因，10kV 开关结构简单，可靠性相对于高电压等级开关来说比较低，开关自身的自我保护措施不完备，这就是 10kV 开关故障比较多的原因。另外，出于保证设备故障时可靠跳闸的需要，开关跳闸的可靠性比较高，因此，线圈烧毁主要集中在合闸线圈。

1. 引起线圈烧毁的原因

引起开关合闸线圈烧毁的原因既有间接原因，又有直接原因。

（1）间接原因

目前的微机保护控制回路全部带有跳、合闸自保持回路，不论是手动操作，还是自动操作。只要合闸命令发出以后，合闸回路就一直处于自保持状态，直到开关合上以后，依靠断路器辅助接点的切换，断开合闸回路合闸电流。如果开关由于种种原因没有合上，或者是合上以后断路器辅助接点没有切换到位，则合闸保持回路将一直处于保持状态，这样一直持续下去，将会把合闸线圈烧毁，对于电磁机构，将会同时烧毁合闸接触器线圈与大合闸线圈，有时甚至会烧毁保护装置操作插件。

（2）直接原因

① 断路器辅助接点切换不到位

开关合上以后，断路器辅助接点切换不到位，没有及时断开合闸回路，致使合闸保持回路一直处于保持状态，引起严重后果。

② 开关在没有合闸能量情况下合闸

a. 对于弹簧机构，开关在未储能情况下合闸，特别是无人值守站的遥控操作，如果未储能信号不能及时传到远方，将会使操作人员误操作，造成合闸线圈烧毁，甚至于烧毁保护装置操作插件。

b. 对于电磁机构，合闸能量为通过大合闸保险的 100A 电流，现有传统的二次回路设计上没有监视回路，如果在合闸过程中，大合闸保险熔断，或是运行人员误操作，漏投大合闸保险，将会烧毁合闸接触器线圈，严重的会烧毁保护装置操作插件。在大合闸保险正常的情况下，如若合闸接触器线圈故障，动作力度不够，同样会烧毁接触器线圈或者保护装置操作插件。

③ 开关操动机构内部问题

在外部回路正常的情况下，如果操动机构内部出现了问题（比如机构卡死），同样会引起开关拒合，造成上述后果。

> **思考题**

1. 试分析控制回路断线原因。
2. 发生断路器操作故障应如何查找原因？
3. 开关跳合闸线圈烧毁原因有哪些？

任务二　控制回路故障处理案例

一、KKJ 设计接线错误，造成备投动作不成功的调试案例分析

如前所述，在图 4-9 中，合后继电器 KKJ 是从 SA 操作把手的合后位置接点延伸出来的，所以叫 KKJ。"KKJ=1"代表开关是人为合上的，"KKJ=0"代表开关是人为分开的。

某 110kV A 变电站，带开关做 RCS9652 进线备投传动试验。试验备投方式 1，即 1 号进线运行，2 号进线备用。让 I 母失压，1 号进线跳开后，2 号进线未合。跳闸灯亮，合闸灯不亮。

1. 分析处理

① 备投可以充电，说明充电条件满足。1 号开关跳开后，2 号开关未合，问题应出在备投放电闭锁回路，怀疑 1 号开关跳开导致某个放电条件满足。

② 先查看保护定值和出口压板，正确。重新合上 1 号开关，通过状态显示菜单里的开关量状态，查进线开关 KCT 及 KKJ 和闭锁备投压板开入正确。加电压满足充电条件，备投充电完毕。

③ 再次做试验，从开关量状态里监视所有开入状态变化情况。发现 1 号开关跳开时，1 号 KKJ 变位为 0。因为 KKJ = 0，程序认为 1 号开关为人工分闸，备投放电，导致 2 号开关不能合上。因为设计部门对 KKJ 信号真正含义理解不够，把备投跳 1 号开关的输出引至控制回路的手跳输入端。所以当备投跳开 1 号开关时，造成 KKJ = 0。改线，把备投跳闸输入接至操作回路保护跳闸输入端。重新试验正确。

2. 小结

① 为了避免引起 KKJ = 0，备投跳闸输出肯定应该接开关操作回路的保护跳闸输入。但是合闸输出是接保护合闸（重合闸）还是手合输入呢？这对 RCS941 和 RCS9611 等装置的操作回路没什么区别，保护合闸和手合都启动 KKJ。对 RCS9661 而言，其保护合闸不启动 KKJ。对于这种情况，建议应接手合输入端。如接保护输入，备投动作成功合上备用线路后，如上例 2 号开关合上，但其 KKJ 不变位仍为 0，始终满足不了新的运行方式下（备投方式 2：2 号运行，1 号备用）的备投充电条件，必须要人工对位，让 2 号的 KKJ = 1 后，才能准备下一次备投。这对于无人值守的综自站是不合适的。接入手合输入端，KKJ = 1，自动满足新的充电条件，所以备投输出到操作回路的接线应该是：跳闸接保护跳，合闸接手合。

② 如果进线配有保护且投入重合闸功能。当备投动作跳开进线开关时，因为接保护跳，KKJ 不变位，这样不对应启动重合闸，线路保护会把备投跳开的进线开关重新合上，造成问题。可再引一付备投跳进线开关备用接点至线路保护闭锁重合闸输入端，备投动作的时候给重合闸放电。同样，线路保护跳进线开关，也会因为母线失压，且 KKJ 不为 0 导致备投动作。可以通过延长备投跳线路开关时间躲过重合闸，只有重合闸动作不成功后，再启动备投。

二、保持回路未启动，导致开关遥控无法合闸的调试案例分析

因为跳合闸回路接有跳合闸线圈，属于感性负载，接点在断开时，会承受线圈产生的很高的反向浪涌电压，往往会造成接点拉弧，导致接点烧毁。而采用保持回路后，保护出口接点在导通跳合闸回路的同时启动保持回路，由保持回路来保证即使保护接点断开，跳合闸回路仍旧导通，切断跳合闸线圈回路由具有一定灭弧能力的断路器辅助触点在开关主触头动作后完成。从而既保证了开关的可靠分合，也避免了保护接点直接拉弧。

某 110kV B 变电站，1 号主变 10kV 侧开关从后台做遥控试验时，开关合不上（遥控合闸时，KCC 灯一亮，马上又灭，给人感觉好似开关刚合上马上又跳开），但手合开关正常，且开关合上后，再遥控分闸，开关也可以分开。

1. 分析处理

① 遥控接点是同手合把手合闸接点一起并接在操作回路手合输入端的，手合开关正常，说明从操作回路手合输入端到开关合闸线圈这一段回路正常，遥控回路通过检查也已

确认没有问题。为何手合成功而遥控却不行呢？

② 分析手合和遥控的区别之处就在于，遥控接点闭合时间程序出厂默认设定为 120ms，而手动合闸时，是开关合上后再松开把手，手合接点闭合时间要远远大于 120ms。但如果正常情况下，操作回路合闸保持继电器 KLC 启动，遥控接点和手合接点闭合时间长短就没什么意义，KLC 会自保持直到开关合上。那么是不是 KLC 就没有启动呢？

③ 造成 KLC 没有启动的原因可能有两点：KLC 继电器损坏或 KLC 保持电流调整的不合适，导致 KLC 不能启动。了解开关参数：该开关操作机构为 CD10 电磁操作机构，合闸接触器线圈电阻约 2kΩ，跳圈电阻约 50Ω，合闸时间 160～180ms。

④ 根据合闸接触器线圈电阻推算，合闸电流约 0.1A，可以断定 KLC 肯定不会启动。保持不启动，则加在开关合闸接触器上的电压持续时间完全依赖于遥控或手合接点闭合时间。因为电磁操作机构合闸时间较长，为 160～180ms，而遥控接点闭合时间只有 120ms。所以遥控时，开关尚未完成整个合闸过程，这就造成开关看似刚一合上马上就跳开的表面现象。手合正常是因为开关合上后，把手才松开，接点闭合时间足够长。

⑤ 开关合闸接触器阻值无法调整，但可通过调整增加 9601 遥控接点闭合时间至 200ms，再做试验，一切正常。

2. 小结

因为电磁操作机构合闸电流太大，所以操作回路合闸输出接点的是合闸接触器 KM 线圈，KM 常开接点闭合，启动 YC 去合开关。当合闸时，如果开关合不上，这时首先要关掉控制电源，防止烧毁 YC 线圈。因为开关合不上，开关常闭辅助触点也不会切断 YC 线圈的带电回路，而 KLC 启动后会一直保持，时间长了就会烧毁 YC 线圈。

项目四 控制回路作业表单

1. 刀闸控制回路缺陷处理作业表单

表4-4　　　　　供电局刀闸控制回路缺陷处理作业表单

表单流水号：

作业班组		作业开始时间		作业结束时间	
作业任务					
作业负责人		作业人员			
变电站名称		电压等级			

（1）作业前准备

1	人员	作业人员清楚工作任务、作业环境情况，了解原理、图纸	确认（　　）
2	出发前准备	工具箱、万用表、图纸、厂家资料、备品	确认（　　）
3	风险评估	引起直流接地、交流短路	确认（　　）
		工作地点未标识清楚，走错间隔	确认（　　）
		误分合刀闸	确认（　　）
		误拆接线导致保护误动	确认（　　）

续上表

4	办理作业许可手续	工作负责人办理工作票,并确定现场安全措施符合作业要求	确认（　　）
5	作业前安全交底	一、二次设备的检修状态	确认（　　）
		工作票安全措施落实情况	确认（　　）

（2）作业过程

作业风险	控制措施
引起直流接地、交流短路	拆动接线前应先核对无误；接线解开后，应当用绝缘胶布包好，并在《二次设备及回路工作安全技术措施单》中做好记录
工作地点未标识清楚，走错间隔	工作负责人带领进入作业现场；核对设备名称和编号；在工作的地点前挂"在此工作"标示牌
误分合刀闸	① 工作前检查刀闸电机电源线确已解开，并用绝缘胶布包好，逐一做好记录，用万用表检查电机电源线确无电压； ② 操作刀闸、送电机控制及电机电源只能由运行人员执行。在不具备刀闸分合闸条件下，整改回路试验，只能使用导通法进行试验，不允许给上刀闸电机电源的方式进行试验
误拆接线导致保护误动	应利用图纸查清回路，接、拆二次线至少有两人执行，并在《二次设备及回路工作安全技术措施单》中做好记录

序号	工作地点	作业内容	作业标准	作业记录
1	高压场	检查一次设备的检修状态	一次设备的状态与运行方式批复及工作要求的安全措施一致	确认（　　）
2	刀闸机构箱、刀闸端子箱、开关机构箱	确认检查刀闸机构箱及端子箱、开关机构箱已标识清楚	工作负责人带领进入作业现场；核对设备名称和编号；在工作的地点前挂"在此工作"标示牌各一块	确认（　　）
3	开关端子箱、刀闸机构箱	解开刀闸电机电源线	断开刀闸操作回路和电机电源空气开关，用万用表测量确无电压后，才能解开电机电源线，用绝缘胶带包好。解开电源线应严格执行二次设备及回路安全技术措施单	确认（　　）
4	开关端子箱、刀闸机构箱	检查控制电源空气开关或保险有无故障	空开或保险接通完好，没有失压	确认（　　）

续上表

序号	工作地点	作业内容	作业标准	作业记录
5	开关端子箱、刀闸机构箱	检查闭锁回路是否正常	闭锁回路正常	确认（　）
6	刀闸机构箱	检查分合闸接触器线圈阻值是否正常，接点通断是否正常	分合闸接触器线圈阻值符合标准，没有烧坏；接点通断可靠	确认（　）
7	开关端子箱、刀闸机构箱	检查操作把手、五防锁接通情况是否正常	操作把手、五防锁接通情况完好	确认（　）
8	刀闸机构箱	检查刀闸行程开关是否到位、是否正常	刀闸行程开关到位，接点通断可靠	确认（　）
9	开关端子箱、刀闸机构箱	检查开关辅助接点是否到位	核对开关辅助接点的位置与开关实际位置一致，接通应正常	确认（　）
10	开关端子箱、刀闸机构箱	检查电机及相关回路的完好性	电机线圈阻值符合标准，没有短路；没有缺相，相关回路完好	确认（　）
11	开关端子箱、刀闸机构箱、刀闸	分合闸试验	条件允许（指与刀闸关联的开关、刀闸在冷备用状态）时，由运行人员申请刀闸试分合，运行人员会同继保人员共同检查刀闸实际分合是否正常。条件不允许时，只能由运行人员试验刀闸分合闸接触器	确认（　）
12	开关端子箱、刀闸机构箱	恢复刀闸电机电源线	断开刀闸操作电源空气开关后，检查电机电源空气开关在断开位置，才能恢复电机电源线	确认（　）

（3）作业终结

序号	项目	内容	作业记录
1	恢复安全措施	"安全措施票"上所做的安全技术措施已全部恢复	确认（　）
2	清理现场	恢复原状，将仪器、工具、材料等搬离现场	确认（　）
3	新增风险及控制措施		确认（　）
4	作业结论		确认（　）
5	备注		

2. 测控装置定检作业表单

表 4-5 _____供电局变电站自动化系统测控装置定检作业表单

表单流水号：_____

作业班组		作业开始时间		作业结束时间	
作业任务					
作业负责人		作业人员			
变电站名称		电压等级			
定检设备名称		上次定检日期			
设备型号		设备厂家			
CPU 版本		通信版本		液晶版本	
装置地址	A 网 IP		A 网 MAC		
	B 网 IP		B 网 MAC		
PT 变比		CT 变比			
出厂编号		出厂日期		投运日期	

（1）作业前准备

1	测试仪表	万用表、兆欧表、电流钳表、GPS 测试仪、综自测试仪、便携式专用测试电脑等	确认（ ）
2	图纸资料	二次图纸、四遥点表、测控装置五防逻辑表、定值单、厂家资料及使用说明书等	确认（ ）
3	办理工作许可手续	工作负责人办理工作票，并确定现场安全措施符合作业要求	确认（ ）
		向相关各级调度主站办理工作申请	确认（ ）
4	风险评估	误碰屏内运行设备带电二次回路	确认（ ）
		CT 开路造成人员触电、设备损坏	确认（ ）
		PT 短路造成人员触电、设备损坏	确认（ ）
		产生大量误信息上送各级调度，干扰调度值班人员的监视及判断	确认（ ）
		由于误操作导致误控运行设备	确认（ ）
5	安全交底	作业人员清楚工作任务、周围设备的带电情况、作业环境情况	确认（ ）

（2）作业过程

① 安全措施确认		
作业内容	作业标准	作业记录
落实工作票中相关安全措施	相关安全措施已全部落实	确认（ ）

续表 4-5

② 装置及辅助件检查		
作业风险	控制措施	作业记录
产生大量误信息上送各级调度，干扰调度值班人员的监视及判断	通知各级调度自动化系统主管部门做好屏蔽措施	

序号	作业内容	作业标准	作业记录
1	检查装置、KK 开关把手、出口压板标识	标识正确、清晰	
2	检查机箱接地端子	机箱接地端子与接地铜排可靠连接	
3	检查键盘和液晶显示屏	键盘操作灵活，液晶显示屏显示完好	
4	装置灰尘清扫	清洁无灰尘	
5	检查装置背板配线	连接良好	
6	检查插件印刷电路	插件印刷电路无损伤或变形，连线完好	
7	检查插件元器件	焊接良好，芯片插紧	
8	检查装置复位按钮	操作良好，复位正常	
9	检查工作电源的二次防雷器	未发生击穿，无动作指示	
10	检查运行版本号	与有效记录的版本号一致	
11	查看装置面板指示灯	工作指示灯状况正常	
12	遥控操作、遥信变位记录检查	遥控操作及遥信变位记录正确	
13	遥控回路检查	开关、刀闸及地刀的控制回路接线正确	
14	测控装置出口压板正确性检查	压板对应的出口接线正确	
15	测控装置 KK 开关把手正确性和接线端子紧固性检查	KK 开关把手切换至就地后，后台报警，并闭锁遥控，接线端子紧固	
16	测控装置双网切换检查	拔掉装置 A 网插头，信息上送正常；恢复 A 网通信，拔掉装置 B 网插头，信息上送正常	
17	测控装置闭锁逻辑检查	按五防闭锁逻辑表进行核查	
18	权限检查	有密码保护	

续上表

③ 绝缘电阻测试

作业风险	控制措施	作业记录
无	无	
作业内容	作业标准	作业记录
各回路对地及各回路之间的阻值检查	各回路对地及各回路之间的阻值≥10MΩ	
装置与主地网、机柜及接地母线铜排的电阻值检查	装置与主地网、机柜及接地母线铜排的电阻值为零	

绝缘电阻测试记录表			
交流电流回路对地绝缘电阻	A 相—地:	B 相—地:	C 相—地:
交流电压回路对地绝缘电阻	A 相—地:	B 相—地:	C 相—地:
装置电源直流回路对地绝缘电阻	+极—地:	−极—地:	
遥信电源对地绝缘电阻	+极—地:	−极—地:	
各回路相互间绝缘电阻	电压回路—电流回路:		交流回路—直流回路:

输出接点对地绝缘电阻:

装置所在机柜接地母线铜排与主接地网的电阻值:

装置外壳与接地母线铜排的电阻值:

④ 遥测误差测试

作业风险	控制措施	作业记录
误碰屏内运行设备带电二次回路	设专人监护	
CT 开路造成人员触电、设备损坏	专人监护,短接 CT 二次绕组时,必须使用专用短接片或短接线进行正确短接,短路妥善可靠,严禁用导线缠绕;严禁在 CT 二次绕组与短路端子之间的回路和导线上进行任何工作;工作必须认真、谨慎,不得将回路的永久接地点断开	
PT 短路造成人员触电、设备损坏	专人监护,在 PT 二次回路上工作时,站在绝缘垫上,并使用绝缘工具和绝缘手套;拆除的 PT 二次线,用绝缘胶布密封外露的导体部分	
装置进行功能试验时,产生大量误信息上送各级调度,干扰调度值班人员的监视及判断	通知各级调度自动化系统主管部门做好屏蔽措施	
作业内容	作业标准	作业记录
装置遥测精度测试	装置误差、后台误差、调度误差按要求 U、I≤0.2%;P、Q≤0.5%(保留小数点后 2 位)	

续上表

遥测基本误差测试记录表

输入类别	量测量	cosϕ	标准源值	装置显示值	监控显示值	远方显示值	后台误差	调度误差
电压50%量程实测值	U_a							
	U_b							
	U_c							
电压100%量程实测值	U_a							
	U_b							
	U_c							
电压120%量程实测值	U_a							
	U_b							
	U_c							
电流50%量程实测值	I_a							
	I_b							
	I_c							
电流100%量程实测值	I_a							
	I_b							
	I_c							
电流120%量程实测值	I_a							
	I_b							
	I_c							
电流50%量程、线电压100V、频率50Hz	P	l						
	Q							
电流100%量程、线电压100V、频率50Hz	P	0.866L						
	Q							
电流120%量程、线电压100V、频率50Hz	P	0.866C						
	Q							
电流200%量程、线电压100V、频率50Hz	P	0.866L						
	Q							

续上表

输入类别	量测量	cosφ	标准源值	装置显示值	监控显示值	远方显示值	后台误差	调度误差
电流100%量程、线电压100V、频率50Hz	cosφ	0						
		0.5L						
		0.866L						
		l						
		0.866C						
		0.5C						
电流100%量程、线电压100V	F	45Hz						
		50Hz						
		55Hz						

测点	输入（直流、温度）类别	标准源值	装置显示值	监控显示值	远方显示值	后台误差	调度误差
U	50%量程实测值						
	100%量程实测值						
	120%量程实测值						
I	50%量程实测值						
	100%量程实测值						
	120%量程实测值						

⑤ 遥信、遥控及对时等测试

作业风险	控制措施	作业记录
误碰屏内运行设备带电二次回路	设专人监护	
由于误操作导致误控运行设备	确认运行设备遥控出口压板退出或远方/就地把手切换至就地位置	
装置进行功能试验时，产生大量误信息上送各级调度，干扰调度值班人员的监视及判断	通知各级调度自动化系统主管部门做好屏蔽措施	

作业内容	作业标准	作业记录
装置遥信、遥控、遥调、对时等测试	遥控操作、遥调操作、遥信变位记录正确，装置与标准时钟的误差不大于1ms	

a. 装置遥信状态测试记录表

遥信对象	遥信状态	装置显示	监控显示	远方显示	备注
	合				正确时用"√"表示，错误时用"×"表示
	分				
	合				
	分				

续上表

b. 装置 SOE 测试记录表

遥信对象	遥信状态	装置 SOE 时标	监控 SOE 时标	远方 SOE 时标	误差
遥信 1	动作				
遥信 2	动作				
遥信 3	动作				
遥信 4	动作				

c. 装置开入防抖动时间测试记录表

装置消抖定值时间	小于定值时间 开入量变位时间	大于定值时间 开入量变位时间	作业记录

d. 装置对时精度测试记录表

校验仪记录时刻	测控装置 SOE 时刻	相差值	作业记录

e. 装置遥控测试记录表

遥控对象	装置显示	装置		后台		远方		备注
		遥控分	遥控合	遥控分	遥控合	遥控分	遥控合	
								正确时用"√"表示，错误时用"×"表示

f. 装置遥调测试记录表

遥调对象		档位	就地显示	监控显示	远方显示	备注
___主变压器	升					正确时用"√"表示，错误时用"×"表示
	降					
	停					

续上表

g. 装置切换把手测试记录表

序号	选择切换把手位置						操作控制			
	设备层		间隔层		站控层		设备层	间隔层	站控层	调度端
	就地	远方	就地	远方	就地	远方				
1										
2										
3										
4										

h. 压板测试记录表

序号	压板状态	操作控制			作业记录
		间隔层	站控层	调度层	
1	开关合闸出口压板投入	√	√	√	
2	开关合闸出口压板退出	×	×	×	
3	开关分闸出口压板投入	√	√	√	
4	开关分闸出口压板退出	×	×	×	

符号说明：√表示控制出口有效；×表示控制出口无效

⑥ 同期定值和五防逻辑核对

作业风险	控制措施	作业记录
定值整定错误	测试前做好参数记录，测试完成后必须重新核对参数，做到一人修改，另一人核对	
五防逻辑输入错误	按五防逻辑表录入，并做到一人修改，另一人核对	

作业内容	作业标准	作业记录
同期定值核对及检测	同期定值与经批准的同期定值单一致，运行正常	
五防逻辑核对	五防逻辑与经批准的五防逻辑单一致	

续上表

a. 装置同期定值核对记录表

定值通知单号	核对检查单内容	定值核查结果	定值校核人
	最小动作电压		
	频差闭锁		
	角差闭锁		
	压差闭锁		
	低压闭锁		
	允许合闸电压		
	同期功能压板或控制字投入（退出）		

b. 断路器检无压合闸检测记录表

满足无压条件	$U_m = U_x <$ 无压 = V	□ 合闸出口	□ 合闸不出口
	$U_m = U_n$，$U_x <$ 无压 = V	□ 合闸出口	□ 合闸不出口
	$U_x = U_n$，$U_m <$ 无压 = V	□ 合闸出口	□ 合闸不出口
不满足无压条件	$U_m = U_x >$ 无压 = V	□ 合闸出口	□ 合闸不出口
	$U_m = U_n$，$U_x >$ 无压 = V	□ 合闸出口	□ 合闸不出口
	$U_x = U_n$，$U_m >$ 无压 = V	□ 合闸出口	□ 合闸不出口

c. 断路器检同期合闸检测记录表

频差闭锁	$dF <$ 频差闭锁 = Hz	□ 合闸出口	□ 合闸不出口
	$dF >$ 频差闭锁 = Hz	□ 合闸出口	□ 合闸不出口
角差闭锁	$d\phi <$ 角差闭锁 =	□ 合闸出口	□ 合闸不出口
	$d\phi >$ 角差闭锁 =	□ 合闸出口	□ 合闸不出口
压差闭锁	$U_m = U_n$，$U_x <$ 压差闭锁 = V	□ 合闸出口	□ 合闸不出口
	$U_m = U_n$，$U_x >$ 压差闭锁 = V	□ 合闸出口	□ 合闸不出口
低压闭锁	$U_m = U_n$，$U_x <$ 低压闭锁 = V	□ 合闸出口	□ 合闸不出口
	$U_m = U_n$，$U_x >$ 低压闭锁 = V	□ 合闸出口	□ 合闸不出口

d. 装置同期解锁功能检测记录表

不满足同期合闸条件	同期功能压板或控制字投入	□ 合闸出口	□ 合闸不出口
	同期功能压板或控制字退出	□ 合闸出口	□ 合闸不出口

e. 装置五防逻辑检查记录表

装置编号：

逻辑关系：

续上表

连接关联刀闸编号	逻辑相关刀闸编号				作业记录

（3）作业终结

1	结果	正常（　　）　不正常（　　）	
2	恢复现场	现场恢复至作业前状态	确认（　　）
3	清理、撤离现场	将仪器、工具、材料等搬离现场	确认（　　）
4	结束工作	办理工作终结手续	确认（　　）
5	新增风险及其控制措施		
6	问题汇总		

填写要求：

①"作业记录"：如正常则填写"√"，不正常则填写"×"，无须执行则填写"/"；

②不正常时必须填写"问题汇总"，对异常情况进行详细描述；

③在作业过程中，发现本作业表单不能有效控制该项作业的风险，经本作业班组全体成员讨论，建议需要增减新的控制措施，在"新增风险及其控制措施"中对具体情况进行描述；

④测控装置"断路器检无压合闸"、"断路器检同期合闸"和"装置同期解锁功能"等项目在现场具备条件时进行。

学习情景五 同期系统的运行调试

> **教学目标**

掌握同期条件及同期方式的特点;理解同期点的概念及同期方式设置原则;了解准同期方式的类型及特点;理解 RCS-9659 数字式准同期装置的结构功能;掌握同期继电器的功能及工作原理;熟悉同期系统的运行调试方案。

项目一 同期系统概述

任务一 同期系统概念

电力系统是由多台发电机、多个发电厂并列运行的大电网,各电源之间的联网运行对提高电能质量、供电可靠性及系统稳定性都有着重大意义,而且通过联网运行,可以合理分配负荷,减少系统备用容量,实现系统的经济运行。

将同步发电机或某一电源投入到电力系统并列运行的操作过程,称为同期。

一、同期条件

两个独立的电源并列运行在一起,必须具备下列条件:①电压(大小)相等;②频率相同;③电压的相位角差不超过允许值;④相序相同。否则发生非同期并列,则会出现很大的冲击电流,使机组转子受到较大扭力矩并发生剧烈震动,系统电压下降,严重时甚至导致机组损坏,系统振荡并失去稳定,造成严重后果。

二、同期方式

同期并列的方法分为两种,即准同期方式和自同期方式。

1. 准同期方式

所谓准同期方式,就是指待并发电机在并列合闸前已经励磁,当发电机的电压、频率和相位与运行系统一致时,将发电机断路器合上,发电机即与系统并列运行。在同期合闸瞬间,发电机定子电流等于零或接近于零。

实际上,发电机在同期合闸瞬间不可能做到电压、频率和相位与运行系统绝对一致,允许它们有一定的误差。此误差有一定的允许范围,一般情况下,电压误差不应超过 5%~15% 范围,频率误差不应超过 0.2%~0.5%,即 0.1~0.25Hz,相位误差不超过 10°。

准同期方式最大的优点是:并列合闸时冲击电流小,不会对系统带来大的影响。

准同期方式的缺点是:①并列操作时间较长。这是因为电压和频率的调整,相位相同瞬间的捕捉较麻烦。在系统事故情况下,系统频率和电压急剧变化,使同期困难更大;②操作要求高。如果运行人员技术不够熟练,掌握的合闸时间不准确,有可能造成非同期并列；③操作系统复杂，要求严格。

准同期方式又分为手动准同期和自动准同期两种方式。

2. 自同期方式

自同期方式是指发电机在同期合闸前不加励磁，当发电机的转速接近额定转速的时候，合上断路器，然后再合上灭磁开关，给发电机加上励磁，待并发电机借助电磁力矩自行拉入同步。自同期并列的实质是先并列，后进入同步状态。

自同期方式的优点是：①并列过程快，特别是在事故情况下，能使机组迅速投入系统；②操作简单，不会造成非同期合闸；③接线简单，易于实现自动化。

自同期方式的缺点是：①并列瞬间冲击电流大，对系统和机组产生不利影响；②并列瞬间引起系统电压短时严重下降。因为发电机并列前未加励磁，将从电网中吸取很大的无功电流；③两个系统之间不能采用自同期并列。

任务二 同期点及同期方式设置

一、同期点的概念

在电力系统中，当断路器跳闸后，两侧电压有可能不同步或出现不同系统电源时，则该断路器就有可能要进行同期操作，此断路器则称为同期点。同期点两侧的电压称为同期电压。

二、同期点的设置原则

按照规程，同期点及同期方式的具体设置如下：

① 发电机出口断路器应设置同期点。火电厂同时设手动和自动准同期方式。

② 发电机－双绕组升压变压器组高压侧、发电机－三绕组变压器组各电源侧断路器应设同期点。火电厂同时设手动和自动准同期方式。

③ 对侧有电源的双绕组升压变压器低压侧，有电源的三绕组变压器各侧断路器应装设同期点。一般采用手动准同期方式。

④ 母线分段、母线联络断路器和旁路断路器应设同期点。一般采用手动准同期方式。

⑤ 接在母线上对侧有电源的线路断路器应设同期点。一般采用手动准同期方式。

⑥ 多角形和外桥形接线中，与线路相关的两个断路器均设为同期点。

任务三 自动准同期装置作用及类型

一、自动准同期装置作用

自动准同期装置除了能够自动寻找到同期点、发同期合闸令以外，还可根据实际情况，发出增加频率、增加电压、降低频率、降低电压的脉冲控制信号控制励磁和调速器，从而加快同期合闸的时间。

二、自动准同期装置的类型

在准同期并列操作时，合闸信号控制单元是准同期并列装置的核心部分，其控制原则是当频率和电压都满足并列条件的情况下，在发电机电压矢量 $\dot{U}_G$ 与系统电压矢量 $\dot{U}_X$ 相位重合之前提前发出合闸脉冲信号。两电压相量重合之前的信号称为提前量信号。

按提前量的不同，准同期并列装置可分为恒定导前时间和恒定导前相角的自动准同期装置两种原理。

1. 恒定导前时间自动准同期装置

恒定导前时间准同期是指在发电机电压矢量 $\dot{U}_G$ 和系统电压矢量 $\dot{U}_X$ 重合之前的某一

恒定时间发出合闸脉冲的同期方式。这一恒定导前时间用 t_{YJ} 来表示，它不随频率差大小而变，通常将这一时间按断路器固有合闸时间来整定。该装置的优越性在于，在不同频差情况下，只要在 t_{YJ} 发出合闸脉冲，均可合闸于相角差过零点。目前广泛使用的自动准同期装置都属于这种类型。

虽然从理论上讲，按恒定导前时间原理工作的自动准同期装置可以使合闸相角差 δ 等于零，但实际上，由于装置的导前信号时间、出口继电器的动作时间以及断路器的合闸时间存在着分散性，因而并列时仍难免具有合闸相角误差。

2. 恒定导前相角自动准同期装置

恒定导前相角准同期是指在发电机电压矢量 $\dot{U}_G$ 和系统电压矢量 $\dot{U}_X$ 重合之前的某一恒定相角发出合闸脉冲的同期方式。这一恒定导前相角用 δ_{YJ} 来表示，它不随频率差大小而变。假设发电机电压矢量 $\dot{U}_G$ 和系统电压矢量 $\dot{U}_X$ 之间存在滑差角频率 ω_d，而 $\delta_{YJ} = \omega_d t$，由于 δ_{YJ} 恒定，故该装置提前发合闸脉冲的时间 t 随 ω_d 的大小而改变，不可能总保证与断路器的合闸时间相等。因而这种装置很难保证断路器触头刚好在相角差 δ 等于零时合上，故同期时有较大的冲击。

这种原理构成的自动准同期装置结构比较简单，但因为不能保证实现无冲击的并列，故一般用于小型机组。

思考题

1. 同期条件有哪些？
2. 同期方式有哪几类？各有何特点？
3. 同期点的设置原则有哪些？
4. 自动准同期装置为什么要设置恒定导前时间？

项目二　典型同期装置介绍

任务一　RCS-9659 数字式准同期装置

传统模拟式自动准同期装置合闸时间较长，准同期并列操作的准确性不高，易引起较大的冲击电流，另外，由于装置元件老化或因温度变化引起的参数变化，也会使导前时间产生误差。随着电力系统的发展，单机容量增大，对并列允许相角差的要求相应提高。由微机构成的数字式同期装置，由于结构简单，编程方便，运行可靠，且技术上已日趋成熟，是当前主要自动并列装置。概括微机准同期装置有如下特点：

① 整步电压不以模拟量出现，因此不存在纹波影响元件参数变化而引起的合闸相角差。

② 便于考虑滑差角频率 ω_d 不同的变化规律，实现快速捕捉准同期并列条件。

③ 以最优控制策略，对待并发电机的电压和频率进行调节，加速并列过程。

④ 能提供本次并列断路器实时合闸时间，为实现准确导前时间提供可靠依据。

⑤ 保证并列角度的可靠性，采用校验与诊断软件。

⑥ 在软件速度允许的条件下，可以实现几台发电机同时并列。

RCS-9659 为数字式准同期装置，可用作发电机并网、线路的同期检同期合闸操作。下面以 RCS-9659 数字式准同期装置为例，对装置功能和结构原理进行简单介绍。

装置配置了手动准同期并列、半自动准同期并列、自动准同期并列、检无压并列等功能。可对发电机进行调频、调压控制，检测同期条件满足时，发出同期合闸命令。装置最多可完成 10 个点的同期功能。

一、同期功能配置

① 自动准同期：装置处于自动同期方式，由远方发遥控合闸命令，通过遥控合闸接点，启动同期装置，装置自动完成同期合闸过程。

② 半自动准同期：装置处于半自动同期方式，人工选择同期点，人工启动同期装置，装置自动完成同期合闸过程。

③ 手动同期：装置处于手动同期方式，人工选择同期点，人工启动同期装置，人工调节电压和频率，人工把握合闸条件和合闸时机，人工合闸。

④ 10 个同期点：每个同期点单独进行调压和调速，也可不调。

二、面板布置

装置面板上布置有液晶、键盘、LED 指示灯、维护通信口、测试信号输入口和复归按钮（图 5-1），面板上有 8 个 LED 指示灯，每个指示灯的含义见表 5-1。

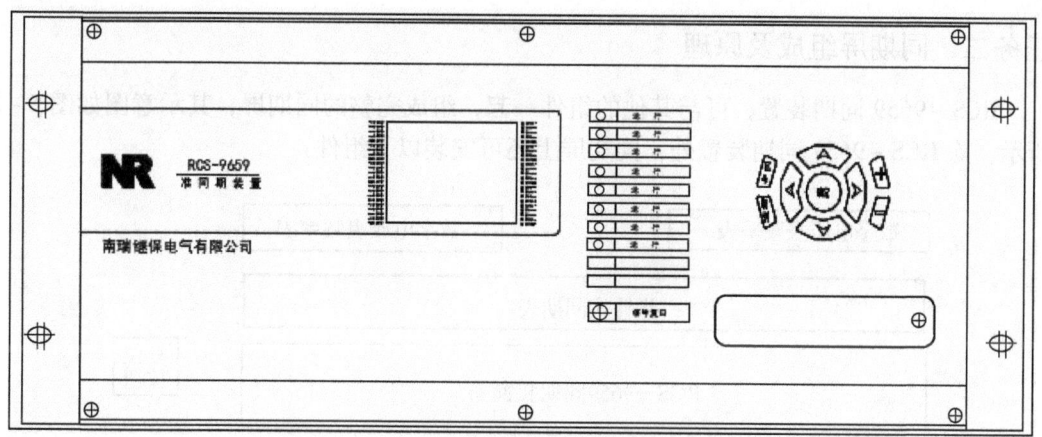

图 5-1 装置正面布置图

表 5-1 LED 指示灯含义

序号	标识	颜色	含 义
1	运行	绿色	亮：装置正常后 灭：装置闭锁时
2	报警	黄色	亮：有装置报警时 灭：无装置报警后
3	执行	红色	亮：启动同期过程时 灭：复归同期过程后

续表 5-1

序号	标识	颜色	含义
4	加速	红色	亮：发加速脉冲时 灭：无加速脉冲后
5	减速	红色	亮：发减速脉冲时 灭：无减速脉冲后
6	升压	红色	亮：发升压脉冲时 灭：无升压脉冲后
7	降压	红色	亮：发降压脉冲时 灭：无降压脉冲后
8	合闸	红色	亮：发合闸脉冲时，并保持 灭：信号复归 （按复归按钮时，或按信号复归按钮或远方复归）

在自动同期和半自动同期方式下，按复归按钮可复归面板上的合闸信号灯以及中央信号。另外，在自动同期和半自动同期方式下，合闸信号灯以及中央信号可远方复归。注意，手动同期方式下，按同期屏上的信号复归按钮复归合闸信号灯以及中央信号。

任务二 同期屏组成及原理

RCS-9659 同期装置，可与其他的组件一起，组成完整的同期屏，其示意图如图 5-2 所示。除 RCS-9659 同期装置外，同期屏上还可安装以下组件：

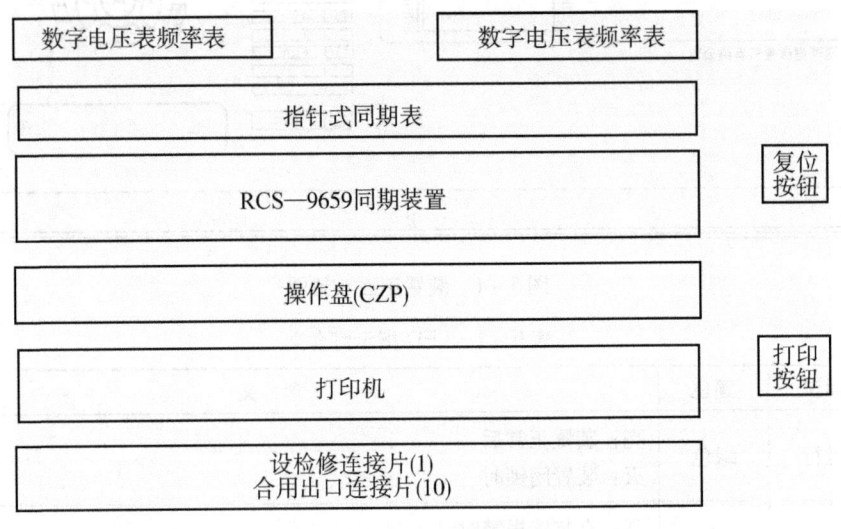

图 5-2 同期屏屏面布置图

① 操作盘（CZP）。
② 打印按钮。
③ 信号复归按钮。

④ 投检修态。
⑤ 数字电压频率表。
⑥ 同期表。
⑦ 同期继电器。
⑧ 打印机。

一、操作盘（CZP）

操作盘用于对同期装置的手动操作，其布置示意图见图 5-3。操作盘上有一些操作按钮，按钮使用说明见表 5-2。

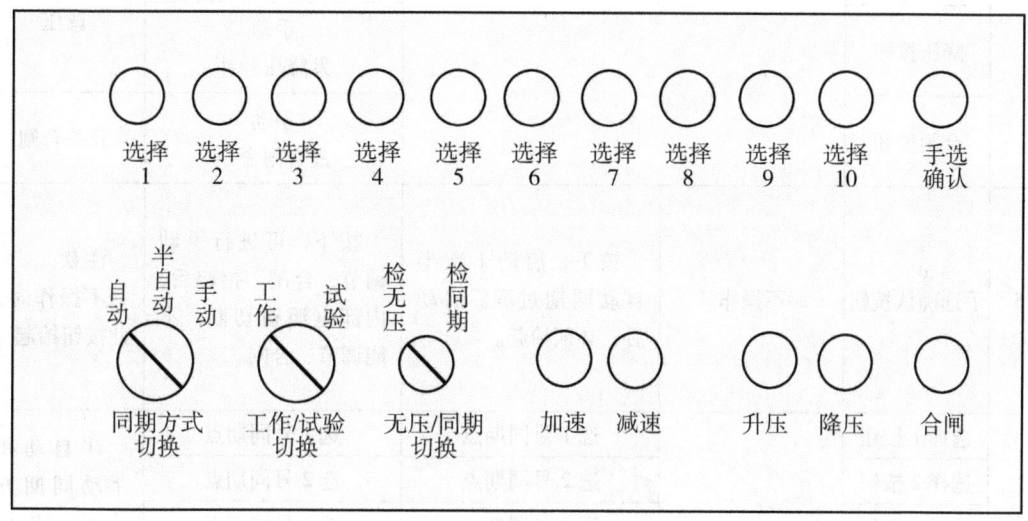

图 5-3 操作盘布置示意图

表 5-2 操作按钮使用说明

序号	操作按钮名称	自动同期方式	半自动同期方式	手动同期方式	备注
1	同期方式切换开关	转到"自动"位置	转到"半自动"位置	转到"手动"位置	用于同期方式切换
2	工作/试验切换开关	工作：转到"工作"位置，装置调节、合闸可出口 试验：转到"试验"位置，装置调节、合闸不出口			用于临时试验
3	无压/同期切换开关	不操作（仅由定值控制字决定）	检无压或同期（由定值控制字和此开关共同决定，在半自动同期方式下，若想进行检无压合闸，不仅此控制字要投入，而且操作盘上的"检无压/同期"转动开关要转到"检无压"位置）	检无压或同期（仅由此开关决定，在手动同期方式下，若此开关转到"检同期"位置，检同期由同期继电器完成，当同期继电器常闭接点闭合时，手动合闸才可出口，若此开关转到"检无压"位置，同期继电器常闭接点被旁路）	此切换开关只在半自动同期和手动同期方式下有效

续表 5-2

序号	操作按钮名称	自动同期方式	半自动同期方式	手动同期方式	备注
4	加速按钮	不操作此按钮，由装置自动调节、自动合闸		手动发加速脉冲	发电机调速
	减速按钮			手动发减速脉冲	
	升压按钮			手动发升压脉冲	发电机调压
	降压按钮			手动发降压脉冲	
	合闸按钮			手动发合闸命令	开关合闸
5	手选确认按钮	不操作	按下，启动1次半自动同期过程。启动后，必须抬起。	按下，可进行手动调节、合闸，抬起后，内部电源被切断，不能调节、合闸。	注意：不操作时，此按钮抬起
6	选择1按钮	不操作	选1号同期点	选1号同期点	半自动和手动同期方式下，这10个选择按钮只能按下其中的1个。若同时按2个以上，则第一个起作用，其他的不起作用
	选择2按钮		选2号同期点	选2号同期点	
	选择3按钮		选3号同期点	选3号同期点	
	选择4按钮		选4号同期点	选4号同期点	
	选择5按钮		选5号同期点	选5号同期点	
	选择6按钮		选6号同期点	选6号同期点	
	选择7按钮		选7号同期点	选7号同期点	
	选择8按钮		选8号同期点	选8号同期点	
	选择9按钮		选9号同期点	选9号同期点	
	选择10按钮		选10号同期点	选10号同期点	

二、信号复归按钮

信号复归按钮用于中央信号和合闸信号灯的复归。另外，RCS-9659 的面板上也有一个复归按钮，用这个按钮也可以复归中央信号和合闸信号灯。这两个按钮的功能基本相同，但有一点差别：屏上的信号复归按钮可以复归因手动合闸而点亮的合闸信号灯，复归按钮则不能。本装置可以远方信号复归（手动合闸除外）。

三、数字电压频率表

数字电压频率表的作用是在手动同期方式下，现场操作员依据数字电压频率表的指示，进行升压、降压、加速和减速操作。应该注意的是：由于本装置具有10个同期点，而外接的数字电压频率表只有一对（系统侧和发电机侧各一只），所以10个同期点共用这一对数字电压频率表。

四、同期表

手动同期方式下，现场操作员依据同期表的指示进行合闸。常用的同期表为组合式同期表，如图5-4所示。同期由三部分组成：频差检测部分、电压检测部分和同期检测部分。

图5-4 组合式同期表

1. 频差检测

同期表左侧的指针指出系统和机组的频率差的大小。向"+"偏转，表示系统频率大于机组频率，反之表示系统频率低于机组频率。偏差越大，指针偏离中间位置越大。

2. 压差检测

同期表右侧的指针指出系统和机组的压差的大小。向"+"偏转，表示系统电压大于机组电压，反之表示系统电压低于电压频率。偏差越大，指针偏离中间位置越大。

3. 同期检测

同期表中间为同期检查结果指示。当同期表指针顺时针方向旋转时，表示待并发电机频率比系统高，应减低待并发电机转速；当同期表指针逆时针方向旋转时，表示待并发电机转速太低，应加快待并发电机的转速。指针偏离同期点指示出相位的差值大小。同时，指针的转速反映相位差值变化的快慢。

应用注意事项：由于本装置具有10个同期点，而外接的同期表只有一只，所以10个同期点共用这一只同期表。因此，若希望这一只同期表对10个同期点都有效，则在设计时必须考虑10个同期点两侧的二次电压角差相同，同时必须考虑两侧TV二次接地问题（如一侧B相接地，而另外一侧中性点接地）。

五、同期继电器

1. 作用

为防止非同期合闸，一般在同期的自动、手动回路中安装有同步检查继电器。如果同步点两侧电压相角差超过同步检测继电器整定的动作角度时，继电器动作，常开触点打开，断开合闸脉冲回路，断路器就无法合闸。只有当相角差小于整定角度时，常开触点才会闭合，允许发出合闸脉冲。这样就防止了非同期合闸，起到了闭锁作用。

本装置同期继电器的作用有二：

① 手动同期方式下，防止人为的误操作。

② 自动同期和半自动同期方式下，可作为同期的判据之一（见装置定值中的同期继电器闭锁投入控制字）。若此控制字投入（值为1），则进行同期条件判断时，还要判断同期继电器的常闭接点是否闭合，若闭合则此条件满足，若打开则此条件不满足；若此控制字不投入（值为0），则进行同期条件判断时，不判断同期继电器接点。

2. 同期继电器的原理

如图 5-5 所示，当系统侧与发电机侧电压相角差小于设定值时，其常闭触点（CJ-2）闭合，常开触点（CJ-1）打开。相反，当系统侧与发电机侧电压相角差大于设定值时，其常闭触点打开，常开触点闭合。同期继电器相角差定值的设定是通过调节其上的电位器进行设定的。

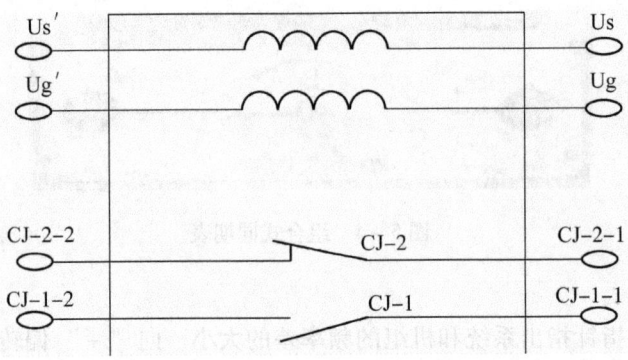

图 5-5 同期继电器原理

任务三 同期装置定值设置

1. 定值单

装置共有 10 个同期点，每个同期点有一组定值，共 10 组定值。每组定值说明见表 5-3。

表 5-3 同期点定值单说明

序号	定值名称	典型值	整定范围	整定步长	备 注
1	并列点序号				取值 1~10，不可整定
2	系统二次额定电压	57.70	57.70~100.00	0.01	单位为 V
3	发电机二次额定电压	57.70	57.70~100.00	0.01	
4	允许频差	0.25	0~0.50	0.01Hz	单位为 Hz
5	频差加速度闭锁	3.00	1~10.00	0.01Hz/s	单位为 Hz/s
6	允许压差	10%	5%~30%	1	
7	判无压门槛	30%	5%~30%	1	
8	相差补偿值	0	0~330	1 度	指系统侧超前发电机侧的角度，单位为度
9	调频脉宽	500	10~9999	1ms	
10	调频周期	2000	10~9999	1ms	
11	调压脉宽	500	10~9999	1ms	单位为毫秒
12	调压周期	2000	10~9999	1ms	
13	合闸脉宽	500	10~9999	1ms	
14	断路器合闸时间	30	20~999	1ms	

续表5-3

序号	定值名称	典型值	整定范围	整定步长	备注
15	同期复归时间	30	20～999	1s	单位为秒
以下为整定控制字SWn,控制字的位置"1"相应功能投入,置"0"相应功能退出					
16	自动调频及调压	1	0/1		
17	检无压合闸投入	0	0/1		
18	"TV"断线判据投入	0	0/1		接三相电压输入时用
19	同期继电器闭锁投入	0	0/1		
20	断路器辅助触点投入	1	0/1		

2. 每组定值具体含义

① 并列点序号：在面板目录〈菜单选择〉-〈整定定值〉-〈运行定值〉-〈N号并列点〉中，此定值指明定值区所属并列点。本装置中，10个序号对应10个并列点，序号1对应并列点1，序号2对应并列点2……序号10对应并列点10。10组定值按并列点1、并列点2……并列点10的固定顺序依次排放，不能更改。

② 系统二次额定电压：指系统侧TV二次额定电压。

③ 电机二次额定电压：指发电机侧TV二次额定电压。

④ 允许频差：指合闸时允许的发电机和系统侧频率差闭锁值，发电机频率可以高于系统频率，也可以低于系统频率。

⑤ 频差加速度闭锁：指发电机和系统频率差的变化率闭锁定值，约为0.3Hz/s。

⑥ 允许压差：指发电机和系统侧电压差闭锁值，发电机电压可高于系统侧电压，也可低于系统侧电压。

⑦ 判无压门槛：判无压合闸时检无压定值，为额定电压百分值，当电压低于此值，即判定为无压。

⑧ 相角差补偿值：指系统侧电压超前发电机侧电压的角度（0～330°）。例如，如图5-6所示，设发电机侧TV取线电压，系统侧TV取线电压，变压器为Δ-Y11连接，即发电机侧为Δ连接，系统侧为Y连接。图中，$\dot{U}_{G1}$表示发电机侧一次线电压，$\dot{U}_{G2}$表示发电机侧二次线电压，$\dot{U}_{S1}$表示系统侧一次线电压，$\dot{U}_{S2}$表示系统侧二次线电压。由相量图可得：$\dot{U}_{S1}$超前$\dot{U}_{G1}$角度为30°，即$\dot{U}_{S2}$超前$\dot{U}_{G2}$角度为30°，此角度即为相角补偿值。

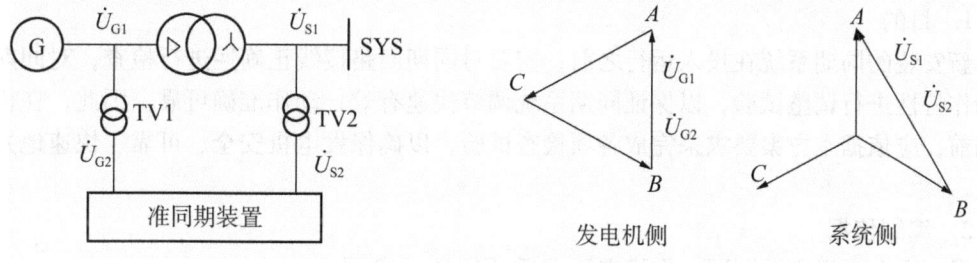

图5-6 系统侧电压超前发电机侧电压

⑨ 调频脉宽：调频时所发脉冲宽度，单位为 ms。

⑩ 调频周期：调频时所发脉冲周期，单位为 ms。注意调频周期必须大于调频脉宽，最好将调频周期设为调频脉宽的整数倍（如 2 倍、4 倍等）。

⑪ 调压脉宽：调压时所发脉冲宽度，单位为 ms。

⑫ 调压周期：调压时所发脉冲周期，单位为 ms。注意调压周期必须大于调压脉宽，最好将调压周期设为调压脉宽的整数倍（如 2 倍、4 倍等）。

⑬ 合闸脉宽：合闸时所发脉冲宽度，单位为 ms。

⑭ 断路器合闸时间：从发合闸脉冲到断路器闭合时的时间，单位为 ms。断路器辅助触点控制字投入时，本装置有实时测量断路器合闸时间（从发合闸脉冲到断路器辅助触点开入变化）功能，每次合闸完毕，面板显示本次合闸时间。此时间值仅作为断路器合闸时间定值的参考。

⑮ 同期复归时间：从同期启动到复归的最大时间，单位为 s。超过此时间未能满足同期条件，则复归整个同期过程。

⑯ 自动调频及调压：控制字为"1"时，装置自动调频调压。为"0"时，不调节。

⑰ 检无压合闸投入：控制字为"1"时，装置检无压合闸。为"0"时，装置检同期合闸时不自动转检无压合闸。另外，在半自动同期方式下，若想进行检无压合闸，不仅此控制字要投入，而且操作盘上的"检无压/同期"转动开关要转到"检无压"位置。

⑱ PT 断线判据投入：控制字为"1"时，装置检测是否 PT 断线。为"0"时不检测。

⑲ 同期继电器闭锁投入：控制字为"1"时，装置检测同期继电器状态。为"0"时不检测。

⑳ 断路器辅助触点投入：控制字为"1"时，装置检测断路器辅助触点开入，此开入启动一次录波功能。为"0"时不检测。

思考题

1. RCS – 9659 装置具备哪些功能？
2. RCS – 9659 装置中同期继电器的作用是什么？
3. RCS – 9659 装置中相角差补偿值如何设定？

项目三　同期装置调试方案实例

1. 目的

新安装的同期系统在投入运行之前，需要对同期回路接线正确性进行检查，对同期装置动作特性进行调整试验，以保证同期系统调节快速有效，动作准确可靠。因此，在机组并网前，应依据本方案要求来完成各项检查试验，以确保发电机安全、可靠、快速地并入系统。

2. 编制依据

①《火电工程启动调试工作规定》建质［1996］40 号
②《电气设备安装工程电气设备交接试验标准》（GB 50150—2006）

③《火力发电厂基本建设工程启动及竣工验收规程（1996）》
④《电气装置安装工程电缆线路施工及验收规范（2006）》
⑤《电气装置安装工程接地装置施工及验收规范（2006）》
⑥《电气装置安装工程盘、柜及二次回路接线施工及验收规范（1996）》
⑦ 制造厂技术规范
⑧ 设计院图纸、初设电气部分说明书

3．设备系统简介

本台机组的同期并列点为变压器高压侧 221 断路器。本工程采用自动准同期方式，自动准同期装置为深圳智能 SID-2CM 型，装于发变组中央信号继电器屏上。控制台上不设同期开关。

SID-2CM 型同期装置的突出特点是：对频率控制采用了模糊控制技术，具有良好的均频和均压控制品质，从而能快速促成准同期条件的到来；合闸控制在软件及硬件上采取多重闭锁，杜绝误合闸的可能性；软件计算中不仅考虑并网时的频差，而且考虑了频差的变化率，同时采用了合闸角预测技术，可准确捕捉到第一次出现的准同期时机，能保证发电机在无相差的情况下并入电网。

自动准同期装置与 DCS、DEH 和励磁调节器之间通过硬接线联系，通过 DCS 系统实现对同期装置的投入、退出控制和复位操作，简化了并网操作步骤。

SID-2CM 型同期装置系统侧电压取 220kV 母线 TA 电压，待并侧（发电机侧）取发电机出口 TA 线电压，待并侧和系统侧夹角需在 SID-2CM 型同期装置内补偿。

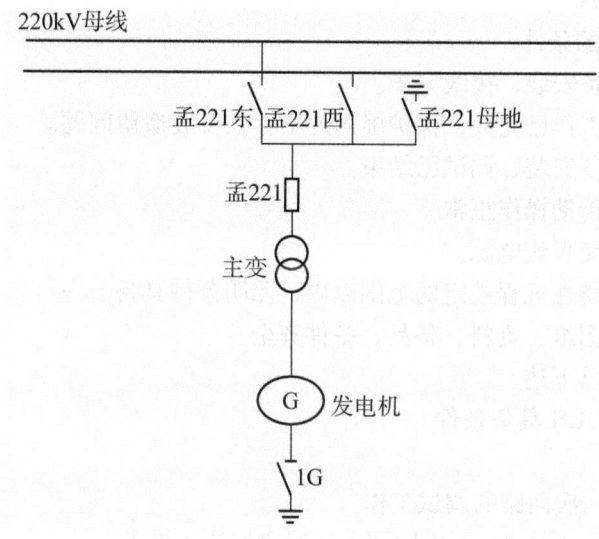

图 5-7　发电机主变压器接线图

4．调试内容及验评标准
① 同期系统二次回路的调试工作。
② 发电机微机准同期装置校验及整定。
③ 同期系统控制回路传动试验。
④ 发电机带空母线零起升压检查同期电压回路。

⑤ 自动准同期装置调频、调压控制系数调整试验。
⑥ 自动假同期试验。
⑦ 自动准同期并网。

5. 组织分工

① 调试单位负责编写同期系统检查及投入指导书，上电前对参加调试的有关单位人员进行技术交底，准备好试验仪器设备，作好试验记录，解决上电调试过程中出现的技术问题。

② 生产单位负责电源来源和上电过程中的设备操作，以及试验完毕后的同期装置代管和同期的安全运行。

③ 施工单位（单体调试）负责同期设备上电的安全隔离措施，负责现场的安全、消防、保卫等任务，并负责设备检修和临时措施的拆装工作。

④ 监理单位负责调试过程中质量、程序的全程监督。

6. 仪器设备的配置

调试单位应准备好如下仪器设备：
① 交流电压表。
② 数字万用表。
③ 相序表。
④ 相位表。
⑤ 微机试验装置。
⑥ 兆欧表（500V）。

7. 调试应具备的条件

① 所有二次设备安装、接线完毕。
② 控制室土建工作已完成，保护屏内外不存在安装遗留问题。
③ 相关一次设备安装、调试已结束。
④ 开关、刀闸传动操作正常。
⑤ 具备合格的交直流电源。
⑥ 环境温度保持在规程规定的范围以内，照明条件具备。
⑦ 保护装置的图纸、资料、备品、备件齐全。
⑧ 定值通知单已下达。
⑨ 励磁系统、DEH 具备条件。

8. 调试步骤

（1）同期系统二次回路的调试工作
① 检查发电机和系统 TV 二次同期电压回路接线正确无误。
② 检查同期系统控制回路接线与设计原理一致。
③ 检查同期报警信号回路接线正确无误。
④ 同期回路中的直流中间继电器按规程校验完毕。
⑤ 校验同期系统在 DCS 画面上的测点精确可靠。

（2）微机准同期控制器校验及整定
① 整定并列允许电压差及允许过电压保护定值。

② 合闸允许频差整定。设置合闸允许频差参数为±0.16Hz，维持发电机和系统电压均为100V，模拟系统和发电机频率为50Hz。进入调试界面，维持系统频率不变，缓慢降低发电机频率，直至显示屏刚好稳定显示为止，记录此时发电机频率测值；再维持系统频率不变，缓慢增加发电机频率，直至显示屏稳定显示为止，记录此时发电机频率测值，计算频差闭锁范围。

③ 调压部分检查。调节发电机和系统频差在允许范围之内，维持系统电压为100V。降低发电机电压至压差整定范围之外，观察升压继电器动作正确，测量输出调压脉冲正常；再升高发电机电压至压差整定范围之外，观察降压继电器动作正确，检查在调压过程中合闸不会出口。

④ 调频部分检查。调节发电机和系统压差在允许范围之内，维持系统频率为50Hz。降低发电机频率至频差整定范围之外，观察加速继电器动作正确，测量输出调速脉冲正常；再增加发电机频率至频差整定范围之外，观察减速继电器动作正确，测量输出调速脉冲正常，检查在调速过程中合闸不会出口。

⑤ 合闸部分检查。用同一试验电源输出两路电压信号，分别加至同期装置系统电压和发电机电压输入端子，改变两路电压信号之间的相位差，观察相位指示灯指示正确。整定断路器合闸导前时间为某一值，改用两套试验电源分别调节发电机和系统压差、频差均在允许范围之内，观察相位指示灯旋转方向正确，发电机频率高于系统频率时，指示灯应顺时针旋转。观察合闸信号能正确发出，测量合闸脉冲输出正常。

⑥ 发电机过压保护检查。用试验电源模拟调节发电机达到115%额定值，检查同期装置切断加速回路，并持续发出降压指令。

⑦ 低压闭锁检查。用试验电源模拟调节系统或发电机电压低于额定电压65%以下，检查同期装置停止操作，并发出失压报警信号。

(3) 同期系统控制回路传动试验

① 在DCS画面分别进行自动准同期装置的投入、解除和复位操作，检查自动准同期装置动作正确。

② 通过自动准同期装置发出增速、减速脉冲，检查汽轮机调速系统动作正确。

③ 通过自动准同期装置发出升压、降压脉冲，检查励磁调节装置动作正确。

④ 通过自动准同期装置发出合闸脉冲，检查断路器动作正确。

(4) 同期电压回路检查

① 220kV变电站Ⅰ母（Ⅱ母）腾空，220kVⅡ母（Ⅰ母）电压正常，TA的二次保险、开关投入（Ⅰ母或Ⅱ母的选用以调度措施为准）。

② 投入发变组保护。

③ 投入励磁系统，合上变压器高压侧孟221断路器，加励磁使发电机带母线零起升压至额定。

④ 测量发电机和母线TV二次电压及相序，检查同期装置的两路同期输入电压信号应幅值相等，待并侧超前系统侧30°（在装置内部转角）。

⑤ 在DCS画面上操作投入自动准同期装置，检查同期装置面板相位指示灯指在零位（同步点）。

⑥ 退出自动准同期装置，将发电机电压降为零。

⑦ 断开变压器高压侧孟 221 断路器，退出励磁开关。

⑧ 按调度措施要求 220kV 变电站Ⅰ母Ⅱ母恢复运行。

(5) 自动准同期装置调频、调压控制系数调整

① 孟 221 开关及刀闸均保持在断开位置，临时短接孟 221 东刀闸的辅助接点，使系统侧二次电压引入同期回路。

② 合上灭磁开关，加励磁使发电机升压至额定。

③ 断开自动准同期装置的合闸回路。

④ 投入同期装置，手动将发电机频率、电压调偏，投入同期装置的调速及调压功能，观察发电机频率或电压的变化情况。如调节过猛，出现过调现象，导致频率与电压来回在额定值上下摆动，说明调频控制系数（或调压控制系数）取值过大，可调低此项参数设置；如果发现调节过程很慢，频差或压差迟迟不能进入允许范围，则应增大调频控制系数（或调压控制系数）。重复以上步骤，直到调节过程既快速又平稳为止。

⑤ 退出同期装置，恢复自动准同期装置的合闸回路接线。

(6) 自动假同期试验

① 完成录波器接线，将录波器置于待触发状态。录入量如下：

a. 同期装置合闸接点信号；

b. 同期包络线电压。

② 调速系统、励磁调节设为（自动）控制方式，投入自动准同期装置，观察自动准同期装置动作情况。

③ 变压器高压侧孟 221 断路器合上后，退出自动准同期装置。

④ 根据录波情况，并对比同期装置测得的断路器操作回路实际合闸时间，调整导前时间参数，重新进行假同期试验。

⑤ 合格后拆除（5）①步骤中的临时短接线，准备进行自动准同期并列。

(7) 自动准同期并网

① 检查变压器高压侧断路器孟 221 在断开位置，合上变压器高压侧隔离刀闸。

② 将发电机电压、频率调至与系统相近。

③ 完成录波器接线，将录波器置于待触发状态。录入量如下：

a. 同期包络线电压；

b. 变压器高压侧断路器辅助接点。

④ 调速系统、励磁调节设为（自动）控制方式，投入自动准同期装置，观察自动准同期装置动作情况。

⑤ 变压器高压侧孟 221 断路器合上后，退出自动准同期装置。

⑥ 并网后，运行人员马上带少量的无功负荷和有功负荷，维持机组的稳定运行。

9. 安全注意事项

① 参加试验人员，应了解试验方法与范围，不得随意操作与试验无关设备。

② 同期装置参数必须正确无误，否则将影响到装置的正常运行，设置完毕后应做好记录，并防止随意更改。

③ 做试验时，如同期装置都一直是带电状态，则每次试验时都应对装置进行复位操作。

④做假同期并网前,应在 DEH(汽轮机数字电液控制系统)柜把并网信号事先拆除。

10. 环境控制措施

① 施工现场环境要求:与调试有关的设备、构筑物的建筑工程质量,应符合国家现行的建筑工程施工及验收规范的有关规定,并验收合格。

② 废料回收:调试完成后,及时回收调试过程中产生的废纸、电缆皮、线芯头、废电缆刀片等。

学习情景六　电气二次回路识图与设计

教学目标

掌握主要二次设备的配置与选择；熟悉二次回路图基本符号（图形符号、文字符号和项目代号）；理解二次回路的编号原则和相对编号法；掌握绘制二次接线图的方法和设计原则，并进行设计；能熟练阅读各种电气二次接线图。

项目一　二次设备的选择

任务一　二次回路保护设备的选择

二次回路的保护设备是用来切除二次回路的短路故障，并作为回路检修和调试时断开交、直流电源之用。保护设备一般采用熔断器，也可以采用自动开关。

一、熔断器的配置和选择

1. 熔断器的配置

① 同一个安装单位的控制、保护和自动装置一般合用一组熔断器。

② 当一个安装单位内只有一台断路器时（如35kV或110kV出线），只装一组熔断器。

③ 当一个安装单位有几台断路器时（如三绕组变压器各侧断路器），各侧断路器的控制回路分别装设熔断器。

④ 对公用的保护回路，应根据主系统运行方式，决定是接于电源侧断路器的熔断器上，还是另行设置熔断器。

⑤ 发电机出口断路器和自动灭磁装置的控制回路一般合用一组熔断器。

⑥ 两个及以上安装单位的公用保护和自动装置回路（如母线保护等），应装设单独的熔断器。

⑦ 公用的信号回路（如中央信号等）应装设单独的熔断器。

⑧ 厂用电源和母线设备信号回路一般分别装设公用的熔断器。

⑨ 闪光小母线的分支线上，一般不装设熔断器。

信号回路用的熔断器均应加以监视，一般用隔离开关的位置指示器进行监视，也可以用继电器或信号灯来监视。

2. 熔断器的选择

熔断器应按二次回路最大负荷电流选择，即

$$I_N = \frac{I_{LD \cdot max}}{K} \tag{6-1}$$

式中　I_N——熔件的额定电流，A；

$I_{\text{LD·max}}$——二次回路最大负荷电流，A；

K——配合系数，一般取 1.5。

任务二　控制和信号回路设备的选择

一、控制开关的选择

控制开关应根据回路需要的触点数，回路的额定电压、额定电流和分断容量，操作回路及操作的频繁程度等进行选择。

二、信号灯及附加电阻的选择

灯光监视控制回路的信号灯及附加电阻按下列条件进行选择：

① 当灯泡引出线上短路时，通过跳合闸操作线圈的电流应小于其最小动作电流及长期热稳定电流，一般不大于操作线圈额定电流的 10%。

② 当直流母线电压为额定电压的 95% 时，加在信号灯上的电压不应低于信号灯额定电压的 60%～70%，以便保证适当的亮度。

三、继电器和接触器的选择

1. 跳合闸回路中的中间继电器和合闸接触器的选择

跳合闸中间继电器电流（自保持）线圈的额定电流，除应配电磁操作机构的断路器由于合闸电流大，合闸回路设有合闸接触器，合闸继电器需按合闸接触器的额定电流选择外，其他跳合闸继电器均按断路器的合闸或跳闸线圈的额定电流来选择，并保证动作的灵敏系数不小于 1.5。

2. 跳合闸位置继电器的选择

跳合闸位置继电器除按直流额定电压、需要的触点类型和数量进行选择外，还应满足：

① 在正常情况下，通过跳合闸操作线圈的电流应小于其最小动作电流及长期热稳定电流。

② 在直流母线电压为其额定电压的 85% 时，加于继电器的电压不应小于继电器额定电压的 70%，以保证继电器可靠动作。

3. 防跳继电器的选择

（1）型式的选择

应采用电流启动电压保持的中间继电器，其动作时间应不大于继电器的固有跳闸时间。

（2）参数的选择与整定

电流启动线圈的额定电流按断路器跳闸线圈额定电流的 1/2 来选择。它的动作电流整定为额定电流的 80%，以便保证直流母线电压降低至其额定电压的 85% 时，继电器仍能可靠动作，并保证动作的灵敏系数不小于 1.5。

电压自保持线圈的额定电压按直流母线的额定电压来选择，其保持电压整定为额定电压的 80%。

任务三　二次回路导线的选择

二次回路导线包括电缆与绝缘导线。

一、按机械强度要求选择

① 连接强电：截面不小于 1.5mm²。

② 连接弱电：截面不小于 0.5mm^2。

二、按电气性能要求选择

① 保护和测量的电流回路截面不小于 2.5mm^2。

② 在保护的电流回路，所选导线（截面）要经电流互感器 10% 误差缺陷校核。

③ 在电压回路的导线（截面）要满足计费电能表不大于 0.5% 压降，保护与测量不大于 3% 压降。

④ 在操作回路中，所选导线（截面）应满足最大压降（含回路中电流线圈阻抗）不大于 10% 额定电源电压。

三、控制电缆型式及芯线的选择

控制电缆一般选用聚乙烯或聚氯乙烯绝缘聚氯乙烯护套铜芯控制电缆（KYV、KVV 型），也可选用橡皮绝缘聚氯乙烯护套或氯丁护套铜芯控制电缆（KXV、KXF 型）。当有特殊要求时，采用有防护措施的铜芯电缆，例如：

① 对于计算机、巡检及远动低电平传输线路、数字脉冲传输线路和其他有可能受到强烈电磁场干扰的测量、控制线路，应使用屏蔽电缆或铝包铠装电缆，一般可选用聚氯乙烯绝缘聚氯乙烯护套信号电缆（PVV 型）。当屏蔽要求较高时，可选用聚乙烯绝缘钢带绕包屏蔽塑料电缆（KYP2-22 型），或选用铅包电缆（KXQ20 型），或选用多芯屏蔽电子计算机电缆（DJYVP 型）。

② 敏感的低电平线路，应采取可降低干扰电压的措施，如绞线穿金属管道等。

③ 对不耐光照的绝缘电缆（如聚氯乙烯绝缘电缆），应采用其他防日照措施，以防老化。

④ 在有可能遭受油类污染腐蚀的地方，应采用耐油电缆或采用其他防油措施。为了提高直流系统的绝缘水平，强电控制电缆的额定电压不应低于 500V，弱电控制电缆的额定电压不应低于 250V。控制电缆的型号可参照表 6-1 进行选择。

表 6-1 铜芯控制电缆的型号及使用范围

型 号	名 称	使用范围
KYV	聚乙烯绝缘聚氯乙烯护套控制电缆	敷设在室内、电缆沟中、管道内及地下
KVV	聚氯乙烯绝缘聚氯乙烯护套控制电缆	
KXV	橡皮绝缘聚氯乙烯护套控制电缆	
KXF	橡皮绝缘氯丁护套控制电缆	
KYVD	聚乙烯绝缘耐寒塑料护套控制电缆	
KXVD	橡皮绝缘聚耐寒塑料护套控制电缆	
KYV29	聚乙烯绝缘聚氯乙烯护套内钢带铠装控制电缆	敷设在室内、电缆沟中、管道内及地下，并能承受较大的机械外力作用
KVV29	聚氯乙烯绝缘聚氯乙烯护套内钢带铠装控制电缆	
KXV29	橡皮绝缘聚氯乙烯护套内钢带铠装控制电缆	

注：控制电缆型号字母的含义：
K—控制电缆系列；X—橡皮绝缘；Y—聚乙烯绝缘；V—聚氯乙烯绝缘或护套；F—氯丁橡皮护套；VD—耐寒护套；2—钢带铠装；9—内铠装。

为便于敷设，力求减少电缆的根数，控制电缆选用多芯电缆。当芯线截面为 1.5mm^2 时，电缆芯数不宜超过 37 芯；当芯线截面为 2.5mm^2 时，电缆芯数不宜超过 24 芯；当芯线截面为 4～6mm² 时,电缆芯数不宜超过 10 芯。弱电电缆芯数不宜超过 50 芯。

控制电缆应留有适当的备用芯线作为设计改进或芯线折断时用。电缆芯数及备用芯线应按下列因素,并结合电缆长度、截面及敷设条件等综合考虑。

① 较长的控制电缆在 7 芯以上,截面小于 4mm² 时,应留有必要的备用芯,但同一安装单位的同一起止点的控制电缆中,不必每根电缆都留有备用芯,可在同类性质的一根电缆中预留。

② 对较长的控制电缆应尽量减少电缆根数,同时也应避免电缆芯的多次转接。

③ 一根电缆不宜有两个安装单位的电缆芯,并尽量避免一根电缆同时接至屏的两侧端子排上。在一个安装单位内交、直流回路的电缆截面相同时,必要时可共用一根电缆。

④ 强电回路和弱电回路不应共用同一根电缆,以免强电回路对弱电回路干扰。

四、控制电缆截面的计算

按机械强度要求,铜芯控制电缆芯线截面不应小于 1.5mm²。

1. 电流回路控制电缆的选择

电流回路用的控制电缆芯线截面不应小于 2.5mm²,其允许电流为 20A。由于电流互感器二次额定电流为 5A。因此,不需按额定电流校验电缆芯线截面,也不需要按短路电流校验其热稳定,只需按电流互感器准确度等级所允许的导线阻抗来选择电缆芯线的截面。

(1) 测量仪表电流回路控制电缆的选择

测量仪表用的电流互感器二次负荷,要求在正常运行时,不应大于该准确度等级下的二次额定负荷 Z_{2N},则 Z_{2N} 可表示为

$$Z_{2N} = K_1 Z_{21} + K_2 Z_{23} + R \tag{6-2}$$

式中 Z_{2N}——电流互感器在某一准确度等级下的二次额定阻抗,Ω。

Z_{21}——连接导线阻抗,当忽略其电抗时,$Z_{21} = R_{21}$,Ω;

Z_{23}——测量仪表线圈阻抗,Ω;

R——接触电阻,$R = 0.05 \sim 0.1$Ω;

K_1、K_2——正常运行状态下,互感器的接线系数(又称阻抗换算系数),详见表 6-2;

表 6-2 互感器的接线系数

电流互感器接线方式		接线系数					
		三相短路		两相短路		单相短路	
		K_1	K_2	K_1	K_2	K_1	K_2
单 相		2	1	2	1	2	1
三相星形		1	1	1	1	2	1*
两相星形	$Z_0 = Z$	$\sqrt{3}$	$\sqrt{3}$	2	2	2	2
	$Z_0 = 0$	$\sqrt{3}$	1	2	1**	2	1
两相电流差		$2\sqrt{3}$	$\sqrt{3}$	4	2	2	1
三角形		3	3	3	3	2	2

注:* 单机短路情况下,将三相星形接线的 $Z + Z_n$ 视为 Z_0。

** AC 两相短路时,$K_1 = 1$,$K_2 = 1$;AB = BC 短路时,$K_1 = 2$,$K_3 = 1$。

由上式可得连接导线电阻 R_{21} 为

$$R_{21} = Z_{21} = \frac{Z_{2N} - K_2 Z_{23} - R}{K_1} \quad (6-3)$$

则电缆芯线截面 S 为

$$S = \frac{L}{\gamma \cdot R_{21}} = \frac{K_1 \cdot L}{\gamma(Z_{2N} - K_2 \cdot Z_{23} - R)} \quad (6-4)$$

式中　γ——电导系数，铜导线取 $57\text{m}/(\Omega \cdot \text{mm}^2)$；

　　　　L——电缆的长度，m；

　　　　S——电缆芯线截面，mm^2。

由式（6-4）移项得出控制电缆最大允许长度 L 为

$$L = \frac{\gamma \cdot S}{K_1}(Z_{2N} - K_2 Z_{23} - R) \quad (6-5)$$

则

$$L = K(Z_{2N} - K_2 Z_{23} - R) \quad (6-6)$$

根据不同截面 S 和不同的阻抗换算系数 K_1 所计算出的 K 值列于表 6-3 中。

表 6-3　不同截面和不同换算系数的 K 值

S（mm^2） \ K_1	1	$\sqrt{3}$	$2 \times \sqrt{3}$	2	3
2.5	142.5	82.5	41.2	71.2	45
4	228	132	66	114	72
6	342	197	99	171	108.7
10	570	330	165	285	157

（2）继电保护电流回路控制电缆的选择

保护用电流互感器二次负荷要求在短路故障时不应大于该准确度等级下的二次允许负荷 Z_{2en}。则 Z_{2en} 可表示为

$$Z_{2en} = K_1 Z_{21} + K_2 Z_{24} + R \quad (6-7)$$

式中　Z_{2en}——电流互感器二次允许负载，Ω；

　　　　Z_{24}——继电器阻抗，Ω；

　　　　K_1、K_2——短路故障状态下，二次最大负载时阻抗换算系数，详见表 6-2。

其他符号意义同前。

选择控制电缆芯线截面时，首先需确定短路时一次最大短路电流倍数 m，根据 m 值再由电流互感器10%误差曲线查出其二次允许负载阻抗 Z_{2en}（在计算 m 时，如缺乏实际系统的最大短路电流值时，可按断路器的遮断容量选取最大短路电流），然后由上式可得连接导线允许电阻 R_{21} 为

$$R_{21} = Z_{21} = \frac{Z_{2en} - K_2 Z_{24} - R}{K_1} \quad (6-8)$$

则电缆芯线截面 S 为

$$S = \frac{L}{\gamma \cdot R_{21}} = \frac{K_1 \cdot L}{\gamma(Z_{2en} - K_2 \cdot Z_{24} - R)} \qquad (6-9)$$

2. 电压回路控制电缆的选择

电压回路用的控制电缆按允许电压降来选择电缆芯线截面。计算时只考虑有功压降 ΔU，其算式为

$$\Delta U = \sqrt{3} \cdot K \cdot \frac{P}{U} \cdot \frac{L}{r \cdot S} \qquad (6-10)$$

式中　P——电压互感器每相有功负荷，VA；

U——电压互感器二次线电压，V；

K——电压互感器接线系数。对于三相星形接线，$K=1$；对于两相星形接线，$K=\sqrt{3}$；对于单相接线，$K=2$；

ΔU——电压回路压降，V。

确定电压回路压降 ΔU 的原则为：

① 对用户计费用的 0.5 级电能表，其电压回路电压降不宜大于额定电压的 0.25%。

② 对电力系统内部的 0.5 级电能表，其电压回路电压降不应大于额定电压的 0.5%。

③ 在正常情况下，至测量仪表的电压降不应超过额定电压的 1%～3%；当全部保护装置和仪表都工作（即电压互感器负荷最大）时，至保护和自动装置屏的电压降不应超过额定电压的 3%。

④ 电压互感器到自动调整励磁装置的连接电缆芯线截面应按允许电压降选择，当在最大负载电流时，其电压降不应超过额定电压的 3%。

电压互感器接有距离保护时，其电缆芯线截面除按上述条件选择外，还要根据下列原则进行校验：

① 当以熔断器作为二次短路保护时，其电缆芯线截面应满足距离保护继电器端子上发生两相短路时，流经熔断器的短路电流大于其额定电流 2.5 倍的条件。

② 当以自动开关作为二次短路保护时，应按下式校验电缆芯线截面

$$R_2 = \frac{\Delta U}{I''_{S \cdot op}} \qquad (6-11)$$

式中　R_2——自动开关至装有距离保护的二次电压回路末端两相短路时环路电阻，Ω；

$I''_{S \cdot op}$——自动开关瞬时动作电流，A；

ΔU——距离保护正常运行最低电压与其第Ⅲ段动作阻抗相对应的电压之差，一般取 19V 左右。

3. 控制回路与信号回路控制电缆的选择

控制回路与信号回路用的控制电缆，应根据其机械强度条件来选择，铜芯电缆芯线截面不应小于 $1.5\mathrm{mm}^2$。但在某些情况下（如采用空气断路器时），合、跳闸操作回路流过的电流较大，产生的压降也较大，为了使断路器可靠动作，此时需要根据电缆中允许电压降 ΔU 来校验电缆芯线截面。一般按正常最大负荷下，操作回路（即从控制母线至各设备）的电压降不超过额定电压的 10% 的条件来校验电缆芯线截面。

电缆的允许长度 L 可用下式计算

$$L \leqslant \frac{\Delta U_{\text{y·en}} U_{\text{N·m}} S \gamma}{2 \times 100 \times I_{\text{y·max}}} \tag{6-12}$$

式中　$\Delta U_{\text{y·en}}$——操作线圈正常工作时允许的电压降，取 10%；

　　　$U_{\text{N·m}}$——直流额定电压，取 220V；

　　　$I_{\text{y·max}}$——流过操作线圈的最大电流，A。

其他符号意义同前。

根据不同的直流额定电压，将已知各值代入式（6-12），可得出不同电缆芯截面在不同负荷下的最大允许长度 L。

思考题

1. 二次回路中熔断器的配置原则和选择方法是什么？
2. 二次回路中控制和信号回路设备应遵循什么选择原则？
3. 二次回路中控制电缆应如何进行选择？

项目二　二次接线图识图与设计

任务一　二次回路图基本知识

一、二次回路图基本符号

电气二次回路图中元件、部件、组件、设备、装置、线路等，一般都是采用图形符号、文字符号和项目代号来表示。阅读二次回路图，首先要了解和熟悉这些符号的形式、内容和含义，以及它们之间的联系。

1. 图形符号

通常用于图样或其他文件以表达一个设备或概念的图形、标记或字符，统称为图形符号。根据国家标准《电气图用图形符号》（GB 4728）的规定，将电气图形符号分为 11 类，常用的图形符号参见附录一。

图形符号均是按无电压、无外力作用的正常状态表示的，例如继电器、接触器的线圈未通电，断路器、隔离开关未合闸，按钮未按下，行程开关未到位等。在选用图形符号时，尽可能采用最简单的形式，在同一图号的图中，只能选用同一种图形符号。

2. 文字符号

为了更加清楚、完整地表示电气设备或元件及其主要特征，电气图中经常在图形符号旁加注文字符号。文字符号是电气图中电气设备或元件的种类代码和功能代码。文字符号分为基本文字符号和辅助文字符号。基本文字符号用于表述不同电气设备、装置和元器件。辅助文字符号用于表述电气设备、装置和元器件的功能、状态和特征。文字符号的组合形式一般为：基本文字符号+辅助文字符号+数字序号。例如，第三组熔断器，其符号为 FU3；第二个接触器，其符号为 KM2。二次回路常用电气新旧文字符号对照表见附录二。

3. 项目代号

项目是指在电气图上用一个图形符号表示的基本件、部件、组件、功能单元、设备、系统等，如电阻器、继电器、发电机、开关设备、配电系统、电力系统等。

电气图中每个用图形符号表示的项目，应有能识别其项目种类和提供项目层次关系、实际位置等信息的项目代号。通过项目代号可以将不同的图或其他技术文件上的图形符号与实际设备一一对应和联系起来。

项目代号可分为 4 个代号段，每个代号段应由前缀符号和字符组成，具体构成如下：

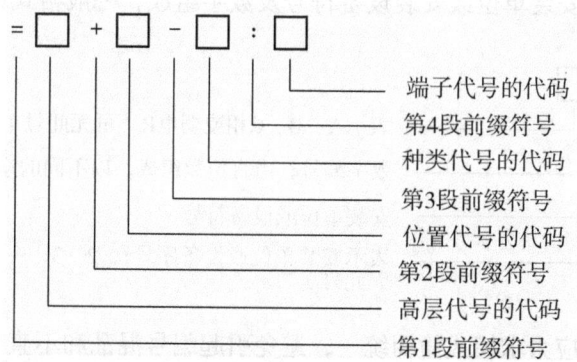

① 系统或设备中较高层次项目的代号称为高层代号，高层代号的代码可由字母或数字构成，或由字母加数字组合构成。字母可按各类系统或成套设备的简化名称或特征选定。通常相当于原来习惯上的安装单位名称或代号。

② 位置代号的代码可由字母或数字构成，或由字母加数字组合构成。字母可按项目所在区室的简化名称或代号选定。

③ 种类代号是项目代号的核心部分，一般由字母加数字组合构成。字母代码必须是符合本规定第 5 条的基本文字符号。

④ 端子代号都采用数字或大写字母表示。

一个项目的完整代号由几个代号段组合而成，组合方式也有多种。在实际电气工程图中，全部完整标注"项目代号"的情况并不多见，为了避免图面拥挤，在图形符号附近标注项目代号，可采用下列方法简化：

① 图名中有明确信息表示本图是属于某一安装单位的，其高层代号或位置代号可以省略，并可在图上或其他文件中加以说明。

② 不属于该图共用高层代号范围内的设备，可用点画线框出，在框外标上高层代号或加注说明。

③ 如不致引起混淆，前缀符号可以省略，必要时，可在图中说明。如"-1D：34"表示 1D 端子排的 34 端子，可直接表示为 1D34。

采用项目代号最重要的一个作用就是使电气图中的每一个项目都有一个唯一的标识，并且与实际设备一一对应起来。另一个作用是项目代号十分直观，不需对应具体图纸，一目了然。例如，=S1-QF2 表示 S1 系统的第二个断路器；-K4：5 表示继电器 K4 的第 5 个端子。

前缀符号是项目代号的重要组成部分，应严格按表 6-4 执行。

表6-4 前缀符号一览表

高层代号段	位置代号段	种类代号段	端子代号段
==	+	-	:

4. 电缆编号

电缆编号是识别电缆的标记,要求全站编号不重复,并具有一定的含义和规律,能表达电缆的特征。

控制电缆编号由安装单位或安装设备符号及数字组成,一般格式如下:

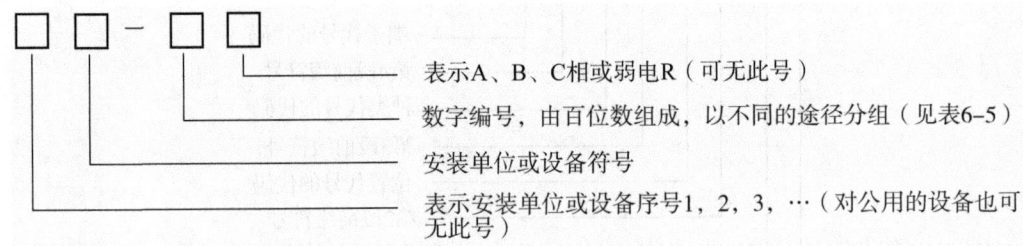

电缆编号的原则应力求模式简明统一,避免引起编号混乱和不直观的感觉。电缆编号宜采用经常用到的字母组合,不宜随意自行编辑新的字母组合,造成名目繁多。一般能采用安装单位表示的尽量采用安装单位表示,也可采用设备符号表示,控制电缆数字划分见表6-5。

表6-5 控制电缆数字划分

序号	途径	数字序号
1	二次设备室屏间联络电缆	130～149、230～249、330～349
2	二次设备屏至配电装置电缆	150～159、250～259
3	隔离开关、接地刀闸机构电缆	190～199、290～299、390～399、490～499
4	断路器至端子箱电缆	170～179、270～279、370～379
5	CT、PT至端子箱电缆	180～189、280～289、380～389
6	主变压器处联络电缆(CT)	180～189
7	主变压器处联络电缆(刀闸)	190～199

二、二次回路图纸分类

二次回路图纸通常分为原理接线图和安装接线图。

1. 原理接线图

原理接线图通常又分为归总式原理接线图和展开式原理接线图。

① 归总式原理接线图:简称原理图,它以整体的形式表示各二次设备之间的电气连接,一般与一次回路的有关部分画在一起,设备的接点与线圈是集中画在一起的,能综合表达出交流电压、电流回路和直流回路间的联系,使读图者对二次回路的构成及动作过程有一个明确的整体概念。原理接线图是体现二次回路工作原理的图纸,并且是绘制展开图和安装图的基础。如图6-1所示,为10kV线路过流保护原理图。

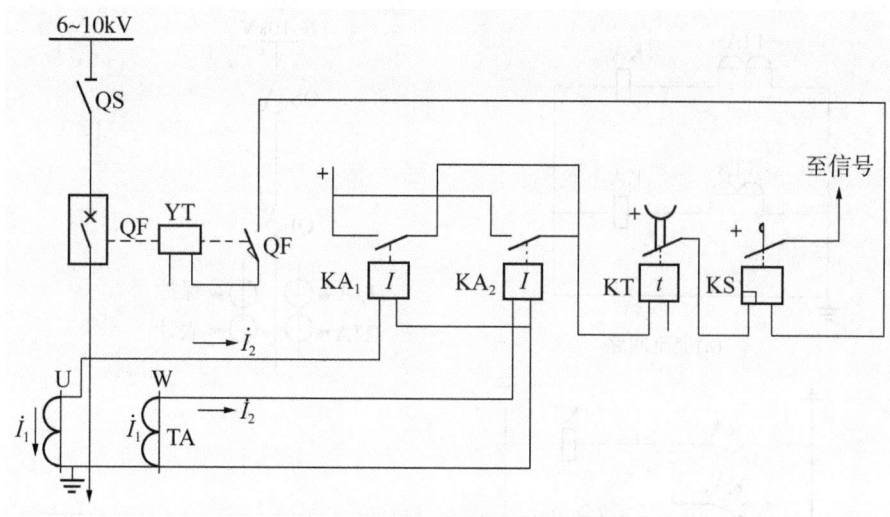

图 6-1 10kV 线路过流保护原理图

② 展开式原理接线图：以分散的形式表示二次设备之间的连接，是以二次回路的每一个独立电源来划分单元而进行汇制的。例如，交流电流回路，交流电压回路，直流控制回路，继电保护回路，信号回路等。根据这个原则，必须将属于同一个仪表或继电器的电流线圈、电压线圈以及触点，分别画在不同的回路中。为了避免混淆，属于同一个仪表或继电器的线圈、触点等，都采用相同的文字符号。这种绘制方式容易跟踪回路的动作顺序，便于二次回路的设计，也容易在读图时发现回路中的错误。展开图的特点是接线清晰，易于阅读，便于掌握整个继电保护装置的动作过程和工作原理，特别是在复杂的继电保护装置的二次回路中，用展开图绘制，其优点更为突出。如图 6-2 所示，为 6~10kV 线路过电流保护展开原理图。

2. 安装接线图

安装接线图包括屏面布置图、屏后接线图、端子排图等，它是厂家制造屏过程中配线的依据，也是安装、施工、运行、检修时的参考图纸。安装接线图上设备的相对位置应与实际的安装位置相符合。若可能时，应将设备的内部接线画出。

① 屏面布置图：表示二次设备在屏面（及屏后、屏顶）的安装位置，一般按实际尺寸的一定比例绘制。二次屏的屏面布置是根据二次回路的展开图，选好所用二次设备的型号之后进行的屏面布置图，是为了屏面开孔及安装设备时用的。

② 屏后接线图：表示屏内二次设备间的电气连接关系以及和端子排的连接情况。

③ 端子排图：表示屏端子排与屏内二次设备及屏外电缆间的连接关系。

思考题

1. 二次回路图基本符号有哪些？电气图中图形符号是对应其什么状态画成的？对于继电器、接触器、断路器、隔离开关、图形符号分别表示什么状态？

2. 项目代号有哪几个代号段？它们的作用各是什么？并写出各代号段的前缀符号。

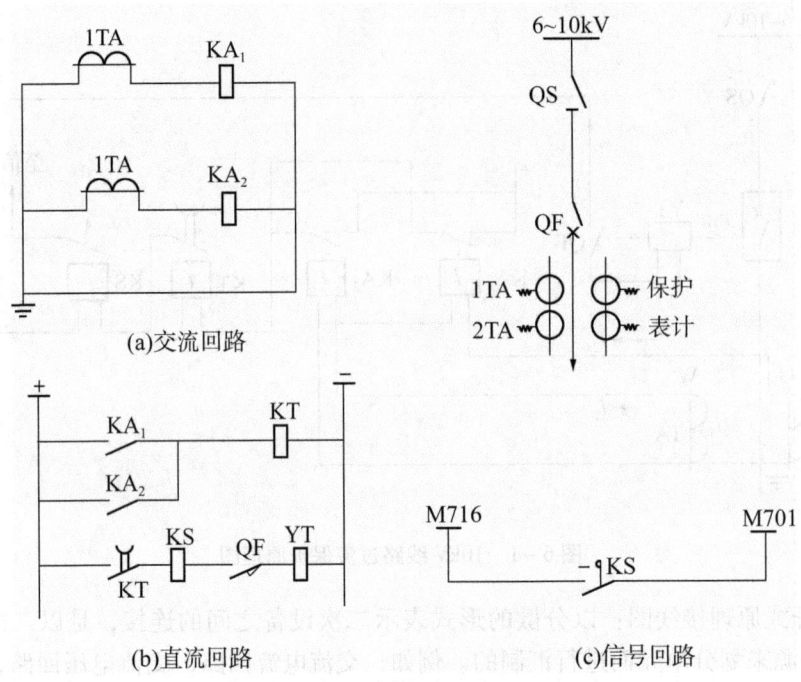

图 6-2 6～10kV 线路过流保护展开接线图

3. 二次回路图如何分类？原理接线图的分类和特点是什么？安装接线图如何构成？其功能是什么？

任务二 二次回路的编号

一、二次回路的编号原则

二次回路编号是为了便于安装施工和投入运行后进行维护、检修，对在二次设备之间直接连接的导线所进行的编号。

回路编号应做到：根据编号能了解该回路的作用和性质；根据编号能进行正确的安装和连接；根据编号能在检修或试验时，迅速确定导线和电缆芯线所连接的设备。

回路标号的基本原则是：凡是各设备间要用控制电缆经端子进行联系的，都要按回路编号的原则进行标号。此外，某些装设在屏顶的设备与屏内设备进行连接，也需要经过端子排，此时，屏顶设备就可看作是屏外设备，在其连线上同样按回路编号原则给以相应的标号。为了明确起见，对直流回路和交流回路采用不同的标号方法，而在交、直流回路中，对各种不同用途的回路又赋予不同的数字符号。因此，在二次回路接线图中，我们看到标号后，就能知道这一回路的性质而便于维护和检修。

二、二次回路标号的基本方法

① 用三位或三位以上的数字组成，需要标明回路的相别或某些主要特征时，可在数字标号的前面（或后面）增注文字符号。

② 按"等电位"的原则标注，即在电气回路中，在连于一点上的所有导线（包括接触连接的可折线段）须标以相同的回路标号。

③ 电气设备的触点、线圈、电阻、电容器等元件所间隔的线段,即看作不同的线段,因为当回路经过开关或继电器触点等隔开后,在触点断开时,触点两端已不是等电位,所以应给予不同的编号;对于在接线图中不经过端子而在屏内直接连接的回路,不需经过端子排来连接,可不标号。在后面所述的屏背面接线图中有相应的标志方法。

1. 直流回路的标号细则

① 对不同用途的直流回路,使用不同的数字范围,如控制与保护回路用 1 ~ 399 (400 ~ 599),励磁回路用 600 ~ 699。二次回路的数字编号范围如表 6 - 6 和表 6 - 7 所示。

表 6 - 6 直流回路的回路标号组

回路名称	数 字 标 号 组			
	一	二	三	四
正电源回路	1	101 (110kV)	201 (35kV)	301 (10kV)
负电源回路	2	102	202	302
合闸回路	3 ~ 31 (7)	103 ~ 131	203 ~ 231	303 ~ 331
绿灯或合闸回路监视继电器回路	5	105	205	305
跳闸回路	33 ~ 49 (37)	133 ~ 149	233 ~ 249	333 ~ 349
红灯或跳闸回路监视继电器回路	35	135	235	335
备用电源自动合闸回路	50 ~ 69	150 ~ 169	250 ~ 269	350 ~ 369
开关设备的位置信号回路	70 ~ 89	170 ~ 189	270 ~ 289	370 ~ 389
事故跳闸音响信号回路	90 ~ 99	190 ~ 199	290 ~ 299	390 ~ 399
保护回路	01 ~ 099(或 J1 ~ J99)			
发电机励磁回路	601 ~ 699			
信号及其他回路	701 ~ 999			

② 保护与控制回路使用的数字按熔断器(或小开关)分组,每一百为一组,如 101 ~ 199、301 ~ 399 等。其中,正极性回路编为单数,由小至大。负极性回路编为双数,由大至小,如 103,133,…;142,140,…。

③ 信号回路的数字编号,按事故、位置、预告、指挥信号进行分组,按数字大小进行排列。

④ 开关设备、控制回路的数字标号组,应按开关设备的数字序号进行选取。例如:有 3 个控制开关 1SA、2SA、3SA,则 1SA 对应的控制回路数字标号选 101 ~ 199,2SA 对应的控制回路数字标号选 201 ~ 299,3SA 对应的控制回路数字标号选 301 ~ 399。

⑤ 正极回路线段按奇数标号,负极回路线段按偶数标号。对接点、开关、按钮等两侧,虽然闭合时为等电位,应不同编号,但只改变编号大小而不改变单、双数(极性),经过回路中主要降压元件(如线圈、电阻等)后改变其单、双数(极性)。对不能标明极性或其极性在工作中改变的线段,可任选奇数或偶数。

⑥ 对于某些特定的主要回路,通常给予专用的标号组。例如:正电源为 1、101、201,负电源为 2、102、202;合闸回路中的绿灯回路为 5、105、205;跳闸回路中的红灯回路编号为 35、135、235;跳闸回路为 33、133、233;合闸回路为 3、103、203,等等。

这一编号方法便于读图时了解回路的作用。

2. 交流回路的标号细则

① 交流回路按相别顺序标号，它除用三位数字编号外，还加有文字标号以示区别，例如 A411、B411、C411，如表 6-7 所示。A 相、B 相、C 相、中性、零、开口三角形连接的电压互感器回路中的任一相文字标号 A、B、C、N、L、X，角注标号 a、b、c、n、l、x。

② 对于不同用途的交流回路，使用不同的数字组，如表 6-7 所示。其中交流电流回路使用数字范围是 400～599，交流电压回路使用范围是 600～799。交流电流、交流电压回路的编号尽量与其一次设备的编号相对应。电流回路的数字标号，一般以十个数字为一组，如 U401～U409、V401～V409、W4401～W409、…、U591～U599 等。如某台发电机单元上一次接线中有两组电流互感器 TA_1、TA_2，则 TA_1 的二次回路编号应取 U411～U419、V411～W419、W411～W419、N411～N419；TA_2 的回路编号应取 U421～U429、V421～V429、W421～W429、N421～N429。若不够，亦可以 20 个数为一组，供一套电流互感器使用。几组并联的电流互感器的并联回路，应取数字组中较小的一组数字标号。不同相的电流互感器并联时，并联回路应选任何一组电流互感器的数字组进行标号。电压回路的数字标号，也应以十个数字为一组，如 U601～U609、V601～V609、W601～W609、U791～U799……以供一个单独的互感器回路标号使用。

表 6-7 交流回路的回路标号组

回路名称	互感器的文字符号	回路标号组				
		U 相	V 相	W 相	中性线	零 序
保护装置及测量表计的电流回路	TA	U401～U409	V401～V409	W401～W409	N401～N409	L401～L409
	1TA	U411～U419	V411～V419	W411～W419	N411～N419	L411～L419
	2TA	U421～U429	V421～V429	W421～W429	N421～N429	L421～L429
	9TA	U491～U499	V491～V499	W491～W499	N491～N499	L491～L499
	10TA	U501～U509	V501～V509	W501～W509	N501～N509	L501～L509
	19TA	U591～U599	V591～V599	W591～W599	N591～N599	L591～L599
保护装置及测量表计的电压回路	TV	U601～U609	V601～V609	W601～C609	N601～N609	L601～L609
	1TV	U611～U619	V611～V619	W611～C619	N611～N619	L611～L619
	2TV	U621～U629	V621～V629	W621～C629	N621～N629	L621～L629
在隔离开关辅助触点和隔离开关位置继电器触点后的电压回路	110kV	U (V、W、N、L、X) 710～719				
	220kV	U (V、W、N、L、X) 720～729				
	35kV	U (V、W、N、L) 730～739				
	10kV	U (V、W) 760～769				
绝缘监察电压表的公用回路		U700	V700	W700	N700	

续表 6-7

回路名称	互感器的文字符号	回路标号组				
		U 相	V 相	W 相	中性线	零序
母线差动保护公用的电流回路	110kV	U310	V310	W310	N310	
	220kV	U320	V320	W320	N320	
	35kV	U330		W330	N330	
	10kV	U360		W360	N360	
保护、控制、信号回路		U1～U399	V1～V399	W1～W399	N1～N399	

③ 交流电流和交流电压回路的编号不分奇数和偶数，从电源处开始按顺序编号。

④ 某些特殊的交流回路（如母线电流差动保护公共回路、绝缘监察继电器电压表的公共回路等）给予专用的标号组。

思考题

1. 二次回路编号的作用和基本原则是什么？
2. 二次回路编号中等电位原则的含义是什么？
3. 直流和交流回路的编号方法各有哪些？

任务三 二次回路图的绘制原则

一、原理展开图的绘制原则

绘制二次接线图的基本原则是，将所有的二次设备元件用国家统一规定的相应图形、文字符号和数字符号表示出来，期间的接线按照实际连结顺序绘出。

二、安装接线图的绘制原则

1. 屏面布置图的绘制原则

屏面布置图中，对设备尺寸及设备间距都按实际大小和比例精确地画出。二次设备的布置、排列应按一定的顺序，如国家标准规定，在继电器屏上，一般把电流、电压继电器放在屏面的最上部，中部放置中间、时间、继电器，下部放置调试工作量较大的继电器、压板及试验部件。在控制屏上，一般把表记放置在屏的上部，光字牌、指示器、信号灯和控制开关等放置在屏的中部。如图 6-3 线路保护屏屏面布置图所示。

2. 端子排的绘制原则

端子排图是表示屏上需要装设的端子数目、类型、排列次序，以及端子与屏上设备及屏外设备连接情况的图纸。

（1）端子类型

接线端子（以下简称端子）是二次接线中不可缺少的配件。屏内设备与屏外设备之间的连接是通过端子和电缆来实现的，许多端子组合在一起构成端子排。保护屏和测控屏的

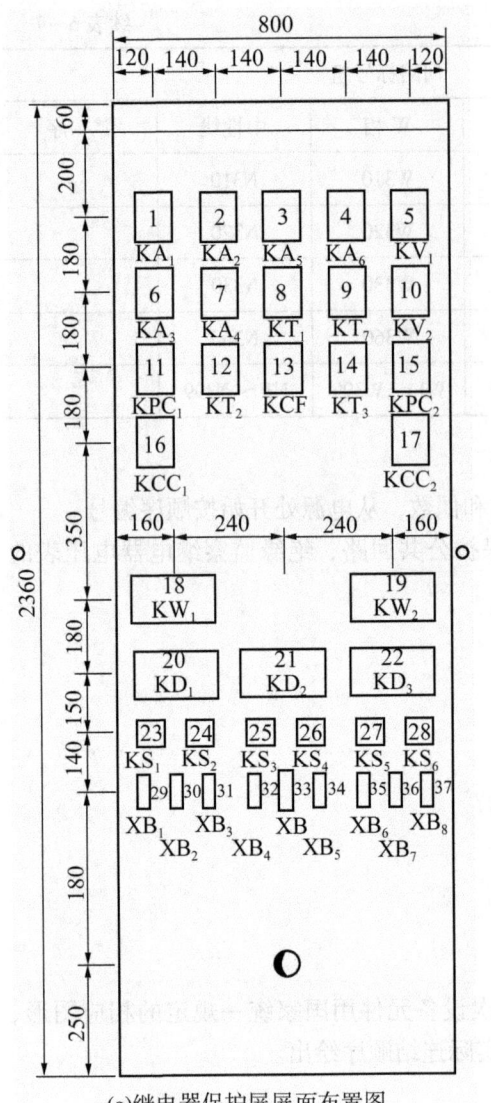 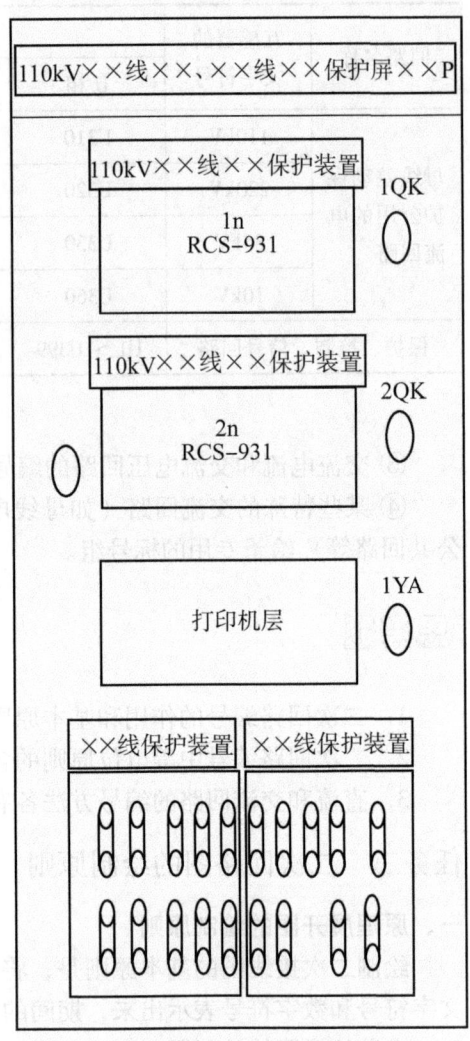

(a)继电器保护屏屏面布置图　　(b)微机保护屏屏面布置图

图 6-3　线路保护屏屏面布置图

端子排，多数采用垂直布置方式，安装在屏后的两侧；少数成套保护屏采用水平布置方式，安装在屏后的下部。

在安装接线图上，端子排一般采用四格的表示方法：第一格表示屏内设备的文字符号及设备的接线螺钉号；第二格表示接线端子的序号和形式；第三格表示安装单位的回路编号；第四格表示屏内或屏顶引入设备的符号和螺钉号。

端子类型有：

① 一般端子，用于连接屏内外导线（电缆）。

② 试验端子，用于需要接入试验仪表的电流回路中。

③ 连接型试验端子，用于在端子上需要彼此连接的电流试验回路中。

④ 连接端子，用于端子间的连接。

⑤ 终端端子，用于固定端子或分隔不同安装单位的端子排。
⑥ 标准端子，用于直接连接屏内外导线。
⑦ 特殊端子，用于需要很方便地断开的回路中。
⑧ 隔板，在不需要标记的情况下作绝缘隔板，并可增加绝缘强度。

（2）端子排的排列原则

为满足运行、检修、调试的方便，端子排遵照下列原则进行排列：

① 当屏上只安装一个安装单位时，端子排应放在屏的右侧。

② 当屏上有几个安装单位时，则每一安装单位应有独立的端子排，要预留 2～5 个端子作为备用端子，在端子排的两端应装终端端子。

③ 屏每侧装设端子的数目最多不得超过 135 个，一个端子的每一个接线螺钉一般只接一根导线，特殊情况下最多可接两根导线，并要求两根导线的线径相同。

④ 正、负电源之间，经常带正电的正电源，合闸和跳闸回路之间的端子应不相毗邻，一般需用一个空端子隔开。

端子排的设计应使运行、检修、调试方便，并适当照顾使设备与端子排位置相对应，即当设备位于屏的上部时，其端子排也最好排于上部。

端子排的表示方法如图 6-4 所示。

（3）端子排的设计原则

应经过端子排连接的回路有：

① 屏内设备与屏外设备之间的连接，必须经过端子排。其中交流电流回路应经过试验端子，事故音响信号回路和预告信号回路及其他在运行中需要很方便地断开的回路，应经过特殊端子或试验端子。

② 屏内设备与直接接至小母线的设备（例如附加电阻、熔断器或小刀闸等）的连接，一般应经过端子排。

③ 各安装单位主要保护的正电源一般均由端子排引接；保护的负电源应在屏内设备之间接成环形，环的两端应分别接至端子排，其他回路一般均在屏内连接。

④ 同一屏上各安装单位之间的连接应经过端子排。

⑤ 为节省控制电缆，需要经本屏转接的回路（亦称过渡回路），应经过端子排。

每一个安装单位应有独立的端子排。垂直布置时，由上而下；水平布置时，由左至右，按回路分组顺序地排列。端子排的排列方法如下：

① 交流电流回路（不包括自动调整励磁装置的电流回路），按每组电流互感器分组。同一保护方式的电流回路（例如差动保护）一般排在一起，其中又按数字大小由上而下排列，数字小的在上面，然后再按 U、V、W、N 排列，如 U411、V411、W411、N411；U412、V412；U421、V421、W421、N421……。

② 交流电压回路（不包括自动调整励磁装置的电压回路），按每组电压互感器分组。同一保护方式的电压回路一般排在一起，其中又按数字大小排列，然后再按 U、V、W、N、L 排列，如 U611、V600、W611、U613、V613；U710、V710、W710、N710……。

③ 信号回路，按预告、指挥、位置及事故信号分组。每组按数字大小排列，先是信号正电源 701，接着是 901、903…951、953；其次是 730、732……；再其次是 94、194、294……；最后是负电源 702。

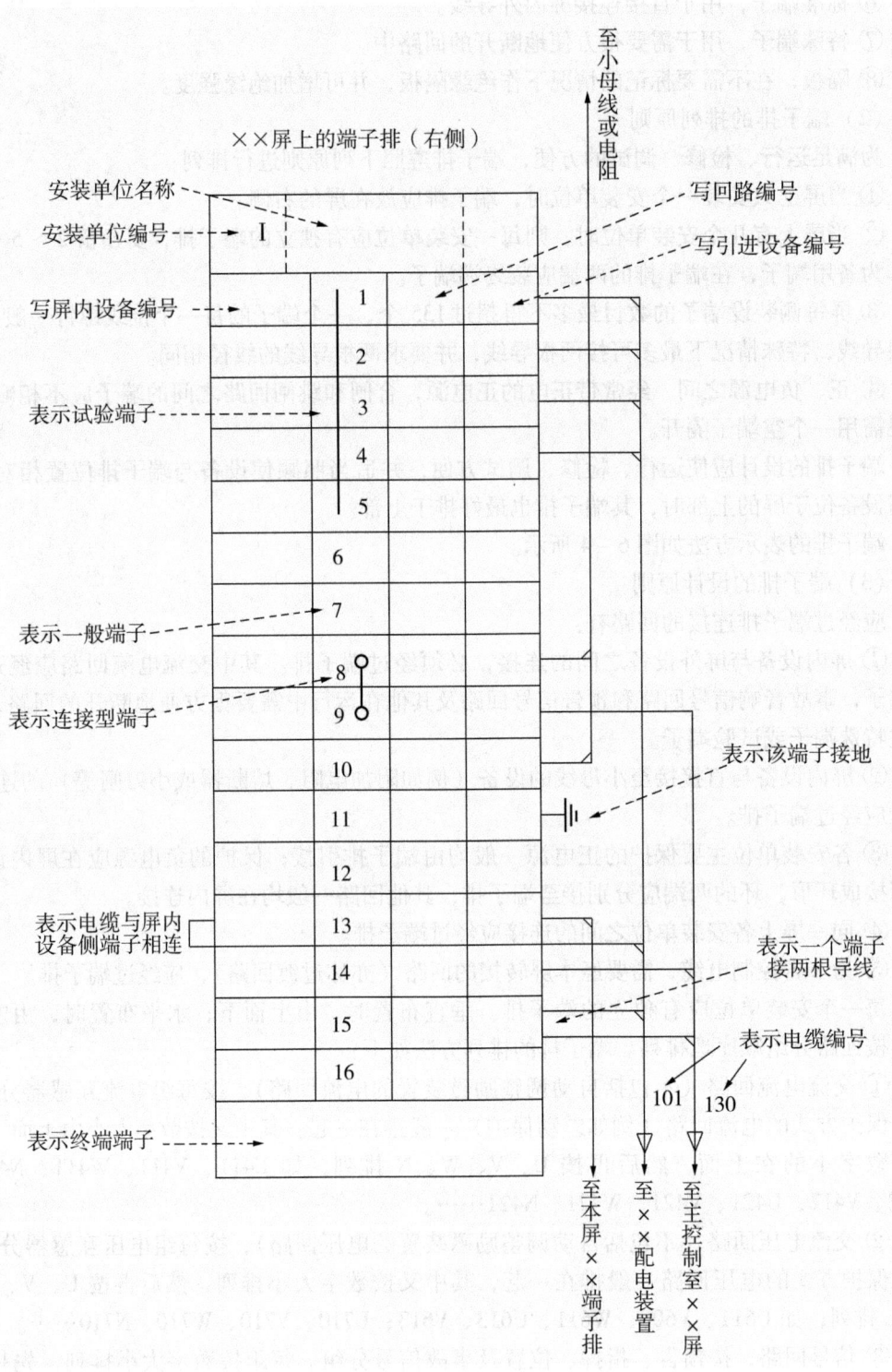

图 6-4 端子排的表示方法

④ 控制回路,其中又按各组熔断器分组。每组里面先排正极性回路(单号),由小到大;再排负极性回路(双号),由大到小,如100、101、103、133、142、140、102;201、203、233、242、240、202……。

⑤ 其他回路,其中又按远动装置、励磁保护、自动调整励磁装置的电流和电压回路、远方调整及连锁回路等分组。每一回路又按极性、编号和相序顺序排列。

⑥ 转接回路,先排本安装单位的转接端子,再排别的安装单位的转接端子。

每一安装单位的端子排应编有顺序号,在最后留2～5个端子作为备用。当端子排长度许可时,各组端子之间也可适当地留1～2个备用端子。在端子排两端应有终端端子。

正、负电源之间,经常带电的正电源与合闸或跳闸回路之间的端子应不相邻或者以一个空端子隔开,以免在端子排上造成短路及使断路器误动作。

一个端子的每一端一般只接一根导线,导线截面一般不超过$6mm^2$。特殊情况下,个别端子允许最多接两根导线。

当一根电缆同时接至屏上两侧端子排时,一般不经过过渡端子。

绘端子排图是一份很细致的工作,必须耐心仔细地与展开图及屏面布置图进行核对,以免将个别端子漏掉。图6-5为35kV线路控制屏端子排图,在端子排图的外侧同时画出了由本屏引出的电缆及其编号。

3. 屏背面接线图的绘制原则

屏背面接线图是制造厂生产屏过程中配线的依据,也是施工和运行的重要参考图纸。它是以展开接线图、屏面布置图和端子排图为原始资料,由制造厂的设计部门绘制的,最后随同产品一起提供给用户。

在屏背面接线图上,设备的排列是与屏面布置图相对应的。由于屏背面接线图为背视图,看图者相当于站在屏后,所以左右方向正好与屏面布置图相反。安装于屏后上部的设备,在屏背面接线图中也画在上部,如附加电阻、熔断器、小刀闸、电铃、蜂鸣器等。对这些设备来说,相当于板前接线,应画正视图。端子排画在两侧,端子排上面画小母线,如图6-6所示。

① 画屏背面接线图时,应首先根据屏面布置图,按在屏上的实际安装位置把各设备的背视图画出来。设备形状应尽量与实际情况相符。不要求按比例尺绘制,但要保证设备间的相对位置正确。各设备的引出端子,应按实际排列顺序画出。设备的内部接线简单的,像电流表、电压表等,不必画出,复杂的则应画出。对于内部接线相当复杂的继电器、设备等,可只画出与引出端子有关的线圈及触点,并标出正负电源的极性。对安装在屏正面的设备,从屏后看不见轮廓的,其边框应用虚线表示。用手工绘图时,为了减少绘图工作量,并减少差错,设计部门都备有刻成各种常用设备内部接线的图章,制图时将所需要的图形印在绘图纸上即可。现在用计算机绘图,可将各种常用设备做成图形块,使用时随时插入即可。

② 屏背面接线图中在各个设备图形的上方应加以标号。标号的内容有:A. 与屏面布置图相一致的安装单位编号及设备顺序号,如I_1、I_2、I_3等。其中罗马数字(Ⅰ、Ⅱ、Ⅲ)表示安装单位顺序,阿拉伯数字(1、2、3)表示设备顺序;B. 与展开图相一致的该设备的文字符号;C. 与设备表相一致的该设备的型号。标号图例见图6-7。

③ 将屏上安装的各设备图形画好之后,下一步是根据订货单位提供的端子排图绘制

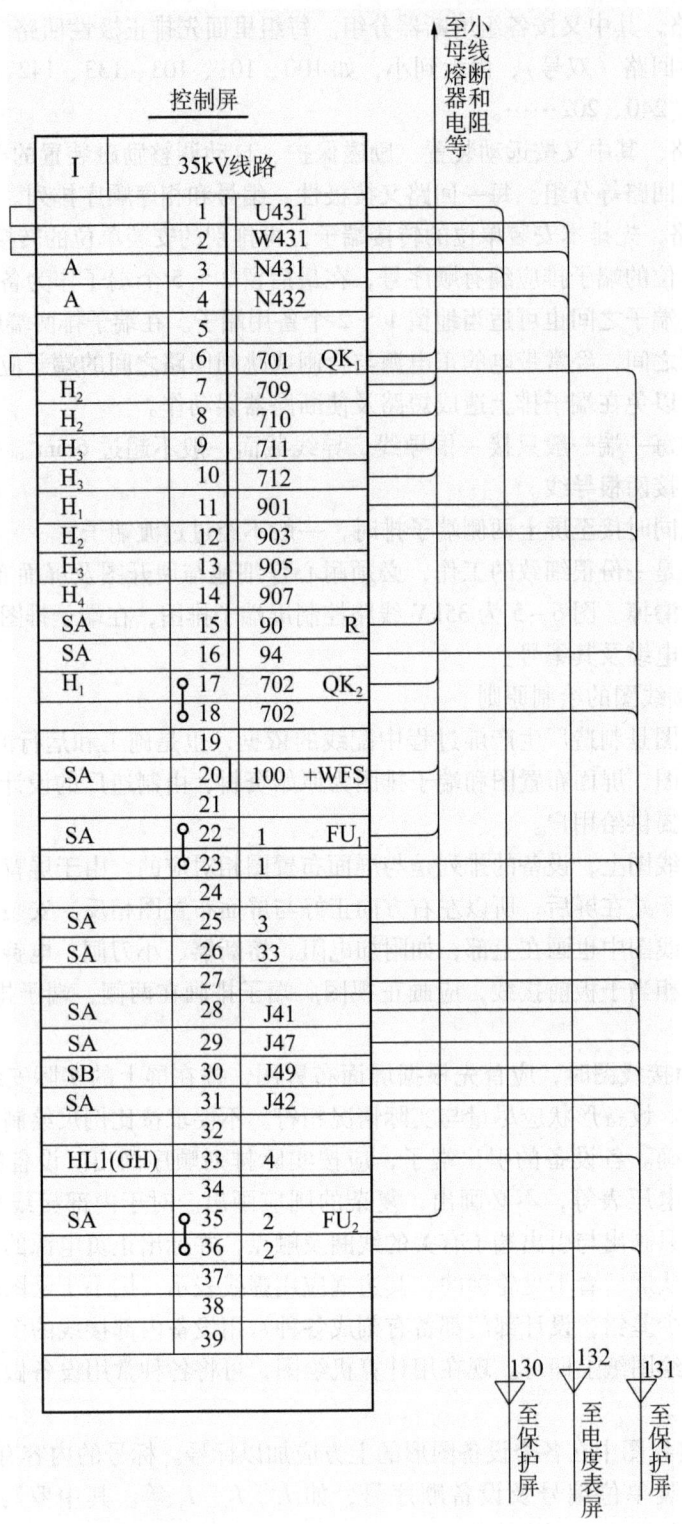

图 6-5 35kV 线路控制屏端子排图

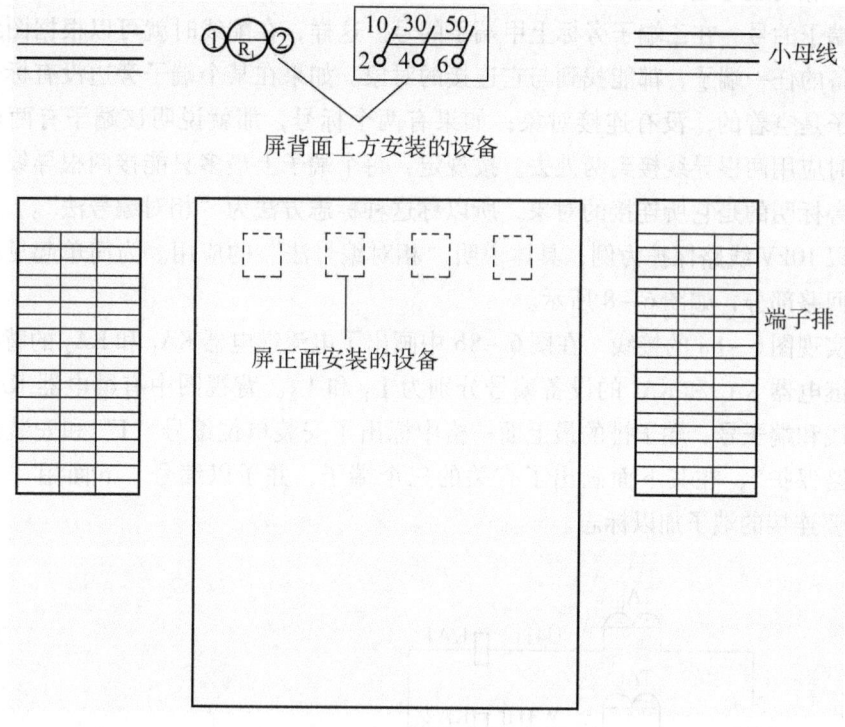

图 6-6 屏背面接线图的布置

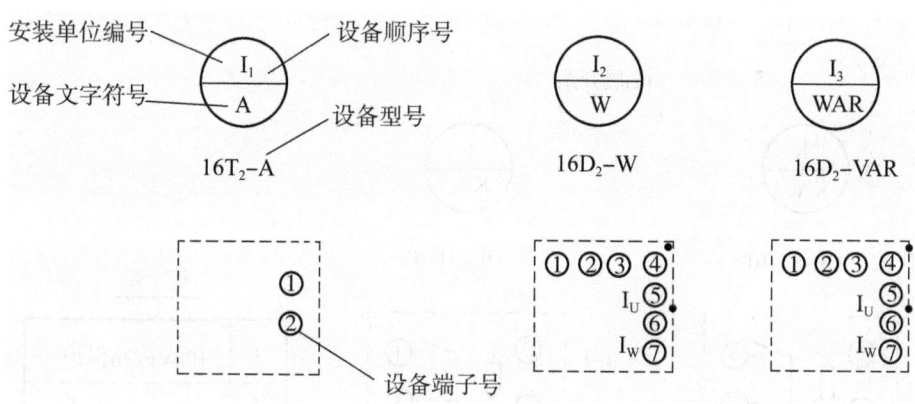

图 6-7 屏背面接线图中设备标志法

端子排。将其布置在屏的一侧或两侧,给端子加以编号,并根据订货单位提供的小母线布置图,在端子排的上部标出屏顶的小母线,并标出每根小母线的名称。

④ 根据展开接线图,采用"相对编号法"对屏上各设备之间的连接线及屏上设备至端子排间的连接线进行标号。由于连接线数目很多,如采用对每个连接线都从起点到终点用线条直接连起来的画法,不但制图很费时间,而且在配线时也很难分辨清楚,极易造成错误。所以普遍采用在各设备的端子旁及端子排旁进行标号的方法,用符号注明该端子应该连接到何处。

所谓"相对编号法"就是，如甲、乙两个端子应该用导线连接起来，那么就在甲端子旁标上乙端子的号，在乙端子旁标上甲端子的号。这样，在配线时就可以根据图纸，对屏上每个设备的任一端子，都能找到与它连接的对象。如果在某个端子旁边没有标号，那就说明该端子是空着的，没有连接对象；如果有两个标号，那就说明该端子有两个连接对象，配线时应用两根导线接到两处去。按规定，每个端子上最多只能接两根导线。由于在每个端子旁标明的是它所连接的对象，所以称这种标志方法为"相对编号法"。

下面以10kV线路保护为例，具体说明"相对编号法"的应用。为简单起见，只标出交流电流回路部分，如图6-8所示。

为了实现图6-8a的接线，在图6-8b中画出了电流继电器KA_1和KA_2的背视图和端子排图，继电器KA_1和KA_2的设备编号分别为I_1和I_2。背视图中有继电器KA_1和KA_2的内部接线和端子号。端子排的最上面一格中标出了安装单位编号"I"和安装单位名称"10kV线路保护"，在其下面画出了有关的三个端子，并予以编号。下面用"相对编号法"对所要连接的端子加以标志。

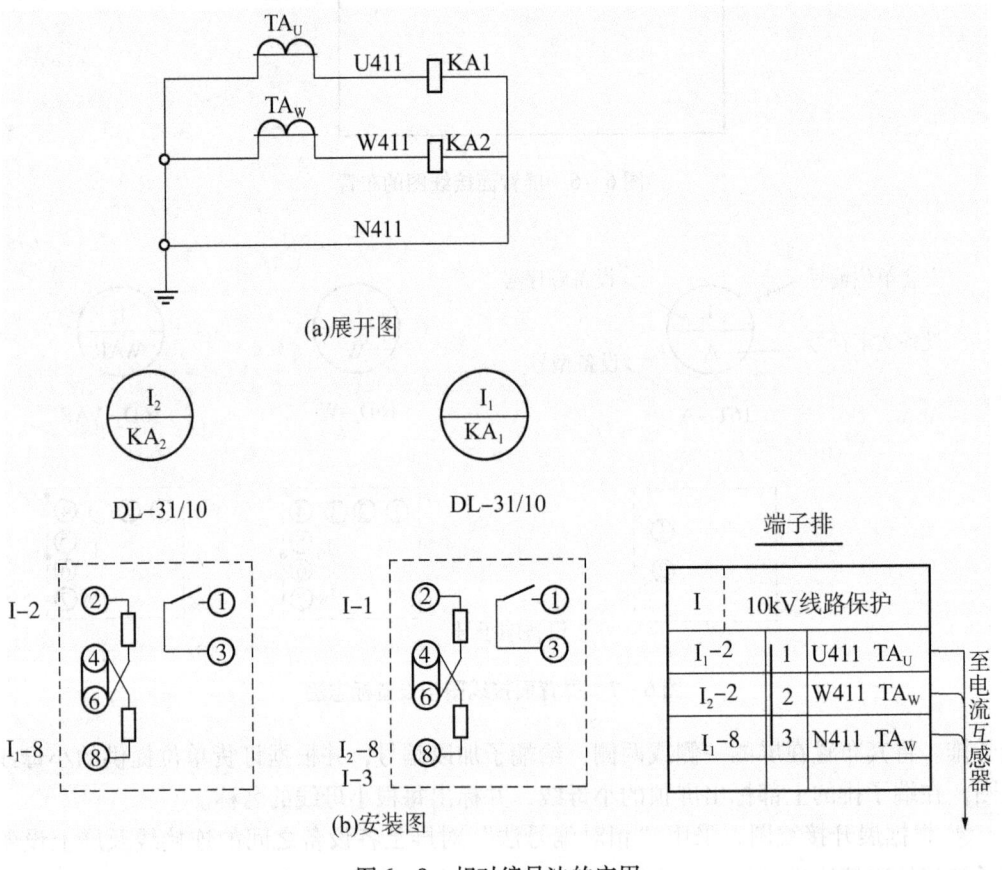

图6-8 相对编号法的应用

由于从电流互感器TA处引来的三根电缆芯（回路编号为U411、W411、N411）需要经过端子排才能与屏上的继电器连接，为此应用了端子排图上1～3号三个端子。在端子排的外侧分别标上了回路编号 U411、W411 和 N411 及所指电流互感器的符号和相别。在端子排的内侧 1 号端子应接至 KA_1 的端子②，KA_1 的安装标号为 I_1，其端子②的符号应为 I_1-2，所以在端子排 1 号端子内侧写上 I_1-2，在 KA_1 的端子②旁标上 1 号端子的标号 $I-1$（罗马数字 I 表示安装单位 I 的端子排，数码 1 表示端子的顺序号是 1）。同理，在端子排的 2 号端子内侧写上 I_2-2，表示应接至 KA_2 的端子②上，而在 KA_2 的端子②旁标上 $I-2$，表示应接至端子排的第 2 号端子上。KA_1 和 KA_2 的端子⑧相互连接，因此在 I_1 的端子⑧旁标上 I_2-8，而在 I_2 的端子⑧旁标上 I_1-8。最后从 KA_1 的端子⑧处接至端子排上的第 3 号端子，并在 I_1 的端子⑧旁标上 $I-3$，在端子排的第 3 号端子旁标上 I_1-8。于是，完成了图 6-8a 所要求的接线。

很显然，相对编号法使屏背面接线图变得一目了然，比用线条直接表示要清楚得多，特别是在设备较多的情况下，优点更为突出。对于一些端子比较少而且布置在一起的设备，如电阻、熔断器、光字牌以及同一设备的两个端子等，其互相间的连接线，利用线条直接表示显得更直观和方便时，也可利用线条连接，而不用相对编号法。此外，对不经过端子排直接接至小母线的设备，如熔断器、小刀闸、电阻等，可在该设备的端子上直接写上小母线的符号，而从小母线上画出引下线，在其旁注以所连接设备的符号，如图 6-9 所示。

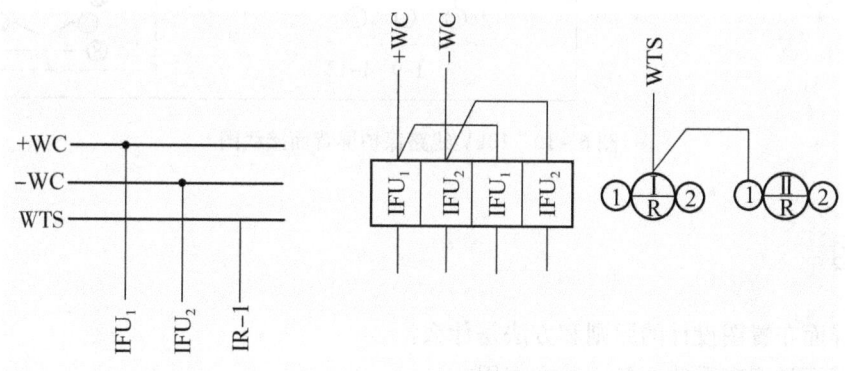

图 6-9 不经过端子排直接接至小母线的设备的标志法

在工厂配线时，为了便于接线及以后的运行检修工作，事先将每个端子的标号打印在专用的塑料导线套上，将其套在每根导线的两端，作为导线端的标志。

图 6-10 为根据 10kV 线路保护的展开图绘制的屏背面接线图，供初学者练习识图用。应该指出，屏背面接线图初看起来是很繁琐的，但只要掌握了识图的规律性，也是很容易看懂的。有了以上的基本知识，即可着手设计、阅读实际工程图纸，从简入繁，在实践中逐步提高。

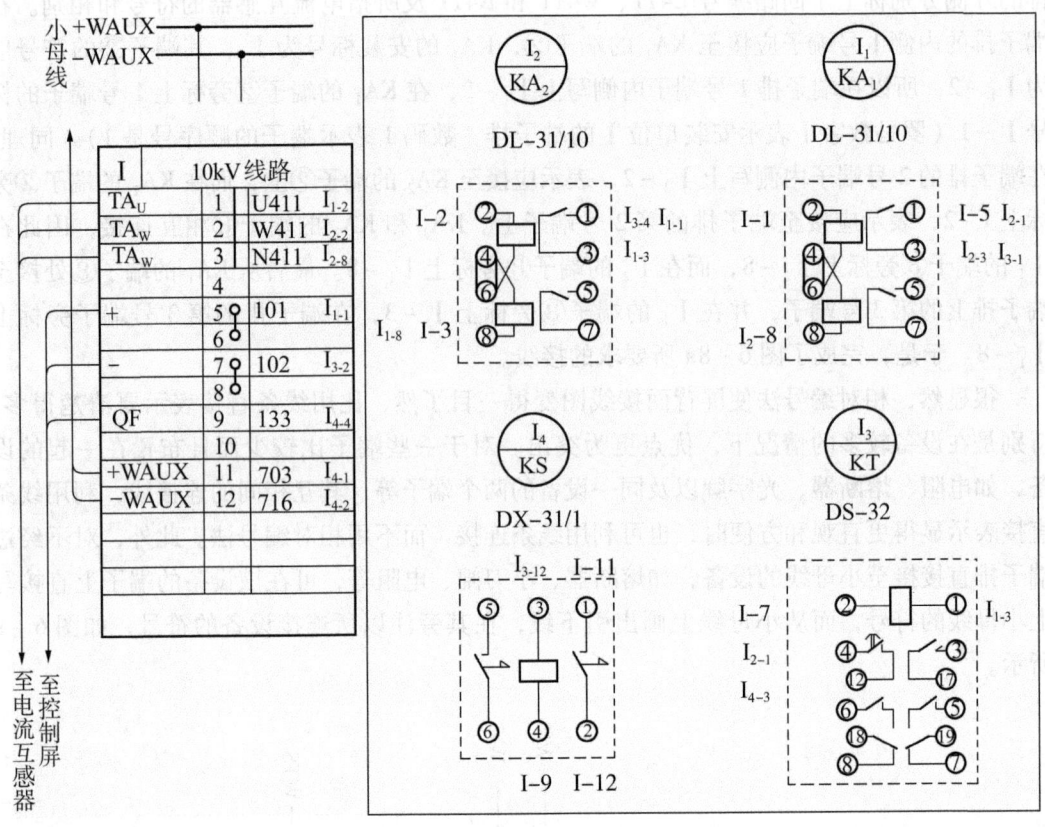

图 6-10 10kV 线路保护屏背面接线图

思考题

1. 屏面布置图设计的原则和方法是什么？
2. 端子类型有哪些？各有什么作用？
3. 端子排的设计原则和方法有哪些？如何阅读端子排图？
4. 屏背面接线图设计的原则和方法是什么？如何熟练阅读屏背面接线图？
5. 什么是相对编号法？

任务四 阅读二次接线图的方法

二次回路接线图的逻辑性很强，在绘制时遵循着一定的原则，阅读时若能抓住规律，就很容易看懂。

一、熟悉一次主接线图和一次设备

二次设备和二次回路是为一次设备服务的，它是对一次设备进行保护、控制、测量及监视的，所以必须对服务的对象，即一次设备要熟悉和了解，要熟悉电网的结构及系统的一次主接线。继电保护是按由断路器分割的电气单元来配置的，相应的控制、测量、监视也是按对应的断路器配置的。每一个电气单元都有对应的一套二次回路接线图。

二、了解二次设备的工作原理

常用的二次设备有继电保护装置、自动装置和监控装置，它们的二次回路图是按照其工作原理绘制的。要了解这些二次设备的结构及动作原理，才能正确识图。应着重了解正常工作所需接入哪些电气模拟量和开关量，从哪里接入，之间有哪些联系，执行输出回路在哪里连接，需要送出哪些信号等。

三、熟悉电气二次回路的符号

二次接线图中，各设备都有国家统一规定的标准图形符号和文字标号，了解电路图中所用设备的图形符号及文字符号所代表的意义很重要。图中继电器的接点和电器设备的辅助接点的位置都是按"正常状态"绘制的，正常状态即继电器线圈内没有电流、断路器没有动作时所处的状态。

掌握以上原则后再实施阅读，看图的要领可归纳为：

"先交流，后直流，交流看电源，直流找线圈；抓住触点不放松，一个一个全查清。"

"先上后下，先左后右，屏外设备一个也不漏。"

所谓"先交流，后直流"，是指先看二次接线图的交流回路，根据交流回路的电气量，以及在系统中发生故障时这些电气量的变化特点，向直流逻辑回路推断，再看直流回路。

"交流看电源，直流找线圈"，是指交流回路要从电源入手。交流回路由电流回路和电压回路两部分组成，先找出它们是由哪些电流互感器或哪一组电压互感器来的？与直流回路有什么关系？这些电气量是由哪些继电器反映出来的，然后再找出其相应的触点回路。

"抓住触点不放松，一个一个全查清"，就是说找到继电器的线圈后，再找出与之相应的触点。根据触点的闭合或开断引起回路的变化情况，再进一步分析，直至查清整个逻辑回路的动作过程。

"先上后下，先左后右，屏外设备一个也不漏"，主要是针对端子排和屏背面接线图而言。看端子排图一定要配合展开图来看。

综合自动化变电站与传统变电站二次回路相比较，具有接线简单、设备相对较少、系统性强、接线方式更合理等特点。传统变电站的二次回路是一个复杂的网络，它包括控制、信号、测量、监察、继电保护和自动装置，调节与操作电源系统。这些二次回路系统之间全靠硬件连接，所以二次设备比较繁多，这些设备分散装设在控制屏和保护屏上。而综合自动化变电站从基本原理上打破了原来的框框，原来靠硬件连接的系统可以通过数字通信的方式联系，原来屏内设备间的连线由装置内部的印刷电路板取代。这样，二次接线就简单多了。综合自动化变电站一个电气单元的控制、信号及测量可以在一个测控装置内实现，继电保护由一套微机保护装置构成。综合自动化变电站取消了中央信号屏和控制屏。不同电气单元之间，只有保护之间的连接，操作闭锁回路需要的连接，各单元之间的连接大为减少。对变电站的一些公用二次设备和一些不属于各个电气单元的二次设备，将它们组合为公用屏。掌握了综合自动化变电站二次回路接线的特点，运行和维护人员就能容易读懂接线图。

思考题

1. 说明阅读二次接线图的方法。
2. 熟练识读二次接线图。

附录一　电气常用图形符号

序号	名称	图形
1	同步发电机，直流发电机	GS　G
2	交流发电机，直流发电机	M　M
3	变压器	
4	电压互感器	形式1 形式2
5	电流互感器 有两个铁芯和两个二次绕组	形式1 形式2
	电流互感器 有一个铁芯和两个二次绕组	形式1 形式2
6	电铃	或
7	电警笛，报警器	
8	蜂鸣器	或

续上表

序号	名称	图形
9	电喇叭	
10	灯和信号灯，闪光型信号灯	
11	机电型位置指示器	
12	断路器，自动开关	
13	隔离开关	
14	负荷开关	
15	三极开关 单线表示	
	三极开关 多线表示	
16	击穿保险	
17	熔断器	
18	接触器（具有灭弧触点） 常开（动合）触点	
	常闭（动断）触点	
19	按钮（不保持） 动合	
	动断	

续上表

序号	名称	图形
20	手动开关	
21	位置开关，限位开关 常开（动合）触点 常闭（动断）触点	
22	非电量触点 常开（动合）触点 常闭（动断）触点	
23	热继电器常闭（动断）触点	
24	电阻	
25	可变电阻 滑线电阻 滑线电位器	
26	电容（一般形式） 电解电容	
27	电感，线圈，扼流圈，绕组 —带磁芯的电感器	
28	二极管（一般符号） 发光二极管 单向击穿二极管 双向击穿二极管 双向二极管 交流开关二极管	

续上表

序号	名称		图形
29	反向阻断三相晶体闸流管（一般形式）		
	阳极受控		
	阴极受控		
30	三极管	PNP 型	
		NPN 型	
31	蓄电池		
32	桥式整流		
33	整流器		
34	逆变器		
35	整流器/逆变器		
36	连接片	闭合	形式1 形式2
		断开	
37	切换片		
38	端子（一般符号）		
	可拆卸的端子		

续上表

序号	名称		图形
39	继电器，接触器线圈		
	双组继电器线圈	集中表示	
		分开表示	
40	极化继电器线圈		
	继电器缓放线圈		
	继电器缓吸线圈		
41	热继电器驱动器件		
42	继电器，开关	常开（动合）触点	形式1 / 形式2
		常闭（动断）触点	
		先断后合的转换触点	
		先合后断的转换触点	或
43	单极转换开关 中间断开的双向触点		
44	继电器，接触器	被吸合时暂时闭合的常开触点	
		被释放时暂时闭合的常开触点	
		被吸合或释放时暂时闭合的常开触点	

续上表

序号	名称		图形
45	继电器，接触器	被吸合时延时闭合的常开触点	
		被释放时延时断开的常开触点	
		被释放时延时闭合的常闭触点	
		被吸合时延时断开的常开触点	
46		仪表的电流线圈	
47		仪表的电压线圈	
48		电压表	Ⓥ
49		电流表	Ⓐ
50		有功功率表	Ⓦ
51		无功功率表	(var)
52		频率表	(Hz)
53		同步表	
54		记录式有功功率表	[W]

续上表

序号	名称		图形
55	记录式无功功率表		var
56	记录式电流、电压表		A V
57	有功电度表	一般符号	Wh
		测量从母线流出的电能	→Wh
		测量流向母线的电能	←Wh
57	有功电度表	测量单向传输电能	→Wh
58	无功电度表		varh
59	信号继电器	机械保持的常开（动合）触点	
		机械保持的常闭（动断）触点	

附录二 二次回路常用电气新旧文字符号对照表

序号	名称	新符号 单字母	新符号 多字母	旧符号	序号	名称	新符号 单字母	新符号 多字母	旧符号
1	功能单元；组件；电路板；装置；控制（保护）屏、台	A			1.22	远方跳闸装置		ATQ	
					1.23	远动装置		ATA	
					1.24	遥测装置		ATM	
1.1	保护装置		AP		1.25	故障预测装置		AUP	
1.2	电流保护装置		APA		1.26	故障录波装置		AFO	
1.3	电压保护装置		APV		1.27	中央信号装置		ACS	
1.4	距离保护装置		APD		1.28	自动准同步装置		ASA	
1.5	电压抽取装置		AVS		1.29	手动准同步		ASM	
1.6	零序电流方向保护装置		AP2		1.30	自同步装置		AS	
					1.31	巡回检测装置		AMD	
1.7	重合闸装置		APR	2CH	1.32	振荡闭锁装置		ABS	
1.8	母线保护装置		APB		1.33	收发讯机		AT	
1.9	接地故障保护装置		APE		1.34	载波机		AC	
1.10	电源自动投入装置		AAT	BZT	1.35	故障距离探测装置		AUD	
1.11	自动切机装置		AAC		1.36	硅整流装置		AUF	
1.12	按频率减负载装置		AFL	ZPJH	1.37	失灵保护装置		APD	
1.13	按频率解列装置		AFD		2	测量变送器，传感器	B		
1.14	自动调节励磁装置		AER	ZTL					
1.15	自动灭磁装置		AEA		3	电容器	C		C
1.16	强行励磁装置		AEI		3.1	电容器（组）	C		C
1.17	强行减磁装置		AED		4	二进制元件；延时、存储器件；数字集成电路、插件	D		
1.18	自动调节频率装置		AFR						
1.19	有功功率组成调节装置		APA		4.1	数字集成电器和器件	D		
1.20	无功功率组成调节装置		APR		4.2	延迟线		DL	
1.21	（线路）纵联保护装置		APP		4.3	双稳态元件		DB	
					4.4	单稳态元件		DM	

续上表

序号	名称	新符号 单字母	新符号 多字母	旧符号	序号	名称	新符号 单字母	新符号 多字母	旧符号
4.5	磁芯存储器		DS		10.1	电流继电器		KA	J
4.6	寄存器		DR		10.2	过电流继电器		KAO	LJ
5	发热器件；热元件；发光器件；照明灯	E			10.3	欠电流继电器		KAU	
					10.4	负序电流继电器		KAN	FLJ
					10.5	零序电流继电器		KAZ	LDJ
6	直接动作式保护；避雷器；放电间隙；熔断器	F			10.6	电压继电器		KV	YJ
					10.7	过电压继电器		KVO	
					10.8	欠电压继电器		KVU	
6.1	避雷器	F			10.9	负序电压继电器		KVN	FYJ
6.2	熔断器		FU	RD	10.10	零序电压继电器		KVZ	LYJ
6.3	限压保护器件		FV		10.11	频率继电器		KF	ZHJ
7	发电机；信号发生器；振荡器；振荡晶体	G		F	10.12	过频率继电器		KFO	
					10.13	欠频率继电器		KFU	
					10.14	差频率继电器		KFD	
7.1	交流发电机		GA		10.15	差动继电器		KD	CJ
7.2	直流发电机		GD		10.16	阻抗继电器		KI	ZKJ
7.3	同步发电机；发生器		GS		10.17	接地继电器		KE	JDJ
					10.18	过励磁继电器		KEO	
7.4	励磁机		GE	L	10.19	欠励磁继电器		KEU	
7.5	蓄电池		GB		10.20	逆流继电器		KR	
7.6	绿灯		GN		10.21	功率方向继电器		KW	GJ
8	信号器件；声、光指示器	H			10.22	负序功率方向继电器		KWN	
8.1	声响指示器		HA		10.23	零序功率方向继电器		KWZ	
8.2	警铃		HAB						
8.3	蜂鸣器、电喇叭		HAU		10.24	逆功率继电器		KWR	
8.4	信号灯、光指示器		HL		10.25	同步监察继电器		KY	TJJ
8.5	跳闸信号灯		HLT		10.26	失步继电器		KYO	
8.6	合闸信号灯		HLC		10.27	重合闸继电器		KCA	
8.7	光字牌	H			10.28	重合闸后加速继电器		KAC	JSJ
9	程序；程序单元；模块	J			10.29	母线差动继电器		KDB	
10	继电器	K		J	10.30	极化继电器		KP	JJ

附录二　二次回路常用电气新旧文字符号对照表

续上表

序号	名　称	新符号 单字母	新符号 多字母	旧符号	序号	名　称	新符号 单字母	新符号 多字母	旧符号
10.31	干簧继电器		KRD		12.1	同步电动机		MS	
10.32	闪光继电器		KH		13	运算放大器；模拟/数字混合器件	N		
10.33	时间继电器		KT	SJ					
10.34	信号继电器		KS	XJ	14	指示器件；测量设备；记录器件；信号发生器	P		
10.35	控制（中间）继电器		KC	ZJ					
10.36	防跳继电器		KCF	TBJ	14.1	电流表		PA	
10.37	出口继电器		KCO	BCJ	14.2	电压表		PV	
10.38	跳闸位置继电器		KCT	TWJ	14.3	计数器		PC	
10.39	合闸位置继电器		KCC	HWJ	14.4	电能表		PJ	
10.40	事故信号继电器		KCA	SXJ	14.5	有功功率表		PPA	
10.41	预先信号继电器		KCR	YXJ	14.6	无功功率表		PPR	
10.42	同步中间继电器		KCS		14.7	记录仪器		PS	
10.43	固定继电器		KCX		14.8	时针，操作时间表		PT	
10.44	加速继电器		KCL		15	电力电路的开关器件	Q		
10.45	切换继电器		KCW						
10.46	重动继电器		KCE		15.1	断路器		QF	DL
10.47	脉冲继电器		KM		15.2	隔离开关		QS	G
10.48	绝缘监察继电器		KVI		15.3	接地刀闸		QSE	
10.49	电源监视继电器		KVS	JJ	15.4	刀开关		QK	DK
10.50	压力监视继电器		KVP		15.5	自动开关		QA	ZK
10.51	保持继电器		KL		15.6	灭磁开关	Q		MK
10.52	启动继电器		KST		16	电阻器；变阻器	R		R
10.53	停信继电器		KSS		16.1	电位器		RP	
10.54	收信继电器		KSR		16.2	压敏电阻		RV	
10.55	接触器		KM	C	16.3	分流器		RS	
10.56	闭锁继电器		KCB	BSJ	16.4	热敏电阻		RT	
10.57	瓦斯继电器		KG	WSJ	16.5	红灯		RD	
10.58	合闸继电器		KOH	HJ	17	控制回路开关	S		
10.59	跳闸继电器		KTP		17.1	控制开关（手动）；选择开关		SA	KK
11	电抗器；电感器；线圈；永磁铁	L			17.2	按钮开关		SB	AN
12	电动机	M			17.3	测量转换开关		SM	CK

续上表

序号	名称	新符号 单字母	新符号 多字母	旧符号	序号	名称	新符号 单字母	新符号 多字母	旧符号
17.4	终端（限位）开关	S		XWK	20.3	可控硅元件		VSO	
17.5	手动准同步开关		SSM1	ISTK	20.4	三极管		VT	
17.6	解除手动准同步开关		SSM	STK	21	导线；电缆；母线；信息总线；天线；光纤	W		
17.7	自动准同步开关		SSA$_1$	DTK					
17.8	自同步开关		SSA$_2$	ZTK	21.1	白灯		WH	
18	变压器；调压器	T		B	22	端子；插头；插座；接线柱	X		
18.1	分裂变压器		TU	B					
18.2	电力变压器		TM	B	22.1	连接片；切换片		XB	LP
18.3	转角变压器		TR	ZB	22.2	测试插孔		XJ	
18.4	控制回路电源用变压器		TC	KB	22.3	插头		XP	
					22.4	插座		XS	
18.5	自耦调压器		TT	ZT	22.5	测试端子		XE	
18.6	励磁变压器		TE		22.6	端子排		XT	
18.7	电流互感器		TA	LH	23	操作线圈；闭锁器件	Y		
18.8	电压互感器		TV	YH					
19	变换器	U			23.1	合闸线圈		YC	HQ
19.1	电流变换器（变流器）		UA		23.2	跳闸线圈		YT	TQ
					23.3	电磁铁（锁）		YA	DS
19.2	电压变换器		UV		23.4	黄灯		YE	
19.3	电抗变换器		UR		24	滤波器；滤过器	Z		
19.4	鉴频器		UD		24.1	有源滤波器		ZA	
19.5	解调器，励磁变流器		UE		24.2	全通滤波器		ZP	
					24.3	带阻滤波器		ZB	
19.6	编码器		UC		24.4	高通滤波器		ZH	
19.7	逆变器		UI	NB	24.5	低通滤波器		ZL	
19.8	整流器		UR	ZL	24.6	无源滤波器		ZV	
20	半导体器件：晶体管、二极管	V			25	直流系统电源			
						正		+	
20.1	发光二极管		VL			负		−	
20.2	稳压管		VS			中间线		M	

附录三　常用小母线文字符号及其回路标号

序号	小母线名称	文字符号	回路标号
		（一）直流控制、信号和辅助小母线	
1	控制回路电源	+WC、-WC	1、2；101、102；201、202；301、302；401、402
2	信号回路电源	+WS、-WS	701、702
3	事故音响信号（不发遥信时）	WTS	708
4	事故音响信号（用于直流屏）	WTS_1	728
5	事故音响信号（用于配电装置）	WTS_2	727
6	事故音响信号（发遥信时）	WTS_3	808
7	预告音响信号（瞬时）	WPS_1、WPS_2	709、710
8	预告音响信号（延时）	WPS_3、WPS_4	711、712
9	预告音响信号（用于配电装置）	WPS	729
10	预告音响信号（用于直流屏）	WPS_5、WPS_6	724、725
11	控制回路断线预告信号	（KDMⅠ、KDMⅡ、KDMⅢ）	713Ⅰ、713Ⅱ、713Ⅲ
12	灯光信号	-WS	726
13	配电装置信号	（XPM）	701
14	闪光信号	+WFS	100
15	合闸电源	+WOM、-WOM	
16	"掉牌未复归"光字牌	WAUX	703、716
17	指挥装置音响	WCS	715
18	自动调速脉冲	（TZM_1、TZM_2）	（717、718）
19	自动调压脉冲	（1TYM、2TZM）	（Y717、Y718）
20	同步装置越前时间	（TQM_1、TQM_2）	（719、720）
21	同步合闸	（THM_1、THM_2、THM_3）	（721、722、723）
22	隔离开关操作闭锁	WQLA	880
23	旁路闭锁	WPB_1、WPB_2	881、900
24	厂用电源辅助信号	（+CFM、-CFM）	（701、702）
25	母线设备辅助信号	（+MFM、-MFM）	701、702
		（二）交流电压、同步和电源小母线	
26	同步电压（运行系统）小母线	（TQM'_a、TQM'_c）	（A620、C620）

续上表

序号	小母线名称	文字符号	回路标号
		（二）交流电压、同步和电源小母线	
27	同步电压（待并系统）小母线	(TQM$_a$、TQM$_c$)	(A610、C610)
28	自同步发电机残压小母线	(TQM$_j$)	(A780)
29	第一组（或奇数）母线段电压小母线	1VB$_a$、1VB$_b$［VB$_b$］、1VB$_c$、1VB$_L$、1VB$_X$、1VB$_N$	A630、B630［B600］、C630 L630、S$_a$630、N600
30	第二组（或偶数）母线段电压小母线	2VB$_a$、2VB$_b$［VB$_b$］、2VB$_c$、2VB$_L$、2VB$_X$、2VB$_N$	A640、B640［B600］、C640 L640、S$_a$640、N600
31	6～10kV备用线段电压小母线	(9YM$_a$、9YM$_b$、9YM$_c$)	(A690、B690、C690)
32	转角小母线	(ZM$_a$、ZM$_b$、ZM$_c$)	(A790、B790、C790)
33	低电压保护小母线	(DYM$_1$、DYM$_2$、DYM$_3$)	(011、013、02)
34	电源小母线	(DYM$_a$、DYM$_N$)	
35	旁路母线电压切换小母线	(YQM$_C$)	(C712)

注：括号内为旧文字符号和回路标号。

参考文献

[1] 黄栋，吴轶群. 发电厂及变电站二次回路［M］. 北京：中国水利水电出版社，2004.
[2] 阎晓霞，苏小林. 变配电所二次系统［M］. 北京：中国电力出版社，2007.
[3] 何永华. 发电厂及变电站的二次回路［M］. 北京：中国电力出版社，2011.
[4] 王国光. 变电站二次回路及运行维护［M］. 北京：中国电力出版社，2011.
[5] 卓乐友，叶念国. 微机型自动准同步装置的设计和应用［M］. 北京：中国电力出版社，2002.
[6] 郑新才，将剑. 怎样看110kV变电站典型二次回路图［M］. 北京：中国电力出版社，2009.
[7] 袁乃志. 发电厂和变电站电气二次回路技术［M］. 北京：中国电力出版社，2004.
[8] 熊为群，陶然. 继电保护自动装置及二次回路［M］. 北京：中国电力出版社，2000.
[9] 南京南瑞继保电气有限公司. RCS-9000系列同期/压并/压切/辅助装置技术和使用说明书.
[10] 能源部西北电力设计院. 电力工程电气设计手册—电气二次部分［M］. 北京：中国电力出版社，1991.
[11] 水电站机电设计手册编写组. 水电站机电设计手册电气二次［M］. 北京：水利水电出版社，1989.

参考文献

[1] 郭生练,王金星. 澳门内港防洪排涝研究[M]. 北京：中国水利水电出版社, 2004.
[2] 郭生练. 设计洪水研究进展与评价[M]. 北京：中国水利水电出版社, 2007.
[3] 梅亚东,姜尚文. 洪水的风险与不确定性分析[M]. 北京：中国水利水电出版社, 2011.
[4] 王浩等. 流域水循环及其伴生过程综合模拟[M]. 北京：科学出版社, 2011.
[5] 芮孝芳. 水文学原理[M]. 北京：中国水利水电出版社, 2002.
[6] 胡四一,施勇等. 长江中下游防洪形势与对策研究[M]. 北京：中国水利水电出版社, 2009.
[7] 李大鸣. 河口感潮河段二维水流模拟[M]. 北京：中国水利水电出版社, 2008.
[8] 谢永刚,周滨. 嫩江尼尔基水库规划效益分析[M]. 北京：中国水利出版社, 2000.
[9] 水利部信息中心. 北江1915~9000年面上降水洪水调查复核及长系列年降雨和洪水还原.
[10] 韩曾萃,尤爱菊,史英标等. 钱江工程对强潮河口水环境影响及对策[M]. 北京：中国水利水电出版社, 1991.
[11] 水利部水利水电规划设计总院. 水库调度设计规范[M]. 北京：水利电力出版社, 1989.